自動化工程師題庫 Level 1

目 錄 content

自動化工程概論

選擇題

1 某一機器在全能之下可運作 50 小時/週,其生產率為 20 單位/小時。設在某一週內,該機器生產了 850 單位的零件,其餘時間則閒置,則此機器的利用率(utilization)為? (A)75 (B)80 (C)85 (D)90 %。

2 自動化策略中不包含下列哪項? (A)製程控制與最佳化 (B)操作電腦化 (C)改善物料搬運與貯存系統 (D)工廠作業控制。

3 自動化的理由中不包含下列哪項? (A)縮短製造的前置時間 (B)改善產品品質 (C)增加在製品的存貨 (D)非自動化的成本相當高。

4 自動化生產形式,依據製造的產品數量來分類,可包含多種少量生產、成批生產與大量生產。請問何種生產方式,最適合用於特殊客製化訂單的生產? (A)多種少量生產 (B)成批生產 (C)大量生產 (D)皆不適合。

5 自動化工作系統,若依其信號是否有回授來區分,無回授的系統稱為? (A)閉迴路控制系統 (B)開迴路控制系統 (C)數位化控制系統 (D)智慧型控制系統。

6 皮帶驅動系統中,惰輪的主要功能為何? (A)控制系統速度 (B)切換系統運動方向 (C)維持皮帶鬆緊 (D)調整皮帶平行度。

7 一般而言可程式控制器的記憶體,其中只能讀出資料但不能改變其內容的是? (A)ROM (B)RAM (C)以上皆非 (D)以上皆是。

8 自動裝配系統可以藉由下列何者來控制? a.可程式邏輯控制器,b.機器人控制,c.電腦控制,d.通信系統控制。 (A)abc (B)bcd (C)abd (D)abcd。

9 自動化系統的監控連線介面,常使用 RS-232、RS-422 和 RS-485。請問這些介面是屬於? (A)串列傳輸 (B)並列傳輸 (C)平行傳輸 (D)數位傳輸。

10 自動化流程生產線的輸送機械,只要完成某工作站的工作,便隨時可移至下一個工作站的是? (A)連續性輸送 (B)間歇性輸送 (C)同步性輸送 (D)非同步輸送。

11 下列何者有助於順利運用自動化裝配的產品設計? (A)使用模組設計的觀念 (B)減少所需的裝配步驟 (C)減少兩個以上組件被同時處理的情況 (D)以上皆是。

12 決定一自動化生產線的生產效率好壞,最主要的原因為何? (A)工作站的多寡 (B)產線自動化與人工的比例 (C)生產線的平衡 (D)某一工作站作業速度加快。

13 常用步進馬達每走步旋轉幾度? (A)1.8 (B)5 (C)10 (D)18 度。

14 伺服馬達軸後一般加裝? (A)減速器 (B)旋轉編碼器 (C)加速器 (D)光學尺。

15 常用差動增量式編碼器(Rotary encoder)A 相 B 相差 1/4 脈波,主要目的是偵測馬達軸旋轉? (A)脈波數 (B)方向 (C)速度 (D)扭力。

16 一個 4 極 60HZ 之 AC 感應馬達,搭配 1:10 減速機其同步轉速為? (A)120 (B)180 (C)200 (D)600 rpm。

17 下列何者不是影響 AC 感應馬達在緊急切斷電源時過轉量大小的主要原因? (A)馬達轉速 (B)轉動慣量 (C)煞車力量 (D)使用電壓。

18 在電動機控制中,無熔絲開關主要的目的是? (A)過電流 (B)過電壓 (C)過載 (D)過熱 保護。

19 單相電動機使用電解電容器的目的為? (A)增加轉速 (B)增強起動 (C)減少起動 (D)增加馬力。

20 一般三相 15HP(11KW)以上感應電動機的起動運轉方式,最常用的有? (A)V-△ (B)△-Y (C)V-Y (D)Y-△。

21 數字 0~9 的二進碼十進數(Binary-Coded-Decimal, BCD)碼指撥開關,若 0 表低電位,1 表高電位,若撥至 5,其電位依序是? (A)1001 (B)0110 (C)0101 (D)1110。

22 一般電器設備之接地線顏色為? (A)藍 (B)黑 (C)灰 (D)綠 色。

23 直流繼電器一般使用下列何種元件來消除逆向脈衝? (A)二極體 (B)電容器 (C)電阻器 (D)電容器及電阻器串聯。

24 使用後的電容器在碰觸之前應先? (A)絕緣 (B)放電 (C)充電 (D)加壓。

25 下列何者不屬於類比式感測器? (A)電位計 (B)轉速計 (C)光學尺 (D)應變計式壓力感測器。

26 控制系統中之比例積分微分控制器之微分控制最大用處是? (A)增大放大率 (B)增加阻尼效果 (C)降低穩態誤差 (D)降低雜訊。

27 有一步進馬達驅動之導螺桿式直線工作平台,若馬達步進角變小,下列敘述何者正確? (A)降低平台移動速率 (B)增加平台之位移解析度 (C)增加輸出功率 (D)增加輸出扭力。

28 一個 8bit 的 D/A 轉換器,其參考電壓為 5.12V,當數位輸入為 10001100,則其對應輸出類比電壓為? (A)1.4 (B)-1.4 (C)2.8 (D)4.2 V。

29 線性差動變壓器,簡稱 LVDT,主要用在感測下列何者變化? (A)壓力 (B)磁場 (C)位移 (D)電阻。

30 FMS 是發展自動化生產的重要項目,其對中小量且多樣產品之製造效率尤佳,此 FMS 是指? (A)電腦輔助設計 (B)群組技術系統 (C)電腦數值控制 (D)彈性製造系統。

31 電腦輔助製造一般簡稱為? (A)CAM (B)CNC (C)CIM (D)FMS。

32 電腦整合製造一般簡稱為? (A)CAM (B)CNC (C)CIM (D)FMS。

33 數值控制工具機之特點，下列敘述何者錯誤？ (A)設備成本較傳統工具機高 (B)程式設計者不需瞭解操作特性 (C)產品品質一致性佳並可減少工件及刀具裝置時間 (D)可降低工件之特殊夾具成本。

34 生產自動化的目的，下列何者不是？ (A)提供簡便及效率的工作環境 (B)提高工作安全性 (C)提升企業生產力 (D)完全取代人力。

35 自動化製造之各階段演化如下述：(1)自動化島的整合 (2)整體生產排程 (3)個別製程的自動化 (4)製程程序的簡單化；請按其發展順序排列之。 (A)4312 (B)4132 (C)1243 (D)2314。

36 感測器的真實輸出與理想值間的差距，可能緣自於許多來源，下列何者不是？ (A)俯仰度誤差 (B)線性度誤差 (C)解析度誤差 (D)重覆性誤差。

37 閉迴路控制系統的優點，下列敘述何者錯誤？ (A)抑制雜訊 (B)降低非線性失真 (C)增益下降 (D)降低增益的變動率。

38 於何種環境條件下，選擇以閉迴路控制系統方式架構是必要的？ (A)全自動 (B)半自動 (C)手動 (D)半手動。

39 伺服系統中之PID控制器是指？ (A)比例控制 (B)比例積分微分控制 (C)比例積分控制 (D)比例微分控制。

40 若活塞缸直徑為60mm，行程為24cm，供應 $7kg/cm^2$ 氣壓壓力，若不計摩擦，則最大推力最接近為？ (A)24 (B)48 (C)198 (D)588 kgf。

41 需低速度、大扭力的場合，要使用何形式的氣壓馬達： (A)活塞式 (B)輪葉式 (C)輪機式 (D)齒輪式。

42 變壓器一、二次電壓(V_1、V_2)及匝數(N_1、N_2)及電流(I_1、I_2)的關係，以下何者正確？

(A) $\dfrac{V_1}{V_2} = \dfrac{I_2}{I_1} = \dfrac{N_1}{N_2}$　(B) $\dfrac{V_1}{V_2} = \dfrac{I_1}{I_2} = \dfrac{N_2}{N_1}$　(C) $\dfrac{V_1}{V_2} = \dfrac{I_1}{I_2} = \dfrac{N_1}{N_2}$　(D) $\dfrac{V_1}{V_2} = \dfrac{I_2}{I_1} = \dfrac{N_2}{N_1}$

43 有一支氣壓缸推動50kg的床台往復運動(運動速度圖如下所示)，請問最大衝擊力約為多少牛頓？ (A)150 (B)750 (C)1500 (D)15000。

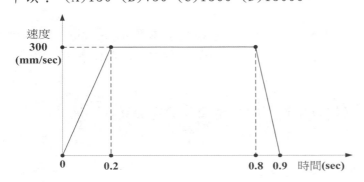

44 氣壓馬達分為容積型與速度型，下列何種屬於速度型？ (A)齒輪式 (B)輪葉式 (C)活塞式 (D)輪機式。

45 氣油壓轉換器中，如果液壓油內含氣泡，可能會使氣壓缸 (A)出力減小 (B)出力增大 (C)速度增高 (D)速度不穩定。

46 感應型儀表之特性為？ (A)直流專用 (B)交流專用 (C)交直流兩用 (D)不一定。

47 一般常用的電磁閥是用來做？ (A)流量控制 (B)方向控制 (C)壓力控制 (D)溫度控制。

48 氣缸速度控制上，(A)節流口愈大，壓降愈大，速度愈快 (B)節流口愈大，壓降愈小，速度愈快 (C)節流口愈小，壓降愈大，速度愈快 (D)節流口大小無關速度快慢。

49 氣缸的推力大小跟何者無關？ (A)氣壓缸作動時間 (B)氣壓缸內徑斷面積 (C)供給壓力 (D)氣壓缸效率。

50 氣壓缸動作特性的死時間(Dead-time)和什麼成正比？ (A)負荷 (B)流量 (C)壓力 (D)電壓。

51 哪一種類型的液壓泵，對工作油中污染粒子的抗力最強？ (A)齒輪式 (B)輪葉式 (C)活塞式 (D)輪機式。

52 請問伺服馬達用來作為位置與速度回授的光學編碼器，其將 A、B 相脈波相差 90° 的用意為何？ (A)減少光線反射 (B)增加馬達的轉速 (C)產生 ON-OFF 的脈波訊號 (D)增加光學編碼器的解析度。

53 有一升降台的氣壓缸驅動升降，正確的 PLC 程式控制下，上升/下降剛好相反，其原因可能是？ (A)磁簧開關裝相反 (B)電磁閥裝相反 (C)氣壓管接相反 (D)磁簧開關與氣壓缸之氣壓管線皆相反。

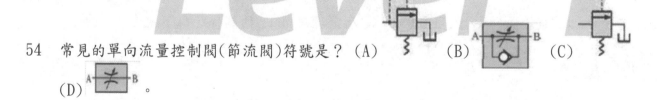

54 常見的單向流量控制閥(節流閥)符號是？ (A) (B) (C)

(D) 。

55 相對光學編碼器之 AB 相訊號，通常相位差？ (A)30 (B)90 (C)180 (D)360 度。

56 若有一類比式重量感測模組之電壓輸出 0V～+5V 表示待測物之線性為 0g～+50g,且其精確度為 0.02g 時，則最少應使用？ (A)10 (B)12 (C)16 (D)8 bits 的類比/數位轉換器才能滿足其解析度需求。

57 如圖符號 為引導式？ (A)機械閥 (B)氣壓閥 (C)電磁閥 (D)液壓閥。

58 如圖符號 代表方向閥的作動方式為？

(A)直接作動型電磁閥 (B)導引式電磁閥 (C)氣壓閥 (D)液壓閥。

59 有關油泵之容積效率，下列敘述何者正確？ (A)系統壓力愈高，容積效率愈高 (B)相同油泵吐出量愈大，容積效率愈高 (C)油泵使用時間愈長，容積效率愈高 (D)油溫愈高，容積效率愈高。

60 一簡單水壓機原動活塞面積為 $5cm^2$ 承受 600 公斤的壓力，則面積為 $10cm^2$ 之從動活塞可獲得出力為 (A)300 (B)1200 (C)2000 (D)2400 公斤。

61 一簡單水壓機原動活塞面積為 $5cm^2$，承受 600 公斤的壓力下降 6cm，則面積為 $10cm^2$ 的從動活塞上升幾公分？ (A)3 (B)6 (C)12 (D)24。

62 單動氣壓缸前進時的速度可用哪種方式調整；而且欲降低氣壓缸的運動速度，應將流量控制閥旋鈕往哪方向手調？ (A)排氣節流，左旋 (B)進氣節流，右旋 (C)排氣節流，下壓 (D)進氣節流，上拉。

63 所謂電磁閥應答時間是？ (A)當開關導通，到電磁線圈激磁所需之時間 (B)當開關導通，到電磁閥開始切換之時間 (C)當開關導通，到電磁閥出口開始排氣之時間 (D)當開關導通，到電磁閥閥軸開始移動之時間。

64 有關固態繼電器 SSR(Solid State Relay)之敘述，下列何者不正確？ (A)為無機械接點元件 (B)具低電壓驅動特性 (C)只適合控制直流負載 (D)能控制交直流負載。

65 如圖為氣動缸體之示意圖 所示為？ (A)雙動氣缸 (B)單動氣缸 (C)多位置氣缸 (D)增壓缸。

66 考量一扭力 2kg-m 的馬達，當轉速達 50rpm，其瓦特數功率約為？ (A)10 (B)40 (C)100 (D)1000 瓦特。

67 浮球式自動排水裝置的承杯內水位高低是由什麼控制？ (A)管路中壓力 (B)浮球的大小 (C)承杯內壓力 (D)浮球的位置。

68 當被吸附工件之重量為 2kg，真空壓力為 $0.65\,kgf/cm^2$，吸盤面積達多少以上即可吸取工件？ (A)3.1 (B)4.1 (C)12.3 (D)13.3 cm^2。(安全係數選用 N=4)。

69 以下之可程式控制器之輸出模組，何者之反應時間最快？(A)繼電器輸出模組 (B)SSR 輸出模組 (C)電晶體輸出模組 (D)以上皆非。

70 以下之可程式控制器之輸出模組，何者只能用於直流電(DC)負載？ (A)繼電器輸出模組 (B)SSR 輸出模組 (C)電晶體輸出模組 (D)以上皆非。

71 PLC 控制七段顯示器，應使用何種介面為宜？ (A)繼電器 (B)SSR (C)SCR (D)電晶體。

72 如圖 X2 元件，PLC 以下列何種指令表示？ (A)AND (B)OR (C)OUT (D)NOT。

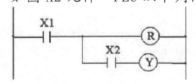

73 下列何者不屬於工業控制中所用的場區匯流排(FieldBus)？ (A)CANBus (B)ProfiBus (C)DeviceNet (D)Net DDE。

74 在控制階梯圖中，若要以 X2 開關作動時切斷 Y1 信號，應與 Y1 輸出線 (A)串聯 a 接點 X2 (B)並聯 a 接點 X2 (C)串聯 b 接點 X2 (D)並聯 b 接點 X2。

75 如果 PLC 發出的脈波頻率超過步進馬達接收的最高脈波頻率，則？ (A)步進馬達仍精確運轉 (B)會失步；不能精確運轉 (C)步進馬達會故障無法動 (D)步進馬達會過運轉。

76 PLC 的輸出方式為電晶體輸出時，適用於何種負載？ (A)電感性 (B)交流 (C)直流 (D)交直流。

77 步進馬達的加減速是透過改變哪個參數實現的？ (A)脈波總數 (B)電壓 (C)脈波寬度 (D)脈波頻率。

78 利用 PLC 來作步進馬達的控制要使用何種輸出模組？ (A)繼電器輸出模組 (B)SSR 輸出模組 (C)電晶體輸出模組 (D)以上皆非。

79 如圖之階梯圖為何種 PLC 迴路？ (A)互鎖迴路 (B)自保迴路 (C)交替迴路 (D)以上皆非。

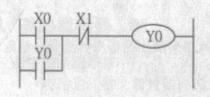

80 如圖之 PLC 迴路中要使 Y0 之負載停止輸出，要按下哪一個開關？ (A)X0 (B)X1 (C)Y0 (D)以上皆非。

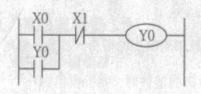

81 如圖為連續循環之閃爍迴路，Y0 為燈泡輸出，當 X0 為 ON 時，此迴路之閃爍情形為何？ (A)Y0 之燈泡亮 4 秒，滅 4 秒 (B)Y0 之燈泡亮 2 秒，滅 2 秒 (C)Y0 之燈泡亮 4 秒，滅 2 秒 (D)Y0 之燈泡亮 2 秒，滅 4 秒。

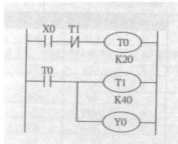

82 若 PLC 要連接類比感測器，請問要使用何種擴充模組？ (A)類比輸入模組 (B)類比輸出模組 (C)溫度檢知模組 (D)通訊模組。

83 伺服馬達軸後端一般加裝？ (A)加速器 (B)旋轉編碼器 (C)光學尺 (D)減速器。

84 下列哪項元件的訊號屬於可程式控制器之輸入？ (A)近接開關 (B)LED 元件 (C)電磁閥 (D)蜂鳴器。

85 如圖所示之階梯圖 AC 電源，下列哪項答案為可程式控制器上之正確之正負極接配線符號？ (A)L/N (B)24V/COM (C)COM/24V (D)24V/0V 配線。

86 如圖所示之可程式控制器書寫器之模式鍵中【W】位置，所代表之基本功能為何？ (A)修改模式 (B)插入模式 (C)寫入模式 (D)讀取模式。

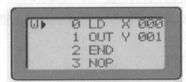

87 如圖所示之可程式控制器書寫器之模式鍵中【R】位置，所代表之基本功能為何？ (A)修改模式 (B)插入模式 (C)寫入模式 (D)讀取模式。

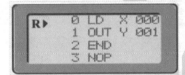

88 如圖所示之可程式控制器書寫器之模式鍵中【I】位置，所代表之基本功能為何？ (A)修改模式 (B)插入模式 (C)寫入模式 (D)讀取模式。

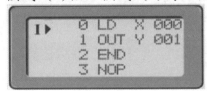

89 夾爪挾持工件的長度最好是工件總長度的？ (A)3/4 (B)1/2 (C)1/4 (D)1/8。

90 空壓機第一次起動時，應注意 (A)旋轉速度 (B)轉動方向 (C)壓力變化 (D)起動電流、電壓。

91 如圖所示之可程式控制器書寫器之模式鍵中【A】的動作，所代表之基本功能為何？ (A)程式程式全部刪除 (B)程式插入狀態 (C)程式寫入狀態 (D)程式讀取狀態。

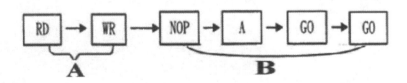

92 如圖所示之階梯路徑，首先控制器寫入 LD X0 之指令，試問後續之可程式指令為何？ (A)LD X1 (B)LDI X1 (C)ORB X1 (D)ORI X1。

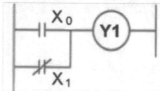

93 如圖所示之階梯路徑，可程式控制器之指令為何？ (A)ANI (B)LDI (C)ORB (D)ORI。

94 如圖所示之階梯路徑，可程式控制器之指令為何？ (A)ANB (B)LDI (C)ORB (D)ORI。

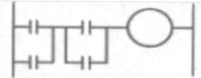

95 如圖所示之階梯路徑，可程式控制器之指令為何？ (A)ANI (B)LDI (C)ORB (D)ORI。

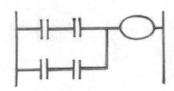

96 如圖所示之可程式控制器迴路，若 PB1 按下時，則 MC 之動作反應為何？ (A)執行 (B)不導通 (C)急停 (D)以上皆非。

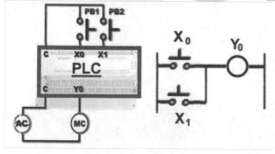

97 如圖所示之可程式控制器迴路，若 PB2 按下時，則 MC 之動作反應為何？ (A)執行 (B)不導通 (C)急停 (D)以上皆非。

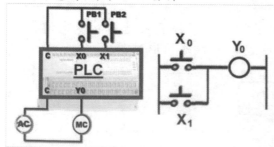

98 布林代數 F(x, y, z)=(x+y)(x+z) 經化簡後可得？ (A)x+yz (B)xy+z (C)xz+y (D)yz。

99 PLC 之 SFT 指令為 (A)移位 (B)加法 (C)轉移 (D)交換 指令。

100 如圖 X0=ON 時 M0 的輸出為？ (A)一直 ON 著 (B)一直 OFF 著 (C)呈現 ON/OFF (D)無意義。

101 如圖輸出入接點之動作要求，下列程式何者正確？

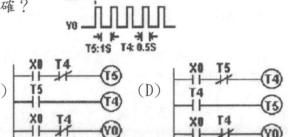

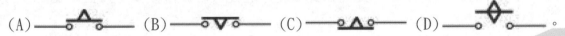

102 下列何者為 OFF DELAY Timer 的 a 接點符號？

(A) ———⎯△⎯——— (B) ———⎯▽⎯——— (C) ———⎯△⎯——— (D) ———⎯◇⎯———。

103 下列何種記憶體於停電時，可保持可程式控制器之機體內部程式？ (A)ROM (B)EPROM (C)EEPROM (D)以上皆可。

104 以 PLC 控制步進馬達時，啟動步進點，可以使用指令？ (A)LD (B)SET (C)RST (D)STL。

105 以 PLC 控制步進馬達時，步進點啟動後，欲進入步進點內部執行控制操作，使用指令？ (A)LD (B)SET (C)RST (D)STL。

106 以 PLC 控制步進馬達時，由步進點階梯圖返回系統母線，使用指令？ (A)RET (B)IRET (C)MCR (D)RST。

107 下列何種元件，可做為物件顏色辨識開關？ (A)光電 (B)磁簧 (C)電容式 (D)電感式 開關。

108 如圖符號 為兩電氣接點符號？ (A)串聯 (B)並聯 (C)不連接 (D)串並聯。

109 調整自動化機器上機構或管路等之參數時，若電路配線與控制程式均已完成，應先使用與執行？ (A)急停 (B)步進(寸動) (C)順序動作 (D)復歸 程式，縮短調校時間。

110 要裝置無熔線開關時？ (A)將開關置於 ON 位置 (B)將開關置於 OFF 位置 (C)將開關置於跳脫位置 (D)將開關置於 ON 位置且用膠布貼牢。

111 機械加工中，刀痕之方向成放射狀之表面符號為？

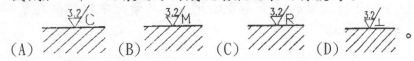

(A)   (B)   (C)   (D)。

112 大量生產時，檢驗內孔一般使用？ (A)內分厘卡 (B)游標卡尺 (C)缸徑規 (D)柱規。

113 用 CNC 車床切削工件，產生橢圓形工件之主要原因為？ (A)車刀未鎖緊 (B)工件太軟 (C)工件未夾緊 (D)工件轉數太高。

114 CNC 車床"G04P4"指令中"P"值之單位為？ (A)分 (B)秒 (C)0.1 秒 (D)0.001 秒。

115 幾何公差真直度之符號為？ (A)— (B)□ (C)= (D)⊥。

116 下列何者不是現今儲存程式的工具？ (A)磁片 (B)硬碟 (C)隨身碟 (D)紙帶。

117 欲攻製 M10x1.5 的螺紋時，宜先鑽削的孔徑為？ (A)10.0 (B)9.5 (C)8.5 (D)7.0 公厘。

118 下列何者不是機械防護的主要目的？ (A)避免機械損壞 (B)避免人員受傷 (C)整齊美觀 (D)維護機械的性能。

119 機器人無論從事舉放、握持等動作時皆需動力能源,下列何者可提供較大之動力能源: (A)AC (B)DC (C)步進 (D)油壓 馬達。

120 機器人手臂和手腕的運動需要設計成幾個自由度才能提供近似人類手臂的靈活度？ (A)3 (B)4 (C)5 (D)6。

121 下列何者不是工業上使用機器人的重要因素？ (A)時髦且前衛 (B)工作效率高 (C)速度快且正確 (D)可在危險的工作環境下操作。

122 下列何者是機器人可應用的類別？ (A)材料搬運 (B)材料加工 (C)零件檢驗 (D)以上皆是。

123 下列何種感測器不屬於機器人的觸覺感測器？ (A)溫度感測器 (B)光感測器 (C)壓力感測器 (D)溼度感測器。

124 機器人系統中使類比訊號轉換成數位訊號的電路稱為？ (A)A/D (B)D/A (C)A/A (D)D/D 轉換器。

125 依據美國機器人協會(RIA)對工業機器人定義，工業機器人應歸類在？ (A)固定自動化領域 (B)彈性自動化領域 (C)可程式自動化領域 (D)以上皆是。

126 極座標型機器人，若以軸結構符號表示，可表為？ (A)TRL (B)TLL (C)TVL (D)TRR。

127 有一機械手臂其滑動軸之可滑動範圍為 1.0m，若其控制記憶體為 12-bit，則其控制解析度為？ (A)0.044 (B)0.144 (C)0.244 (D)0.344 mm。

128 應用於機器人之機械視覺系統中，以 A/D 轉換器取樣，若想正確地重建訊號，取樣頻率至少為影像訊號最高頻率的？ (A)1 (B)2 (C)3 (D)4 倍。

129 有一在 0 至 5V 範圍的電壓訊號，A/D 轉換器的容量為 8 位元，則其量化準位間隔為？ (A)0.00196 (B)0.0196 (C)0.196 (D)1.96 V。

130 設計 NC 程式時，一般是假設？ (A)工件固定，刀具移動 (B)刀具固定，工件移動 (C)工件與刀具皆固定 (D)工件與刀具皆移動。

131 機器人工作系統中，想測出金屬物體，常選用？ (A)高頻震盪型近接開關 (B)電容型近接開關 (C)透過型光電開關 (D)直接反射型光電開關。

132 以切削速度而言，切削硬質材料的切速應比切削軟質材料的切速？ (A)高 (B)低 (C)相同 (D)不一定。

133 有一工程師想選用機器人應用於具 6 軸、連續路徑往復動作的電弧焊工作上，以下何型機器人適合？ (A)極座標型 (B)圓柱座標型 (C)直角坐標型 (D)關節型。

134 車削內孔時，發現波浪紋，較佳的改善方法是？ (A)改變進給方向 (B)提高轉速 (C)降低轉速 (D)更換較粗的刀柄。

135 一般粗車削之進給量約為每轉？ (A)0.25~0.50 (B)1.25~1.50 (C)2.25~2.50 (D)3.25~3.50 mm。

136 車削工件直徑 100mm，切削速度每分鐘為 120m，則主軸轉速每分鐘為？ (A)38 (B)138 (C)380 (D)480。

137 車刀刃口研磨一小槽，主要功用是？ (A)提高工件表面粗糙度 (B)使刃口鋒利 (C)增加車刀壽命 (D)截斷切屑。

138 所謂數值控制(Numerical Control)三要素中，何者代表產品數值指令輸入機器控制單元之人機介面？ (A)指令程式 (B)機器控制單元 (C)製程設備 (D)以上皆非。

139 所謂電腦數值控制(Computer Numerical Control)時代的來臨，是由於何種產品進入數值控制單元之轉變？ (A)電晶體電腦 (B)個人電腦 (C)微電腦 (D)以上皆非。

140 所謂直接式數值控制(Direct Numerical Control)時代的來臨，是由於何種產品進入數值控制單元之轉變？ (A)電晶體電腦 (B)NC 數值語言傳輸裝置 (C)微電腦 (D)以上皆非。

141 機器人系列中最敏捷、最靈巧的 SCARA 機器人，是屬於何種分類之工業機器人？ (A)極座標型機器人 (B)水平關節型機器人 (C)直角座標型機器人 (D)關節手臂型機器人。

142 最常用於汽車或機械工業之裝配作業之多自由度機器人，通常是屬於何種分類之工業機器人？ (A)極座標型機器人 (B)水平關節型機器人 (C)直角座標型機器人 (D)關節手臂型機器人。

143 若僅僅常用於簡單抓取之裝配作業用途之多自由度機器人，控制方式通常採用下列何種選擇為適當？ (A)伺服控制型機器人 (B)順序控制型機器人 (C)教導學習型機器人 (D)智慧型控制型機器人。

144 若需閉迴路回授控制之多自由度機器人，控制方式通常採用下列何種選擇為適當？ (A)伺服控制型機器人 (B)順序控制型機器人 (C)教導學習型機器人 (D)智慧型控制型機器人。

145 伺服控制型機器手臂,為防止高速運動時,減速齒輪出現類似振動與噪音之不穩定因素,通常會加裝下列何種機構元件? (A)陀螺儀機構(Gyroscope) (B)加速規機構(Accelerator) (C)諧和式驅動機構(Hamonic Drive) (D)壓力應變規機構(Strain Gauge)。

146 展示服務型機器人之運動機構設計時,採用三輪全向輪機器人平台,不是由於下列何種因素? (A)迴轉半徑較小 (B)具有省電特性 (C)控制靈活性佳 (D)以上皆是。

147 下列何項不是科幻小說家以撒艾西莫夫,在他的機器人相關作品和其他機器人相關小說中為機器人設定的三項行為準則? (A)不得傷害或坐視人類受到傷害 (B)機器人必須保護自己 (C)機器人必須服從人類的命令 (D)以上皆是。

148 下列何項是科幻小說家以撒艾西莫夫,在 1985 年《機器人與帝國》書中,機器人三大行為準則之外,擴張的機器人第零行為準則? (A)不得傷害或坐視人類受到傷害 (B)機器人必須保護自己 (C)機器人必須服從人類的命令 (D)不得傷害坐視人類整體受到傷害。

149 下列何者不是未來機器人對於人類社會產生衝擊因素之一? (A)心理的恐懼 (B)失業的問題 (C)造成通貨膨脹 (D)以上皆是。

150 下列何者不是未來機器人對於產業品質產生的衝擊因素? (A)精密度提高 (B)會受到人性管理干擾 (C)生產效率提高 (D)適合惡劣工作環境。

151 下列何者是未來機器人對於產業產量、多樣化與自動化生產方式的影響? (A)適合大量生產方式 (B)適合中量生產方式 (C)適合小量生產方式 (D)以上皆是。

152 下列何者不是未來機器人進入生產線與自動化後,對於工廠人員組織成員的影響? (A)人員由直接生產轉為間接生產 (B)生產線人員無男女性別差異 (C)殘障人員亦可加入生產線 (D)老年人員不適合生產線。

153 電腦輔助製圖通常簡稱為? (A)CAM (B)CAE (C)CAD (D)CAS。

154 電腦輔助工程通常簡稱為? (A)CAM (B)CAE (C)CAD (D)CAS。

155 電腦輔助製造通常簡稱為? (A)CAM (B)CAE (C)CAD (D)CAS。

156 電腦輔助機械製圖與傳統機械製圖應用比較上最大的特色為? (A)可繪彩色圖形 (B)圖形編修容易 (C)可畫立體圖 (D)求取交線容易。

157 下列正確的視圖為?

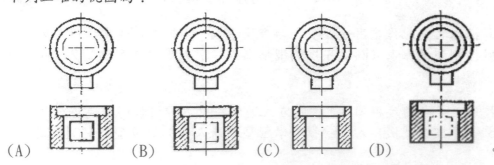

(A)　　　　(B)　　　　(C)　　　　(D)　。

158 M16x1.5 的『1.5』代表螺紋的 (A)螺距 1.5 (B)小徑 1.5 (C)節徑 1.5 (D)大徑 1.5 mm。

159 ⅏ 的符號為？ (A)拉伸 (B)壓縮 (C)皿形 (D)渦卷 彈簧。

160 一般機械工作圖所用的尺度單位是？ (A)m (B)mm (C)cm (D)μm。

161 輔助視圖所依據之投影原理是？ (A)正 (B)斜 (C)透視 (D)立體 投影原理。

162 在機械工作圖中，應儘量使用？ (A)斜視圖 (B)透視圖 (C)等角圖 (D)正投影視圖 來表示物體之形狀。

163 電腦輔助設計(Computer Aided Design, CAD)最基礎的任務是？ (A)建立幾何模型 (B)產生製程數據 (C)生產規劃設計 (D)產品分析。

164 在電腦輔助製造 (Computer Aided Manufacturing, CAM) 技術中，應用最成熟的技術是？ (A)建立加工件形狀 (B)產生數控加工資料 (C)自動化加工控制 (D)建立生產料單。

165 在電腦繪圖系統中，用來定義繪圖物件的形狀及屬於此物件上所有點的位置的座標系統是：
(A)世界座標系統(world coordinate system) (B)模型座標系統(model coordinate system)
(C)視覺座標系統(viewing coordinate system) (D)視窗座標系統。

166 在電腦繪圖系統中，圖形的移動操作是經由轉換矩陣的運算來計算新的位置，以下的矩陣是在進行何種運算？ (A)繞 X 軸旋轉 a 角度 (B)沿著 X 軸平移 a 距離 (C)沿著 X 軸拉伸 a 距離 (D)以上皆非。

$$\begin{bmatrix} x_n \\ y_n \\ z_n \\ 1 \end{bmatrix} = \begin{bmatrix} 1 & 0 & 0 & a \\ 0 & 1 & 0 & 0 \\ 0 & 0 & 1 & 0 \\ 0 & 0 & 0 & 1 \end{bmatrix} \begin{bmatrix} x \\ y \\ z \\ 1 \end{bmatrix}$$

167 以下何種方法並不適用於曲面模型建立？ (A)對輸入點進行差補運算 (B)對特定曲線網格差補運算 (C)平移或旋轉一條特定曲線 (D)布林運算(Boolean Operations)。

168 以下何種方法，利用常見的形狀單元來建立實體模型？ (A)參數造模法(Parametric modeling) (B)邊界造模法(Boundary modeling) (C)特徵基礎造模法(Feature-based modeling) (D)以上皆非。

169 使用電腦技術去計算產品作業性、功能性以及製造參數的工程設計之分析與評估，此種技術通稱為？ (A)電腦輔助設計(Computer Aided Design, CAD) (B)電腦輔助製造(Computer Aided Manufacturing, CAM) (C)電腦輔助工程(Computer Aided Engineering, CAE) (D)電腦輔助製程規劃(Computer Aided Process Planning, CAPP)。

170 透過將 3D 的物體模型分解成一堆小元素，可對於結構之特性進行分析與研究的一種數值方法，稱為？ (A)有限元素分析 (B)模流分析 (C)質量屬性分析 (D)以上皆非。

171 將工件的 3D CAD 模型切成細薄的水平剖面，然後一層一層地將設計變換成一個物理模型，此種技術稱為？ (A)逆向工程 (B)快速原型 (C)快速模具 (D)快速加工。

172 下列何種製程屬於直接成型快速模具製程？ (A)矽膠模與真空注型 (B)快速原型製模 (C)金屬樹脂模具 (D)精密電鑄模具。

173 利用電腦來處理大量的資料,透過日程計畫、產品結構與存貨狀態等資料輸入,可以得到何時訂購、淨需求、能量需求等資訊,是一種排程與存量管制的雙重技巧,此種技巧稱為？ (A)資源規劃(resources planning) (B)產能規劃(capacity planning) (C)生產活動控制 (production activity control) (D)物料需求規劃(material requirements planning)。

174 下列何種機器是屬於接觸測試法？ (A)座標三次元測量儀 (B)雷射掃描 (C)機器視覺 (D)照相量測。

175 下列何種單元不包含於機器視覺系統中？ (A)攝影機 (B)處理介面 (C)數位電腦 (D)座標量測儀。

176 下列何種工作不屬於以可靠性檢驗為目的之電腦輔助測試(Computer Aided Test, CAT)？ (A)擇優汰劣之測試 (B)生產模擬測試 (C)生產驗收之測試 (D)分析改正之測試。

177 下列對創成式(generative)CAPP 的程序規劃技術描述,何者不正確？ (A)由專家系統 (expert system)所主導 (B)從設計部分先得到工作圖,接著產生製造程序規劃 (C)由已存在的製程規劃擷取符合新工件的製程 (D)自動化程度比變動式 CAPP 高。

178 下列何者是以模擬為基礎,協助工程師進行描述或建立控制方式的電腦輔助方法？ (A)專家系統(expert system) (B)虛擬工程(virtual engineering) (C)電腦輔助設計(CAD) (D)電腦輔助工程(CAE)。

179 下列何者為國際標準之圖型交換檔格式？ (A)IGES (B)APT (C)STL (D)DWG。

180 下列何者為生產資料交換(Exchange of Product model Data)標準格式？ (A)IGES (B)APT (C)STEP (D)STL。

181 當進行有限元素分析時,須先建立網格模組,下列何種方法常被用來建立三角網格？ (A)Cavendish 法 (B)Shimada 法 (C)Delaunay 三角剖分法 (D)遞迴(recursive)法。

182 當利用數位模擬(digital simulation)軟體工具進行數值加工模擬時,下列何種資訊無法藉由模擬顯示出來？ (A)過切 (B)切削路徑 (C)表面精度 (D)刀具磨耗。

183 下列針對 CAD 3-D 線架構系統描述何者不正確？ (A)利用邊界表示法(B-rep method)來建立模型 (B)比 2-D 線架構模型稍多的 3-D 幾何資料庫 (C)一組可以用來建構曲面模式的資料 (D)可以用來產生自動切削機器之程序程式的資料組。

184 CAD 軟體在製造中所扮演的角色大部分是設計功能,下列何者不屬於 CAD 軟體的功能？ (A)產品設計 (B)夾治具設計 (C)組裝或品質檢查 (D)切削路徑設計。

185 CAM 軟體接收由 CAD 圖形檔所得到的工件幾何資料來產生製造程序,下列軟體中,何者無法產生 CAM 所需工件幾何資料？ (A)AutoCAD (B)Pro/Engineer (C)ANSYS (D)CATIA。

186 針對軟體在量測上的功用描述，以下何者正確？ (A)可用來做為執行系統加工評估的方法 (B)可以自動執行加工作業的控制，以保持加工系統的要求品質與精確度 (C)執行所獲取之多數資料的處理，藉電腦輔助以達到量測高速化及正確化 (D)以上皆是。

187 彈性製造系統(flexible manufacturing system, FMS)是一個高度自動化群組技術的機器單元。FMS之所以稱為彈性的原因，下列描述何者錯誤？ (A)能在不同工作站上同時加工不同型式的零件 (B)加工零件型式的混合可以進行調整 (C)適合高度變化、大型量的生產範圍 (D)系統可以非批量模式加工不同零件樣式。

188 彈性自動化的概念可以用於各種的製造操作。以下何種加工操作在現今 FMS 的應用上最為成熟？ (A)銑削 (B)車削 (C)鈑金 (D)鑄造。

189 在決定 FMS 之使用率及效率時，以下哪一項是重要的評估變數？ (A)加工路線的變化 (B)待處理工作與儲存能力 (C)工作站的型式 (D)加工需求。

190 考慮容易進行自動化裝配的產品設計需求，將產品或零件設計成易於分辨正反面、前後端等，或成多重對稱性，是為了達到怎樣的設計目標？ (A)利於整列及定向 (B)能預知其重心位置 (C)避免糾纏、互鎖的設計 (D)易於做有系統的儲存。

191 下列哪一種機構能夠應用來製作旋轉間歇分度移送系統？ (A)日內瓦機構 (B)桶形凸輪 (C)蝸桿蝸輪機構 (D)以上皆可。

192 下列哪一項目並非進行自動化裝配技術開發的考慮因素？ (A)高產品需求 (B)穩定的產品設計 (C)裝配不能超過一個有限數量的組件 (D)具備自動化加工站。

193 下列哪一項目並非物料搬運系統的主要設計考量因素？ (A)物料特性 (B)穩定的產品設計 (C)流動率、路線及排程 (D)工廠佈置。

194 針對自導車(Self-Guided Vehicle, SGV)的特性，下列敘述何者錯誤？ (A)不須行駛於設定路線 (B)利用導航推算系統指定行進路線 (C)需建立信標，讓車載感應器辨識路線 (D)利用嵌入式途徑導線比對位置，進行路線修正。

195 下列何種 AS/RS 系統(automated storage/retrieval system)常應用在大型自動化系統，用來搬運儲存在棧板或其他標準容器上的貨載？ (A)單元貨載 (B)長儲存道 (C)迷你貨載 (D)人員駕駛 AS/RS。

196 零件分類及編碼系統通常會基於零件的設計屬性、製造屬性或混合設計及製造屬性，下列屬性清單中，何者同時屬於設計及製造屬性？ (A)基本外部形狀 (B)主要尺寸 (C)次要尺寸 (D)公差。

197 在分散式控制系統中負責所有製程間及站台互動的架構為？ (A)中控室 (B)區域作業站 (C)通訊網路 (D)可程式控制器。

198 針對電腦整合製造系統的五項效益評估指標中，下列何者不屬於標準化指標？ (A)零件共同化率 (B)變更設計次數 (C)成品率 (D)零件點數減低率。

199 電腦製程監測裡電腦所收集的數據可以歸為3類,下列何者不是製程電腦所收集的數據種類? (A)儲存 (B)製程 (C)設備 (D)產品 數據。

200 下列何種設備整合了自動化生產機器,工業機器人及無人搬運車? (A)單機自動化系統 (B)電腦數值控制系統(CNC) (C)彈性製造系統(FMS) (D)電腦輔助設計與製造系統 (CAD/CAM)。

201 CIMS 代表以下何種系統? (A)自動搬運系統 (B)物料需求規劃系統 (C)彈性製造系統 (D)電腦整合製造系統。

202 ATC 之意義為何? (A)自動程式設計 (B)自動換刀 (C)自動倉儲 (D)自動搬運。

203 NC 程式中之 G 指令代表以下何種機能? (A)進給 (B)主軸 (C)刀具 (D)準備 機能。

204 NC 程式中之 G02 指令代表以下何種加工? (A)直線 (B)圓弧 (C)螺紋 (D)倒角 切削。

205 以下何種技術是將設計或製程上類似的零件加以分類並集合成零件族,以獲取設計或製造方面更大的利益? (A)電腦輔助製程規劃(CAPP) (B)電腦輔助工程分析(CAE) (C)群組技術(GT) (D)物料需求規劃(MRP)。

206 噴漆或連續焊接等工作適合以下何種機器人? (A)氣壓驅動機器人 (B)點對點式(Point-to-Point)伺服機器人 (C)連續路徑(Continuous-path)伺服機器人 (D)非伺服機器人。

207 AGV 是代表以下何種系統? (A)自動倉儲系統 (B)自動量測系統 (C)自動化專業加工機 (D)無人搬運車。

208 以下何者不是光學式非接觸檢驗方法? (A)機器視覺 (B)超音波檢驗法 (C)雷射光束掃描裝置 (D)照相測量法。

209 下列哪一種機構可以把連續圓周運動轉換為間歇圓周運動? (A)齒條與小齒輪機構 (B)曲柄與滑塊機構 (C)日內瓦機構 (D)肘節機構。

210 在自動化機械中,下列何種元件可檢知外界的信號? (A)控制器 (B)感測器 (C)致動器 (D)機構。

211 彈性製造系統(FMS)不包括以下何種機能? (A)生產 (B)刀具 (C)行銷 (D)品質 管理。

212 下列何者不是消音器優良性能的條件? (A)排氣時機件螺栓鬆動才較安全 (B)長期使用其消音強度不會改變 (C)清潔時拆裝簡易 (D)消音強度之增加不影響作動器的速度變換。

213 下列何者是利用電腦進行經驗與邏輯的判斷,而自動產生加工程序? (A)MRP (B)CAT (C)CAE (D)CAPP。

214 電腦整合製造(CIM)是一種方法論,包含了系統組織的所有操作,因此電腦整合製造通常不一定要包括下列何種基本要件? (A)電腦設備 (B)通訊系統 (C)數值工具機 (D)技術熟練的技工。

215 電腦整合製造系統或彈性製造系統的規劃，在經濟考量下不適合考慮下列哪一因素？ (A)多變化與限量產品之銷售市場 (B)穩定之資本與高人員素質 (C)良好之電腦系統整合技術 (D)適合量產低價之 OEM 商品。

216 如圖示之模型，自動化工程師以電腦輔助繪製時，通常歸類於下列哪一類型之繪製模型結構？ (A)3D 線架構模型 (B)2-1/2 D 線架構模型 (C)3D 體積模型 (D)2-1/2 D 體積模型。

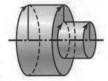

217 電腦輔助設計(CAD)為利用電腦創造設計圖和產品模型，其中下列何種格式不是電腦輔助設計常見的圖面轉換格式？ (A)DFX (B)STL (C)DWG (D)PDF 轉換格式。

218 一般而言，自動化機構組裝時，首先要組裝的元件是？ (A)機構 (B)感測器 (C)氣壓管路 (D)電氣線路。

219 從斜坡道連續緊密送料至水平輸送帶，為避免工件瞬間大量落入，可裝置何種機構來處理？ (A)換向 (B)分離 (C)倉儲 (D)平移 機構。

220 自動化機器在規劃編輯程式時，應先編輯？ (A)急停 (B)步進 (C)順序動作 (D)復歸 程式，以防撞機或爆炸的危險。

221 自動化機械首次試車的步驟，下列何者較安全、合理？ (A)半自動循環→全自動循環→步進操作 (B)全自動循環→步進操作→半自動循環 (C)步進操作→半自動循環→全自動循環 (D)全自動循環→半自動循環→步進操作。

222 下列何者不是控制系統的品質？ (A)穩定性高 (B)反應速度快 (C)精確度高 (D)力量大。

223 自動化機械之動作時序圖一般是依？ (A)產品製造程序 (B)程式編寫難易 (C)操作者喜好 (D)維修難易而訂。

224 生產設備在運轉時，沒有漏電但是會有人員觸電的情況發生，表示該設備未做好什麼動作？ (A)絕緣 (B)噴漆 (C)接地 (D)沒穿安全鞋。

225 當可程式邏輯控制器(PLC)有異常發生時，應如何處置？ (A)讀出程式 (B)讀出錯誤碼 (C)重灌程式 (D)刪除程式。

226 開路系統與閉路系統主要之差異在於開路系統不具？ (A)輸入訊號 (B)輸出訊號 (C)回授訊號 (D)以上皆非。

227 非線性彈簧之輸入 x 與輸出 y 之關係為 $y = y(x) = kx^3$，k 表彈簧常數，平衡點為 (x_0, y_0)，當輸入訊號選擇在平衡點附近操作時亦即 $x = x_0 + x_d$ 時，則輸出 $y = y_0 + y_d$，此時可得非線性彈簧之線性化操作方程式為？ (A)$y_d = kx_d^3$ (B)$y_d = kx_0 x_d$ (C)$y_d = 3kx_0 x_d$ (D)$y_d = 3kx_0^2 x_d$。

228 某控制元件之輸入 r(t) 與輸出 c(t) 之微分關係為 3r=2(dc/dt)，t 表時間，初始值為 c(0)=0，則此元件之轉移函數 G(s) 為？ (A)2s-3 (B)3s-2 (C)2/(3s) (D)1.5/s。

229 自動化系統之輸出 c(t) 隨時間 t 之變化情形可表為 c(t)=1.2(2-e⁻³ᵗ)，則下列敘述何者正確？ (A)輸出訊號之初始值為零 (B)暫態輸出為 1.2 (C)穩態(或定常態)輸出為 2.4 (D)以上皆非。

230 二階線性自動化系統之特徵根(或極點)為：s1=-1，s2=-2；則此系統之穩定性為何？ (A)穩定 (B)中立穩定 (C)不穩定 (D)無法判別。

231 某自動化系統之特徵方程式為：$s^3 + 2s^2 + s = 0$；則此系統之穩定性為何？ (A)穩定 (B)中立穩定 (C)不穩定 (D)無法判別。

232 某系統輸入 r(t) 與輸出 c(t) 之數學模式可表為：$\dfrac{d^2c}{dt^2} + \dfrac{2dc}{dt} + 9c(t) = r(t)$；則此系統之阻尼比為何？ (A)1/3 (B)1/2 (C)1 (D)3。

233 某系統之閉路轉移函數可表為：(10s+100)/(s²+19s+100)；當輸入(在時間 t 領域內)為 r(t)=1 時，則此系統之輸出(在複數 s 領域內)C(s) 為何？ (A)(10s+100)/(s²+19s+100) (B)(10s²+100s)/(s²+19s+100) (C)(10s+100)/(s³+19s²+100s) (D)以上皆非。

234 單位負回授自動化系統在複數 s 領域內之誤差函數為：E(s)=R(s)-C(s)=輸入-輸出，若 E(s) 採比例控制：C(s)=2E(s)，當輸入為單位步階輸入時，系統之輸出 C(s) 為何？ (A)2s/3 (B)3s/2 (C)3/(2s) (D)2/(3s)。

235 續上題，系統之穩態(或定常態)輸出為為何？ (A)1 (B)1/3 (C)2/3 (D)2。

236 二階自動化系統之特徵方程式為：$s^2 + 2s + 9 = 0$；則系統之阻尼情形為何？ (A)欠阻尼 (B)臨界阻尼 (C)過阻尼 (D)無法判別阻尼情形。

237 自動化控制系統內，若控制器之轉移函數為 G(s)=1+0.1s+5/s；則此控制動作是屬於？ (A)比例 (B)比例加微分 (C)比例加積分 (D)比例加微分加積分 控制。

238 二階系統在步階輸入下之輸出 c(t) 隨時間 t 之變化秒數情形為：
c(t)=1-1.1136e⁻⁰·⁸⁸ᵗsin(1.8t+1.115)，則系統之尖峰時間 tp 為多少秒(取近似值)？ (A)1 (B)1.13 (C)1.75 (D)4.55。

239 續上題，系統之上升時間 tr 為多少秒(取近似值)？ (A)1 (B)1.13 (C)1.75 (D)4.55。

240 以布林代數化簡邏輯方程式：$Y = \overline{\overline{ab}c} + \overline{a}\overline{b}c + ab\overline{c} + a\overline{bc}$；結果為？ (A)$a$ (B)b (C)$\overline{b}$ (D)$\overline{c}$。

241 以下何者不屬於自動化系統中的致動器？ (A)齒輪 (B)馬達 (C)引擎 (D)液壓、氣壓。

242 所謂 CAM 是將電腦系統應用於哪些作業？ (A)檢測 (B)生產及製造 (C)設計 (D)分析。

243 以下何者不屬於彈性製造系統的基本組成要素？ (A)製程工作站 (B)物流配送 (C)彈簧 (D)電腦控制系統。

244 生產自動化的發展歷程中，關於『底特律自動化』的敘述，何者不正確？ (A)使用數值控制 (B)為最早出現之自動化方式 (C)把每個工作的加工程序，分解成較單純的工作步驟，每位技術員工只要熟練單一的工作程序 (D)源自於美國底特律汽車廠。

245 對於伺服控制系統的描述，何者是錯誤的？ (A)需要裝置感測器，以做訊號回授 (B)若設計得當，可以比非伺制系統做更精準的控制 (C)一般而言，伺服控制器的運算較非伺服控制器複雜 (D)為開迴路系統。

246 關於數值控制系統，以下何者錯誤？ (A)利用一些數值、字母、符號來控制製程機械之動作 (B)當製程加工需要改變時，只要按照適當格式來重新編碼，就可以達到目的 (C)適合產品結構經常變異之生產 (D)適合大量之自動化生產。

247 下列何種機件可將圓周運動轉換成直線運動？ (A)齒輪 (B)凸輪 (C)彈簧 (D)聯軸器。

248 在自動化機械中使用的感測器當中，何者屬於位移量檢出元件？ (A)差動變壓器 (B)光電開關 (C)近接開關 (D)極限開關。

249 繼電器在自動化機械設備當中，屬於何類組件？ (A)光電元件 (B)感測器 (C)控制組件 (D)傳動元件。

250 使用自動化技術的目的，下列何者不正確？ (A)節省人力 (B)提升品質 (C)降低成本 (D)增加美觀。

251 存取資料或程式的記憶體單元，可隨機存取的是？ (A)ROM (B)RAM (C)ROM 及 RAM (D)以上皆非。

252 用來存放常數及系統程式的記憶體是？ (A)ROM (B)RAM (C)ROM 及 RAM (D)以上皆非。

253 一般消費性自動化產品的控制，大多數使用？ (A)PID (B)電腦 (C)電子電路 (D)單晶片微電腦 控制。

254 自動化系統中，使用開迴路控制，主要原因是？ (A)控制精確 (B)靈敏度高 (C)簡單便宜 (D)反應快。

255 自動化系統中，使用微電腦來控制直流馬達，迴路內必須使用哪一種轉換器才能驅動？ (A)類比/數位 (B)數位/類比 (C)電壓/電流 (D)電流/電壓 轉換器。

256 自動化控制系統中，若所需動力小，要求反應速度不高，使用哪一種馬達較適宜？ (A)伺服 (B)直流 (C)步進 (D)交流 馬達。

257 自動化控制系統的PLC控制中負責演算、貯存程式、處理邏輯等功能的元件是？ (A)RAM (B)ROM (C)CPU (D)I/O 模組。

258 自動化控制定位系統的工作台是由一螺桿來驅動，其導程 p=6.0mm。螺桿連接步進馬達的輸出軸，傳動齒數比 rg=5：1之齒輪箱，步進馬達之步進角度數目 ns=48，請問工作台移動 x=250mm 的距離需要多少脈衝？ (A)1,000 (B)5,000 (C)10,000 (D)15,000。

259 自動化生產機器全產能操作 P=80hr/wk，其生產速率 C=20unit/hr。在某一週中，機器生產工件數 Q=1000 個，其他為閒置時間。試求該機器在這週的使用率 U？ (A)15.5 (B)57.5 (C)62.5 (D)82.5 %。

260 雙動汽缸內徑 50mm，活塞桿直徑 12mm，操作表壓力為 5kgf/cm²，試求此雙動氣壓缸活塞前進時之實際出力？ (A)99.17 (B)98.12 (C)96.58 (D)97.15 kgf。

261 一油壓迴路其操作表壓力最大為 50kgf/cm²，則若一油壓缸須出力 600kgf，則須油壓缸活塞直徑 D 應為多少？ (A)4.1 (B)3.8 (C)3.9 (D)3.7 cm。

262 如圖符號為幾口幾位方向閥？ (A)4 口 3 位閥 (B)5 口 4 位閥 (C)3 口 4 位閥 (D)4 口 5 位閥。

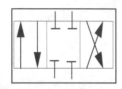

263 下列何者不屬於排量式壓縮機？ (A)迴轉輪葉式 (B)螺旋式 (C)離心式 (D)魯式空氣壓縮機。

264 如圖符號為？ (A)儲氣槽 (B)蓄壓器 (C)消音器 (D)快速接頭。

265 噪音之強度，以哪一種單位表示？ (A)db (B)Lux (C)HZ (D)bar。

266 油箱之功用下列何者為不適合？ (A)儲油 (B)排水 (C)散熱 (D)沉澱雜質。

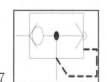

267 如圖符號氣壓組件為何？ (A)快速排氣 (B)調壓 (C)順序 (D)溢流 閥。

268 檢查接頭或焊接處應以？ (A)肥皂沫或噴霧器 (B)強力膠 (C)漿糊 (D)粉沫 為佳。

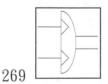

269 如圖符號為？ (A)氣壓缸 (B)氣壓馬達 (C)真空泵 (D)擺動馬達。

270 僅允許壓縮空氣單向流動，反向則受阻，因此又稱？ (A)梭動閥 (B)雙壓閥 (C)切斷閥 (D)止回閥。

271 所謂常開(normally open)控制閥其構造是觸動操作桿時，閥門才會？ (A)開啟 (B)關閉 (C)轉動 (D)靜止。

272  如圖是？ (A)壓力 (B)流量 (C)快速排放 (D)方向控制閥。

273 氣壓元件，使用的壓縮空氣最高壓力為？ (A)1 (B)3 (C)6 (D)9 bar。

274 如圖之氣壓邏輯閥表示是？ (A)Y=a+b (B)Y=a・b (C)Y=a・b' (D)Y=a'+b。

275 單活塞桿雙動氣壓缸，因活塞桿佔據氣壓缸容積，使得外伸力量比縮回的力量？ (A)小 (B)相等 (C)大 (D)小一倍。

276 如圖所示其符號是？ (A)手動操作 (B)機械作動 (C)電氣作動 (D)壓力作動 閥。

277 節流閥的功用為？ (A)增加壓力 (B)改變流量 (C)改變氣壓的方向 (D)減低壓力。

278 液壓傳動的原理是利用？ (A)伯奴利定理 (B)槓桿原理 (C)巴斯葛原理 (D)能量不減原理。

279 如圖是？ (A)NOR (B)OR (C)NAND (D)XOR 邏輯。

280 如圖表示？ (A)氣壓 (B)電磁 (C)雙壓 (D)順序 閥。

281  如圖所示其符號是？ (A)四口三位閥 (B)三口三位閥 (C)三口二位閥 (D)六口二位閥。

282 減壓閥的符號為：(A) (B) (C) (D) 。
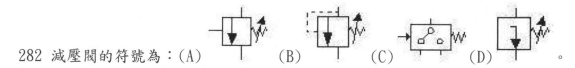

283 對於氣油壓系統中之壓縮空氣與液壓油，下列何者非為其動力黏度單位？ (A)N-sec/m (B)kg/m-sec (C)Pa-sec (D)g/cm-sec。

284 對於氣油壓系統中壓縮空氣與液壓油之黏度，下列敘述何者正確？ (A)壓縮空氣之黏度隨溫度之升高而稍微升高 (B)液壓油之黏度隨溫度之升高而稍微升高 (C)液壓油之黏度隨壓力之增加而降低 (D)以上皆非 。

285 氣壓缸附有緩衝裝置之主要功用為？ (A)可控制活塞桿之推力 (B)可降低活塞桿近接之速度 (C)可減少活塞與缸筒間之摩擦力 (D)以上皆非 。

286 若欲控制單桿雙動氣壓缸活塞桿之前進速度,可在活塞桿側裝置一個? (A)量出控制之單向流量控制閥 (B)量入控制之單向流量控制閥 (C)雙向流量控制閥 (D)以上皆非 。

287 液壓動力源裝置內,不可缺少之壓力控制組件為何? (A)溢流 (B)減壓 (C)卸載 (D)抗衡閥。

288 對於液壓電氣控制迴路而言,再生迴路中活塞桿之前進推力比傳統迴路者為? (A)大 (B)小 (C)一樣 (D)無從比較。

289 液壓馬達之體積效率為95%,全效率為88%,則機械效率約為? (A)83.6 (B)92.6 (C)96 (D)12 %。

290 以液壓控制閥之控制位置而言,減速閥是? (A)2 (B)3 (C)無窮定 (D)4 位閥。

291 在液壓流量控制元件中,當壓力補償流量控制閥之入出口壓力降超過某一定值時,則其出口流量? (A)增加 (B)減少 (C)降為零 (D)不變。

292 對於液壓蓄壓器而言,下列敘述何者正確? (A)可補償液壓組件之洩漏損失 (B)可做為緊急動力源 (C)可消除或減低壓力波脈動 (D)以上皆是。

293 在電氣-液壓控制迴路中,為防止過大負荷導致電磁閥漏油而使致動器產生不必要之運動方向,通常使用何種閥以設定背壓? (A)抗衡 (B)放洩 (C)減壓 (D)卸載 閥。

294 單桿雙動液壓缸活塞桿直徑為20mm,活塞直徑為40mm,若活塞本身重量及摩擦損失不計,且活塞桿側之背壓為零,當欲得250kgf之活塞桿推力時,活塞側之供油壓力約為? (A)4.97 (B)19.89 (C)31.26 (D)39.78 kgf/cm^2。

295 在電氣-氣壓控制迴路中,若欲設計一個繼電器之自保迴路,除需一個常開型起動開關外,至少尚需此繼電器之多少個接點? (A)一個 a 接點 (B)一個 b 接點 (C)二個 a 接點 (D)二個 b 接點。

296 在電氣-氣壓控制迴路中,兩支氣壓缸之動作為:A+B+A-B-A+A-,則此迴路之動作至少可分成? (A)3 (B)4 (C)5 (D)6 級。

297 在電氣-氣壓控制迴路中,氣壓缸之動作為:A+B+C+C-B-A-,若採用雙頭電磁閥控制,則此迴路之動作至少需多少個繼電器? (A)1 (B)2 (C)3 (D)4 個。

298 在電氣-氣壓控制迴路中,氣壓缸之動作為:A+B+A-B-A+A-,若採用雙頭電磁閥控制,並以最大結構分級,則此迴路之動作至少需多少個繼電器? (A)3 (B)4 (C)5 (D)6 個。

299 AND 電路可以用邏輯式表示為 X=? (A)A+B+C (B)A·B·C (C)A+B·C (D)A·B+C。

300 繼電器之輸出接點有 N.C. 與 N.O. 兩種,其分別代表? (A)常閉與常開 (B)常開與常開 (C)常開與常閉 (D)常閉與常閉 接點。

301 常用的步進馬達共有多少條線? (A)3 (B)4 (C)5 (D)6 條 。

302 PLC 程式設計，若遇機械 A、B 不允許同時運轉時，應以何種迴路來做保護？ (A)互鎖迴路 (B)自保迴路 (C)交替迴路 (D)以上皆非。

303 PLC 之 CMP 指令為？ (A)傳送 (B)交接 (C)比較 (D)旋轉 指令。

304 如圖所示 ALT(Alternate)為交換指令，當多次輸入信號 X0 ON-OFF 時，則 Y0 之內容為？ (A)常時 ON (B)常時 OFF (C)瞬時 ON (D)單次 ON 雙次 OFF。

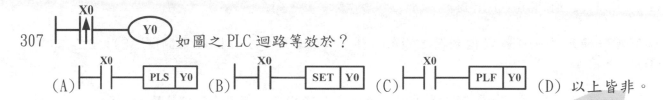

305 一個數字 0~9 的 BCD 碼指撥開關，接至 PLC 時，會佔用多少輸入點？ (A)1 (B)2 (C)3 (D)4。

306 繼電器之線圈通電後，其輸出接點的變化為？ (A)b 接點變 a 接點 (B)a 接點變 b 接點 (C)a 接點通，b 接點不通 (D)a 接點不通，b 接點通。

307 如圖之 PLC 迴路等效於？ (A) PLS Y0 (B) SET Y0 (C) PLF Y0 (D) 以上皆非。

308 記憶體 EPROM 之特性為？ (A)可讀取 n 次、可寫入 n 次 (B)可讀取 n 次、可寫入 1 次 (C)可讀取 n 次、可寫入 2 次 (D)可讀取 1 次、可寫入 1 次。

309 若 PLC 的輸入模組標示為 TTL 規格，表示輸入電壓值應為？ (A)DC2V (B)DC5V (C)DC12V (D)DC24V。

310 共陽極七段顯示器，使用 7447 解碼輸入端為 0111，則七段顯示器顯示數字為？ (A)5 (B)6 (C)7 (D)8。

311 步進馬達若一相驅動，其通電序是？ (A)A・B・/A・/B (B)A・/A・B・/B (C)A・/A・/B・B (D)A・B・/B・/A。

312 12bit 的 A/D 轉換器若輸入電壓 10V，感測到的電壓 5.1V，則其十進位數位值為？ (A)652 (B)1322 (C)1850 (D)2088。

313 布林代數 $F(x,y) = x + \bar{x}y$ 經化簡後可得？ (A)x+y (B)x-y (C)x・y (D)x/y。

314 何者不是繼電器(Relay)順序控制的優點？ (A)負載容量大 (B)不受電磁雜訊影響 (C)溫度特性佳 (D)不受機械震動影響。

315 何者不是無接點順序控制的優點？ (A)不受電機雜訊影響 (B)體積小，動作速度快 (C)靈敏度高 (D)不受震動影響。

316 OR 電路可用邏輯式表示為 X=？ (A)A・B・C (B)A-B-C (C)A+B+C (D)A/B/C。

317 布林代數：x(x+y)經化簡後可得？ (A)x (B)y (C)xy (D)xy+y。

318 與傳統式電盤電路控制比較，何者不是可程式控制器的特點？ (A)低功率 (B)接點數不受限制 (C)配線簡單、偵測容易 (D)硬體邏輯。

319 使用可程式控制器控制交流馬達轉速時，類比轉速計要使用何種模組才能才能連接到PLC？ (A)D/A (B)D/D (C)A/D (D)A/A 模組。

320 以 PLC 來控制步進馬達轉速，若馬達之步進驅動為 1.8 度/step，欲使馬達的轉速為 300RPM，PLC 每秒需輸出多少脈波來控制？ (A)500 (B)1000 (C)1500 (D)3000。

321 關於 PWM 脈波，以下敘述何者有誤？ (A)波寬可調 (B)週期可變 (C)可用來控制直流馬達轉速 (D)利用 ON/OFF 的時間比例，來決定輸出平均值大小。

322 以下何者非可程式控制器之主要構成部份？ (A)程式書寫器 (B)中央處理單元 (C)致動器 (D)記憶體。

323 下列何種記憶體於停電或關機時，無法保持可程式控制器之機體內部程式？ (A)RAM (B)EPROM (C)EEPROM (D)ROM。

324 以下哪一種元件非可程式控制器之輸入元件？ (A)計時電驛 (B)極限開關 (C)按鈕開關 (D)電磁閥。

325 ORI 邏輯是？ (A)邏輯和"反相" (B)邏輯積 (C)邏輯積"反相" (D)邏輯和。

326 MPP 為多重輸出(或迴路分歧)指令，其功用是？ (A)記憶推入 (B)記憶讀出 (C)記憶取出 (D)重置。

327 步進功能命令中，SFC 之中文意思是？ (A)移行條件圖 (B)順序功能圖 (C)步進階梯圖 (D)負載驅動圖。

328 控制電路中某一繼電器之接點，每隔一段時間就會故障，其原因可能是？ (A)電流量較大 (B)沒接地 (C)沒短路保護 (D)使用頻率太低。

329 以下哪一種控制需要加入互鎖保護迴路？ (A)馬達起動 (B)馬達手動 (C)閃爍 (D)馬達正逆轉 控制。

330 PLC 之 INC 指令為？ (A)加法 (B)乘法 (C)遞增 (D)遞減 指令。

331 繼電器(Relay)之線圈激磁時？ (A)a 接點通，b 接點不通 (B)a 接點不通，b 接點接通 (C)a、b 接點沒有變動 (D)以上皆非。

332 PLC 執行程式的方式為？ (A)上而下，左而右 (B)上而下，右而左 (C)下而上，左而右 (D)下而上，右而左 不斷的來回掃描。

333 感應電動機使用 Y-△起動法，其主要目的為 (A)提高起動轉矩 (B)增加輸出功率 (C)降低起動電流 (D)提高運轉效率。

334 可程式控制器之書寫器中按鍵 RD\WR 可以？ (A)刪除指令 (B)讀出/寫入指令 (C)插入指令 (D)監視狀態。

335 搬移暫存器之內涵值可使用？ (A)MOV (B)CJ (C)CMP (D)CALL 指令。

336 PLSY 指令可以應用於？ (A)直流 (B)交流感應 (C)步進 (D)伺服 馬達之定位控制。

337 步進功能圖中雙線方格代表？ (A)初始步進狀態點 (B)一般狀態點 (C)移行 (D)機械動作。

338 CNC 銑床加工的進給率單位通常為？ (A)mm/rev (B)mm/min (C)rpm (D)rps。

339 機械停止一切的動作，程式停止執行，但按下 CYCLE START 即可繼續執行下面其它的單節，是以何種指令表示？ (A)M00 (B)M01 (C)M02 (D)M30。

340 下列何者非為目前商業化的工業機器手臂之驅動系統？ (A)液壓 (B)電力 (C)火力 (D)氣壓 驅動。

341 在立式 CNC 銑床之 YZ 平面上加裝繞 X 旋轉的分度頭時，則此分度頭的旋轉軸稱為？ (A)A (B)B (C)C (D)AB 軸。

342 撰寫 CNC 程式時，一般均假設？ (A)刀具不動，工件移動 (B)工件不動，刀具移動 (C)工件、刀具均不動 (D)工件、刀具均移動。

343 程式指令中，何者表示準備機能及主軸機能？ (A)T 及 F (B)G 及 N (C)M 及 T (D)G 及 S。

344 工業機器手臂有各種不同的尺寸、型態與物體結構，下列何者非為主要的商用機器手臂結構？ (A)圓柱座標 (B)直角座標 (C)三角座標 (D)關節型 結構。

345 機器手臂應用於零組件裝配，在零件配合若是執行插件作業常有位置偏差問題導致插件困難，此種問題最好以何種方式解決？ (A)腕部加裝遠心順應器 (B)控制系統改為低阻尼系統 (C)各關節增添力量感測器 (D)以上皆非。

346 銑削進給率之設定不需考慮？ (A)工件硬度 (B)刀具規格 (C)切削速度 (D)材料厚度。

347 切削中心機一般均具有 ATC 裝置；所謂 ATC 係指？ (A)自動程式製作工具 (B)自動程式載入 (C)自動刀具補正 (D)自動刀具交換。

348 CNC 工具機驅動系統的進給螺桿常採用？ (A)方型導螺桿 (B)梯型導螺桿 (C)滾珠導螺桿 (D)以上皆非。

349 CNC 車床的座標軸，在程式設計中是以？ (A)X、Y、Z 三軸 (B)X 軸與 Z 軸 (C)X 軸與 Y 軸 (D)Y 軸與 Z 軸 表示。

350 有一直徑為 150mm 之鋼棒，在車床上加工，其切削速度為 4m/sec，則主軸轉速約為多少 rpm？ (A)310 (B)410 (C)510 (D)610 rpm。

351 承上題，若繼續切削至直徑為 100mm 時，則切削速度為多少？ (A)1.67 (B)2.67 (C)3.67 (D)4.67 m/sec。

352 依泰勒刀具壽命公式，切削速度 V_1(m/min)，刀具壽命為 T_1(min)。若指數為 n，則切削速度 V_2(m/min)之刀具壽命為？ (A)$T_2 = nT_1\frac{V_1}{V_2}$ (B)$T_2 = T_1(\frac{V_2}{V_1})^{\frac{1}{n}}$ (C)$T_2 = T_1(\frac{V_1}{V_2})^{\frac{1}{n}}$ (D)$T_2 = T_1(\frac{V_2}{V_1})^n$。

353 下列工業機器手臂驅動系統何者之控制精確度最佳？ (A)液壓驅動 (B)電力驅動 (C)氣壓驅動 (D)以上皆非。

354 工業機器手臂經由控制系統控制可至指定位置，若控制系統使用低阻尼則下列何者是其運動特性？ (A)響應速度快 (B)振動起伏大 (C)空間解析度差 (D)以上皆是。

355 台積電欲利用機器手臂於生產作業中，若此作業是上下載晶圓於各反應室製程，此機器手臂應該採用下列何種型式之末端效應器？ (A)電磁夾爪 (B)真空杯 (C)機械式夾爪 (D)黏著式夾爪。

356 某工廠欲應用機器手臂於生產作業中，若此作業是搬運重材料，則下列何種型式機器手臂最佳？ (A)極座標 (B)圓柱座標 (C)關節型座標 (D)高架式。

357 中鋼欲利用機器手臂於生產作業中，若此作業是上下載鋼板於各製程，此機器手臂應該採用下列何種型式之末端效應器？ (A)電磁夾爪 (B)真空杯 (C)機械式夾爪 (D)黏著式夾爪。

358 在三維空間中，機械手臂控制之重現性(Repeatability)誤差其分佈會形成橢圓形，造成此種現象之原因乃是？ (A)控制解析度 (B)準確度 (C)順應性 (D)以上皆非。

359 工業機器手臂經由控制系統控制可至指定位置，若機械手臂夾持重物導致位移精確度產生誤差，則可使用下列何者特性彌補？ (A)響應速度 (B)振動 (C)順應性 (D)以上皆是。

360 焊接用機器人使用何種路徑控制方法？ (A)點間控制 (B)連續路徑 (C)極限順序 (D)以上皆可。

361 機器人控制系統若行程中沒有連續控制及加速控制稱為？ (A)非伺服 (B)伺服 (C)極限 (D)路徑 控制。

362 某工廠欲應用機器手臂於生產作業中，若此作業是噴漆作業則下列何種驅動系統型式最佳？ (A)電力 (B)液壓 (C)氣壓 (D)以上都無差別。

363 機器手臂的負載能力取決於尺寸大小、型式結構和驅動系統，通常負載能力之定義是當機器手臂在何種狀態？ (A)各關節最大伸展 (B)各關節半伸展 (C)歸零後各關節處於原點位置 (D)以上皆非。

364 機器手臂的位置控制系統執行程式所指定的目標位置通常會發生誤差，此種誤差在下列機器手何種姿態最小？ (A)各關節最大伸展 (B)各關節半伸展 (C)各關節靠近原點位置 (D)以上皆非。

365 CNC 程式碼中，絕對座標系統的指令為？ (A)G90 (B)G91 (C)G92 (D)G94。

366 欲完成機械手臂之工作執行所需，則手腕部應具有幾個自由度？ (A)2 (B)3 (C)4 (D)5。

367 依據美國機器人協會(RIA)對工業機器人定義,工業機器人應歸類在? (A)彈性自動化領域 (B)固定自動化領域 (C)可程式自動化領域 (D)以上皆是。

368 三個自由度的圓柱座標型機器人,若以軸結構符號表示,可表為? (A)LRL (B)LTL (C)TVL (D)RTV。

369 對一解析度為 0.05 度之增量式編碼器,需要幾個光學標記? (A)360 (B)3600 (C)720 (D)7200 個。

370 以 A/D 轉換器取樣,若想正確地重建訊號,取樣頻率至少為原訊號最高頻率的? (A)1 (B)2 (C)3 (D)4 倍。

371 一般以馬達驅動的高性能機械手臂,大都是使用何種馬達? (A)步進 (B)直流 (C)交流伺服 (D)交流 馬達。

372 機器人工作系統中,想測出金屬物體,常選用? (A)電容型近接 (B)高頻震盪型近接 (C)透過型光電 (D)直接反射型光電 開關。

373 有一工程師想選用機器人應用於具 6 軸、連續路徑往復動作的電弧焊工作上,以下何型機器人比較適合? (A)關節型 (B)圓柱座標型 (C)極座標型 (D)直角坐標型。

374 下列何種錯誤不會影響 DNC 連線? (A)傳輸埠 (B)原點 (C)傳輸速率 (D)RS232 介面 設定錯誤。

375 若主軸轉速為 200rpm,在 CNC 銑床上攻製 M8x1.5 螺紋,則進給率 F 為? (A)300 (B)50 (C)200 (D)400 mm/min。

376 機械鎖定(MACHINE LOCK)開關之作用是? (A)重新定位刀具起點 (B)程式鎖住,不得更改 (C)執行程式 X、Y、Z 軸無位移 (D)電源鎖住,無法任意切斷。

377 欲以 CNC 銑床銑切出直徑 ϕ20.8mm 深 20mm 之盲孔,較適宜之加工程序為? (A)直接使用 ϕ20.8mm 之端銑刀 (B)使用中心鑽,ϕ20.8mm 之 2 刃端銑刀 (C)中心鑽,ϕ18mm 鑽頭,ϕ20.8mm 之 2 刃端銑刀 (D)ϕ18mm 鑽頭 ϕ20.8mm 之 2 刃端銑刀。

378 關閉防護門才操作 CNC 銑床之主要目的為? (A)增加美觀 (B)增加操作安全 (C)保持機械性能 (D)降低機械損壞率。

379 應用電腦於製造有關如刀具切削路徑模擬、機具控制及製造系統規劃之技術稱為? (A)電腦輔助設計(Computer Aided Design, CAD) (B)電腦輔助製程規劃(Computer Aided Process Planning, CAPP) (C)電腦輔助製造(Computer Aided Manufacturing, CAM) (D)電腦輔助工程(Computer Aided Engineering, CAE)。

380 應用電腦於加工設備的選擇、工作方法的決定及工作程序安排之技術稱為? (A)電腦輔助設計(Computer Aided Design, CAD) (B)電腦輔助製程規劃(Computer Aided Process Planning, CAPP) (C)電腦輔助製造(Computer Aided Manufacturing, CAM) (D)電腦輔助工程(Computer Aided Engineering, CAE)。

381 關於電腦輔助檢驗與測試,下列敘述何者不正確? (A)檢驗一般指檢查產品的元件是否符合設計者要求的規格 (B)測試一般著眼於產品的功能,其施行對象為產品本身而非其元件 (C)藉由電腦輔助可達百分之一百的檢驗和測試 (D)接觸式檢驗一般比非接觸式檢驗為快。

382 電腦繪圖中圖形可透過轉換矩陣的運算計算新位置,以下哪一個矩陣式進行對 z 軸旋轉 θ 角運算:

(A) $R = \begin{bmatrix} \cos\theta & \sin\theta & 0 \\ \sin\theta & \cos\theta & 0 \\ 0 & 0 & 1 \end{bmatrix}$ (B) $R = \begin{bmatrix} \sin\theta & \cos\theta & 0 \\ \cos\theta & \sin\theta & 0 \\ 0 & 0 & 1 \end{bmatrix}$ (C) $R = \begin{bmatrix} \cos\theta & -\sin\theta & 0 \\ \sin\theta & \cos\theta & 0 \\ 0 & 0 & 1 \end{bmatrix}$ (D) $R = \begin{bmatrix} \sin\theta & -\cos\theta & 0 \\ \cos\theta & \sin\theta & 0 \\ 0 & 0 & 1 \end{bmatrix}$

383 下列何者不屬於電腦輔助工程分析軟體的功能? (A)應力-應變計算 (B)刀具路徑計算 (C)熱傳導計算 (D)動態特性計算。

384 泛指中量生產的產品或零件,其生產週期為一次或多次者之生產型態為? (A)連續性流程 (continuous-flow process) (B)離散式大量生產(mass production of discrete products) (C)批量生產(batch production) (D)零星工作工場生產(job shop production)。

385 關於加工工件的刀具路徑,下列描述何者不正確? (A)刀具路徑是指刀具中心所走的路徑 (B)真正的刀具路徑和工件外形相同 (C)刀具是利用其邊緣來做加工工作 (D)刀具補償計算就是依據加工工件表面以刀具半徑為補償值所得的刀具路徑。

386 對變動式(variant system)CAPP 的程序規劃技術描述,下列何者不正確? (A)以 GT 為基礎將工件分類編碼 (B)對每一工件族建立一套標準製程,當有新的工件屬於該工件族時,可由電腦中擷取其標準製程 (C)某些分類及編碼系統可將電腦檔案加以組織,使擷取製程更有效率 (D)對新工件而言,必須將現有製程加以修改,但其加工程序及對每一道加工步驟的要求均相同。

387 對於電腦輔助工程技術,下列敘述何者不正確? (A)電腦輔助製造除了在監督與控制方面有直接應用外,在工廠的製造運作過程也扮演間接支援的角色 (B)CAPP 是連接 CAD 與 CAM 的橋樑 (C)電腦輔助製造是將電腦之技術有效應用到工廠的管理、控制及操作上的一項實用技術 (D)電腦製程監督時其數據的流通是雙向的,電腦將製作過程數據處理後送出訊號來控制製作過程。

388 電腦輔助工程分析的技術種類很多,其中有限元素法(finite element method)的應用相當廣泛,關於此法下列描述何者不正確? (A)線性及非線性均適用 (B)整個系統離散為有限個元素 (C)無限區域的問題也能輕易模擬 (D)整個區域作離散處理,需龐大的資料輸出空間與計算機容量,解題耗時。

389 下列何者不屬於電腦輔助設計系統的設計過程或階段? (A)幾何造型 (B)工程分析 (C)審核及評估 (D)自動檢測。

390 有關電腦輔助設計與製造，下列描述何者不正確？ (A)現代化的製造工廠通常會採用由電腦輔助設計(CAD)與電腦輔助製造(CAM)結合成的 CAD/CAM 系統 (B)CAD/CAM 系統不具有群組技術的功能 (C)電腦輔助製造(CAM)是指藉由電腦與生產系統共用資料庫的結合，執行與產品製造相關的各種過程 (D)CAD/CAM 系統也可編製 CNC 工具機加工之刀具路徑程式。

391 關於 NC 座標系統的描述，下列何者不正確： (A)原點永遠標定在機器工作台的同一位置稱為固定零點(fixed zero) (B)機器操作員設定工作台上的任一點為零點稱為移動零點 (floating zero) (C)刀具位置定位依相對於任一點的座標而定義者稱為絕對位置定位 (absolute positioning) (D)刀具下一位置的座標是依前點的刀具位置而定義者稱為增量位置定位(incremental positioning)。

392 電腦輔助繪圖通常簡稱為？ (A)CAM (B)CAE (C)CAD (D)CAS。

393 尺度界線為？ (A)細實線 (B)粗實線 (C)細鏈線 (D)虛線。

394 材料受外力而變形，當外力去除後，不能恢復原來形狀，這種材料為具有？ (A)惰性 (B)彈性 (C)塑性 (D)脆性 的物體。

395 電腦輔助機械製圖與傳統機械製圖應用比較上最大的特色？ (A)可繪彩色 (B)圖形編修容易 (C)可畫立體圖 (D)求取交線容易。

396 下列何者傳動機件在運動時噪音最小？ (A)鏈條 (B)齒輪 (C)時規皮帶 (D)連桿機構。

397 若只需表示機件某部份之內部形狀，可以使用？ (A)全 (B)半 (C)局部 (D)旋轉 剖面。

398 安全衛生標示圖形中，倒三角形底在上者表示？ (A)禁止 (B)警告 (C)注意 (D)提示。

399 安全門與工作地點最遠不得超過？ (A)35 (B)15 (C)25 (D)45 公尺。

400 高週波熱處理是將工件表面？ (A)韌 (B)硬 (C)軟 (D)脆 化。

401 一般畫正投影視圖可採用？ (A)第一角法或第四角法 (B)第二角法或第三角法 (C)第一角法或第三角法 (D)第二角法或第四角法。

402 M20×2 之螺紋其中 M 代表？ (A)公制 (B)梯形 (C)方形 (D)鋸齒形 螺紋。

403 延展性材料經過 CAE 電腦輔助工程分析後，應力結果應與下列何者做比較，以防止永久之塑性變形？ (A)抗拉 (B)降伏 (C)抗壓 (D)疲勞 強度。

404 脆性材料(圓形桿)受扭轉負荷而斷裂，其所受之破壞應力為？ (A)拉應力 (B)壓應力 (C)摩擦力 (D)彎應力。

405 rpm 是代表？ (A)每秒鐘迴轉數 (B)每分鐘迴轉數 (C)每小時迴轉數 (D)每分鐘切削速度。

406 第三角投影法是以？ (A)觀察者、物體、投影面 (B)投影面、物體、觀察者 (C)觀察者、投影面、物體 (D)物體、觀察者、投影面 三者依次排列之一種正投影表示法。

407 以下何者非電腦輔助設計的功能？ (A)建立幾何模型 (B)工程分析 (C)模型組合 (D)檢驗。

408 以下何者非電腦輔助製造的內容？ (A)加工 (B)裝配 (C)控制器設計 (D)檢驗。

409 何者為 CAD 的意義？ (A)電腦輔助設計 (B)電腦輔助繪圖 (C)以上皆是 (D)以上皆非。

410 以下何者為電腦輔助設計、製造軟體？ (A)Pro/Engineer (B)PowerPoint (C)Access (D)Matlab。

411 下列何者是利用電腦來進行測試的工作？ (A)CAM (B)CAT (C)CAD (D)以上皆是。

412 CAT 的最大優點是？ (A)節省人工 (B)安全可靠 (C)縮短作業時間 (D)以上皆是。

413 以下何者為電腦輔助測試之可靠性檢驗項目？ (A)擇優汰劣測試 (B)產品合格測試 (C)分析改正測試 (D)以上皆是。

414 在鍛造模具的加工業當中，何者非 CAD 化導入的目的？ (A)作圖速度提高 (B)確保模具精度 (C)圖面易讀 (D)縮短設計者養成時間。

415 CAM 可以達成以下何種目的？ (A)刀具切削路徑模擬 (B)製程設計 (C)機具控制 (D)以上皆是。

416 下列何種機器是屬於接觸測試法？ (A)照相量測 (B)機器視覺 (C)座標測量機 (D)雷射掃描。

417 若某工廠其貨品主要為輪胎，則自動倉儲宜選用下列何種方法？ (A)撿選式 (B)複合式 (C)單元負載 (D)以上皆可。

418 倉儲系統中若以空間利用率來論，下列何者最佳？ (A)棧板式 (B)懸臂式 (C)移動式 (D)流動式。

419 FMS 內的刀具裂損監視系統是利用何種原理來偵測刀具磨耗與裂損程度？ (A)切削深度 (B)轉軸速度 (C)轉軸力矩 (D)切削時間。

420 下列何者是在生產系統中用來進行零件之整列方向之用？ (A)碗型振動器 (B)倉匣 (C)移動梭 (D)以上皆可。

421 生產作業以漏斗供料系統進行零件供料時，當零件具有下列之特徵不適合？ (A)有極性 (B)圓形 (C)形狀平整 (D)均可。

422 彈性製造系統(FMS)內的電腦是一種巨型的資料庫，在這個資料庫內包含有生產元件有關的資料，此階段之完成有賴於下列何種系統來完成？ (A)工作母機 (B)電腦輔助工程系統 (C)自動倉儲 (D)無人搬運車。

423 產品之結合方式以自動化工程觀點而論，以何種方式較簡便？ (A)焊接 (B)壓合 (C)鉚合 (D)膠合。

424 考慮進行零件結合成產品時，若未來產品須拆解維修，則下列何種方式適合？ (A)鉚合 (B)疊合 (C)螺絲鎖定 (D)壓合。

425 每一個製造企業在 CIM 執行的差異，下列哪些非其因素？ (A)產品 (B)技術 (C)品管 (D)以上皆非。

426 企業建立一個資料庫的 CIM 系統原則是？ (A)功能性自動化 (B)企業資料整合 (C)組織活動整合 (D)以上皆非。

427 在生產工程中，所謂工廠資訊包，下列何者非其包含內容？ (A)製造指令 (B)製造成本 (C)工程文件 (D)選擇清單。

428 在 CAD 圖形系統中，物件平面的相交是由直線與弧形所表示的，此架構稱為？ (A)曲面模型 (B)實體模型 (C)線架構模型 (D)以上皆非。

429 下列何者生產策略，其製造前置時間最長？ (A)針對訂單組裝(ATO) (B)針對訂單設計(ETO) (C)針對訂單製造(MTO) (D)針對庫存製造(MTS)。

430 在 CAE 應用中，根據工件的特徵建立符號與數字的系統化過程，稱為？ (A)整合 (B)成型 (C)編碼 (D)公差分析。

431 關於彈性自動化製造的描述下列何者不正確？ (A)單一產品大量生產 (B)組成包含資訊流動系統 (C)多變化數位自動化生產 (D)可短時間更換程式、刀具或步驟。

432 以下何者不屬於自動化裝配系統的主要優點？ (A)提高生產力 (B)提高產品品質 (C)改善工人工作環境 (D)一個裝配員可負責多站裝配工作。

433 彈性製造系統的組成一般不包括下列何者？ (A)自動測試 (B)加工 (C)材料流動 (D)資訊流動 系統。

434 下列哪一項是一種存量管制和排程的雙重技巧，利用電腦為基礎可掌握大量資料，並獲得有用資訊以訂出順序計畫或能量需求計畫等？ (A)電腦輔助製程規劃(CAPP) (B)物料需求計畫(MRP) (C)電腦整合製造(CIM) (D)彈性製造系統(FMS)。

435 工業自動化中能提供經營管理者相關資訊，作為管理決策之參考，簡化基層作業，提高工作效率的系統稱為？ (A)工程技術自動化系統 (B)物料需求計畫 (C)群組技術 (D)管理資訊系統。

436 為使工業機器人的應用合乎經濟效益，也更實用，下列描述何者不正確？ (A)適於危險工作環境 (B)擔任重複性工作 (C)適於操作困難工作 (D)可經常改變或重新設定機器。

437 對於物流系統的描述，下列何者不正確？ (A)物流系統有如人體循環系統，專司企業物料之供應與調節功能 (B)工廠中發生之災害大部分於搬運過程中發生 (C)產品趨向少量多樣化及出貨期短等因素，將導致物流成本增加 (D)一般而言，物料製成成品總時間中大部分為生產過程所需時間。

438 以自動化的發展程度劃分，裝配系統是由具感測回饋能力的閉路控制系統所控制，能在較自由的環境下工作的稱為？ (A)專用性(dedicated)裝配系統 (B)模組化(modular)裝配系統 (C)可程式(programmable)裝配系統 (D)適應性(adaptive)裝配系統。

439 對於自動化裝配生產線的規劃，下列哪項原則最為重要，最不容忽視？ (A)適合彈性生產的需要 (B)提高生產力 (C)提高裝配品質 (D)整體系統的經濟效益。

440 對於電腦整合製造系統(computer-integrated manufacturing system, CIMS)的描述下列何者不正確？ (A)用以建立銷售、技術與生產領域的整合系統 (B)一般包含有生產機具設備、物料搬持系統及電腦控制系統 (C)CIMS對於大量生產效率很高，但是產品形式受到限制 (D)每套CIMS都是配合使用者特殊的生產需求而設計，因此每套系統的設計都不相同。

441 下列何者不屬於管理資訊系統的應用層次？ (A)交易事項處理與資料查詢 (B)管理控制與決策 (C)作業規劃、控制與決策 (D)策略規劃與決策。

442 電腦整合製造系統適於做中度量產及中度變化的生產活動，和其他方法比較，下列描述何者不正確？ (A)減少直接及間接人力 (B)減少製造前置時間 (C)減少排程彈性 (D)減少產品的庫存量。

443 下列何者對國家社會的經濟發展影響最為廣大？ (A)工廠 (B)辦公室 (C)家庭 (D)服務 自動化。

444 下列何者通常不是以生產為目的？ (A)設計自動化 (B)製造自動化 (C)服務自動化 (D)以上皆是。

445 下列何種機件可以將圓周運動轉換成直線運動？ (A)凸輪 (B)齒輪 (C)彈簧 (D)插銷。

446 下列何者不是滾珠螺桿的特點？ (A)效率高 (B)摩擦係數低 (C)定位精度高 (D)背隙比較大。

447 氣壓系統的優點有？ (A)換向及停止容易 (B)安全性佳 (C)致動器可以高速運動 (D)以上皆是。

448 彈性製造系統具備有？ (A)工作母機 (B)裝卸系統 (C)電腦控制系統 (D)以上皆是。

449 下列何者就是利用電腦來進行測試的工作？ (A)CAD (B)CAT (C)CAM (D)以上皆是。

450 歸併工作族與機器群的生產模式，稱為 (A)群組技術 (B)自動化 (C)自動製造 (D)AI。

451 自動化工業涵蓋有 (A)系統的設計與製造 (B)零件的設計與製造 (C)以上皆是 (D)以上皆非。

452 下列何者不是非同步連環式裝配系統的優點？ (A)可插入人工檢查維修站 (B)占地面積小 (C)連接站數不受限制 (D)可靠性高。

453 在裝配自動化時，下列哪種工件不適合自動供給？ (A)外觀緊密型 (B)具多重對稱性 (C)外形不具輔助定位 (D)中等重量。

454 自動化裝配系統的基本設備,下列何者不屬於作業輔助設備?(A)工作台 (B)物料架 (C)照明設備 (D)工具架。

455 關於量具之使用,下列敘述何者不正確?(A)游標高度規無法加裝量錶做平行度量測 (B)分厘卡無法量測工件之二維輪廓尺寸 (C)塊規之平面度校驗,可以光學平鏡配合單色光照射加以實現 (D)塊規可用於校驗游標卡尺及分厘卡。

456 在生產製造時,下列何者不屬於採用U形物料流程型式的原因?(A)需大量生產 (B)生產線之起點與終點必需在同一通道之旁 (C)節省廠房面積 (D)管理監督容易。

457 下列何者不屬於電腦整合製造系統CIM的範圍?(A)電腦輔助設計 (B)電腦應用工程 (C)電腦輔助製造 (D)管理資訊系統。

458 自動裝配作業的「裝入」動作,使用最廣的方法是:(A)落下裝入 (B)推出裝入 (C)夾持裝入 (D)滑下裝入。

459 在選用電磁閥做為控制氣壓缸運動的敘述,何者為誤?(A)電磁閥的線圈規格不影響氣壓的出力大小 (B)電磁閥流量大小與氣壓缸速度無關 (C)電磁閥與氣壓缸之安裝越近越好 (D)使用間接作動型電磁閥應注意引導壓力的供給。

460 近接開關是一種:(A)位置 (B)時間 (C)壓力 (D)扭矩 感測器。

461 下列何者不是一般視覺系統常見的用途?(A)零件識別時,對色彩的辨識 (B)零件運動速度或方向之判定 (C)零件識別時,對內部材質的分析 (D)零件尺寸之檢測。

462 有一升降台的氣壓缸驅動升降,在正確的PLC程式控制下,上升/下降相反,其原因可能是?(A)磁簧開關與氣壓缸之氣壓管線 (B)氣壓源 (C)電磁閥 (D)磁簧開關 裝相反。

463 下列何者不屬於一完整機械手臂(Robot)系統的硬體架構之一?(A)致動器 (B)動力供給設備 (C)控制器 (D)程式編輯軟體。

464 控制電路盤上某一個繼電器之接點,每隔一段時間就會故障,其最有可能之原因為?(A)使用頻率不高 (B)沒有做短路保護 (C)沒有接地線 (D)電流通過量較大。

465 下列何者不是影響AC感應馬達停止時過轉量大小的直接因素?(A)轉速 (B)電壓 (C)剎車力 (D)慣量。

466 一定馬力之馬達其輸出轉矩與轉速成何種關係?(A)正 (B)反 (C)平方 (D)立方 比。

467 影響伺服系統之響應的直接因素,不包含?(A)輸入訊號或干擾種類 (B)回授元件的特性 (C)系統安裝的高度 (D)控制器的種類。

468 下列何者不是於液壓系統中,發生致動器的速度降低現象可能的因素?(A)液壓泵的容積效率降低 (B)致動器配管內混入空氣 (C)出力不足的原因所引起 (D)調速閥不良。

469 下列何者不屬於可程式邏輯控制器(PLC)的基本元件之一?(A)數位訊號輸出模組 (B)燒錄器 (C)電源供應模組 (D)中央處理單元。

470 下列何者不是控制系統的品質？ (A)穩定性高 (B)反應速度快 (C)精確度高 (D)力量大。

471 電位計是一種將何種現象轉換為電氣訊號輸出的裝置？ (A)磁場變化 (B)光度強弱 (C)溫度高低 (D)位置改變。

472 下列有關交流感應伺服馬達之敘述何者不正確？ (A)輸入電流需求較小 (B)適合大功率應用 (C)控制複雜 (D)適合高速運轉。

473 將生產機器組成所謂的機器群，有什麼好處？ (A)節省加工時間 (B)減少工件重複的運輸 (C)增加使用的機器彈性 (D)以上皆是。

474 下列關於單相變壓器之一般性敘述，何者不正確？ (A)高壓側之導線直徑小於低壓側之導線直徑 (B)通過高壓側之線圈電流量小於通過低壓側之線圈電流量 (C)高壓側之線圈電阻值高於低壓側之線圈電阻值 (D)高壓側之線圈匝數少於低壓側之線圈匝數。

475 下列有關直流伺服馬達之敘述何者不正確？ (A)轉子是由線圈組成 (B)定子是由永久磁鐵組成 (C)不需維護 (D)需換向碳刷。

476 下列何者不是壓力單位？ (A)bar (B)psi (C)pa (D)cal。

477 氣壓缸尺寸的稱呼方式？ (A)外徑 x 行程 (B)行程 x 外徑 (C)內徑 x 行程 (D)行程 x 內徑。

478 氣壓缸附緩衝裝置的主要目的？ (A)增加氣缸的壽命 (B)可調整氣缸的行進速度 (C)避免撞擊 (D)防止噪音的產生。

479 1atm 等於 (A)1kg/cm^2 (B)1bar (C)14.7psi (D)273torr。

480 一般於油箱內放置磁鐵其目的為何？ (A)防止靜電 (B)防止氣泡 (C)除去塵埃 (D)除去鐵屑。

481 繼電器(Relay)之線圈通電後 (A)a 接點不通，b 接點接通 (B)a 接點通，b 接點不通 (C)a 接點變 b 接點，b 接點變 a 接點 (D)以上皆是。

482 我們發現有大量水分積存於管路中，這表示？ (A)配管不良，沒有足夠的斜度 (B)乾燥機效果不良 (C)自動排水裝置故障 (D)以上皆是。

483 一般壓縮空氣水平管路安裝時，為冷凝結水能順利排放，應將管路向下傾斜 (A)1~2 (B)3~5 (C)6~8 (D)8~10 度。

484 泵中能夠達到更高壓力的是？ (A)活塞 (B)齒輪 (C)離心 (D)軸流 泵。

485 真空產生器的設計，依據 (A)文氏管原理 (B)能量不減定理 (C)巴斯噶原理 (D)波義爾定理。

486 油箱的功能除了儲存系統作動油與沈澱不潔物外，下列何者不是其功能？ (A)冷卻器作用 (B)空氣與水分離作用 (C)過濾作用 (D)作為油泵的基礎。

487 20x100 的單活塞桿氣壓缸,使用 5kgf/cm² 壓力,則其理論推力為多少 kgf? (A)12.7 (B)13.7 (C)14.7 (D)15.7。

488 定排量式葉輪泵若要增加排出流量則需 (A)增高壓力 (B)增高轉速 (C)增大電源電壓 (D)增加電源電流。

489 依據巴斯噶定律,液體對從動部出力之大小與從動部活塞面積之大小成 (A)正比 (B)反比 (C)幾何關係 (D)等比級數。

490 下列何者不是作動油應具備條件? (A)消泡性好 (B)不易氧化 (C)黏度指數低 (D)對水及雜質分離性好。

491 一般油壓作動油的作動溫度為 (A)60~100 (B)40~80 (C)20~60 (D)0~40 ℃。

492 下列何種液壓機件可將油壓力轉變成有效之輸出功? (A)油壓泵 (B)油壓控制閥 (C)油壓馬達 (D)蓄壓器。

493 液壓油若黏度過低時會導致 (A)機件餘隙漏油 (B)能量損失 (C)油溫升高 (D)動作遲鈍。

494 壓油選用原則,下列敘述何者錯誤? (A)減少磨耗產生 (B)可長時間使用 (C)形成保護膜 (D)增加氣泡產生。

495 又稱為「保險閥」,或稱為「放洩閥」,用於控制油路壓力維持不變,此種閥不僅可以調壓,亦有保護迴路作用者為? (A)釋壓 (B)卸載 (C)配衡 (D)順序 閥。

496 公共汽車自動開關門係利用壓縮空氣做 (A)直線 (B)圓周 (C)間歇 (D)簡諧 運動之應用。

497 當我們一啟動馬達時,保險絲即燒斷,或無熔絲開關即跳起,這表示 (A)保險絲太細或無熔絲開關容量太小 (B)馬達的啟動方式設計不良 (C)馬達本身故障 (D)以上皆有可能。

498 某一電磁閥之額定電壓為 AC110V,若其功率為 20W,欲切換閥位,其電流至少為? (A)0.1 (B)0.2 (C)0.5 (D)1 A。

499 電磁閥使用的電源有交流和直流兩種,最常用的額定電壓為? (A)AC110V 和 DC24V (B)AC380V 和 DC48V (C)AC220V 和 DC48V (D)AC24V 和 DC12V。

500 增壓迴路受壓大活塞面積為小活塞面積之 2 倍,則其小活塞側之壓力為大活塞側壓大之 (A)一 (B)二 (C)三 (D)四 倍。

501 單活塞桿雙動氣壓缸,若壓力及流量一定,則 (A)前進比後退速度快 (B)前進比後退力量大 (C)前進與後退速度相同 (D)前進與後退力量相同。

502 下列有關油壓缸出力及速度調整何者有誤? (A)壓力愈大,出力愈大 (B)流量愈大,速度愈快 (C)缸徑愈小,速度愈快 (D)缸徑愈大,出力愈小。

503 應用串級法設計迴路時,對 A+B+B-A-之運動順序,下列之區分成組何者正確? (A)A+/B+B-/A- (B)A+B+B-/A- (C)A+/B+B-A- (D)A+B+/B-A-。

504 20x100 的液壓缸，欲使其理論出力為 62.8kgf，則應使用多少 kgf/cm² 的壓力？ (A)20 (B)30 (C)40 (D)50。

505 出力為 1960kgf 之液壓缸，供應 70kgf/cm² 壓力，若不計摩擦損失，則液壓缸內徑為多少？ (A)20 (B)40 (C)60 (D)80 mm。

506 如圖 X0=ON 時 M0 的輸出為何？ (A)一直 ON 著 (B)一直 OFF 著 (C)呈現 ON/OFF 閃爍 (D)無意義。

507 如圖所示，輸入信號 X0 時，Y0 動作為一個 (A)自保 (B)優先 (C)閃爍 (D)互斥或迴路。

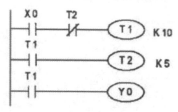

508 如圖所示為以流程圖表示之控制迴路，

下列何者動作時序圖為正確？

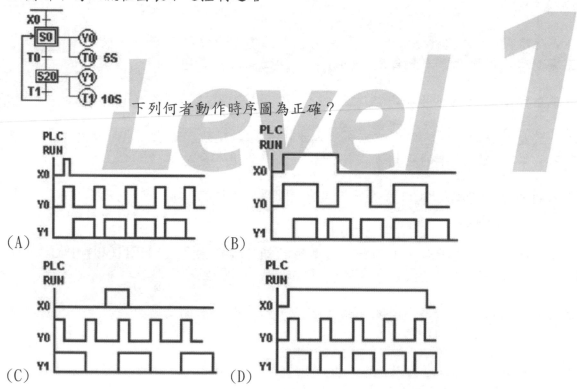

509 下列何者不是可程式控制器的特點？(A)體積小 (B)維修不易 (C)配線容易 (D)功能強。

510 下列哪一項是使用可程式控制器來做控制電路時，除了可程式控制器外，尚需另外購買的元件？(A)限時電驛 (B)電力電驛 (C)指示燈 (D)計數器。

511 可程式控制器的控制核心應該是 (A)輸入界面 (B)輸出界面 (C)中央處理單元 (D)記憶體。

512 下列何者不是可程式控制器的輸入元件？(A)按鈕開關 (B)光電開關 (C)切換開關 (D)電磁閥。

513 下列何者不是可程式控制器的輸出元件？(A)蜂鳴器 (B)近接開關 (C)指示燈 (D)馬達。

514 FX系列PLC內部所提供的M8002用途為？(A)1秒時鐘脈波電驛 (B)常時ON電驛 (C)常時OFF電驛 (D)第一次掃描動作電驛。

515 可程式控制器線圈型元件輸出的指令為？ (A)OUT (B)AND (C)LD (D)END。

516 可程式控制器串聯常開接點的指令為？ (A)OR (B)AND (C)ORI (D)ANI。

517 當可程式控制器輸入信號ON，經過設定的時間t後，輸出變成ON狀態的電路為？ (A)單擊 (B)閃爍 (C)互鎖 (D)通電延遲 電路。

518 如圖，以掃描週期的觀念分析，當X0=ON，X1=OFF，則Y1及Y2的狀態為何？(A)Y1=ON，Y2=ON (B)Y1=ON，Y2=OFF (C)Y1=OFF，Y2=ON (D)Y1=OFF，Y2=OFF。

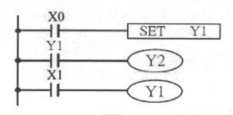

519 當可程式控制器為FX2N-32MT，其規格為？ (A)繼電器 (B)計時器 (C)SSR (D)電晶體 輸出型。

520 下列何者不得做為過電流的保護裝置？(A)保險絲 (B)銅線 (C)斷路器 (D)積熱熔絲。

521 MOV指令意指？ (A)搬移 (B)平均值 (C)陣列 (D)BIN乘算。

522 ZRST指令意指？ (A)區域複製 (B)區域復置 (C)區域比較 (D)區域互換。

523 下列何者不屬於可程式控制器之輸入裝置？(A)按鈕開關 (B)極限開關 (C)電磁閥 (D)壓力開關。

524 下列何者不屬於可程式控制器之輸出裝置？(A)電動馬達 (B)電磁閥 (C)警報器 (D)極限開關。

525 一般可程式控制器之輸出接點(繼電器型)，其額定電流為？ (A)10 (B)8 (C)6 (D)2 A(安培)。

526 通常可程式控制器的輸出接點，下列何形式可接交流負載及直流負載？ (A)繼電器 (B)電晶體 (C)脈波 (D)電容 輸出。

527 可程式控制器的輸入接點，一般開關的接線方式為？ (A)常開接點 (B)常閉接點 (C)共同接點 (D)接地。

528 PLC 控制七段顯示器，應使用何種介面為宜？ (A)繼電器 (B)SSR (C)SCR (D)電晶體。

529 在可程式控制器計時器的時基為 10ms，計時常數 325，計時時間為？ (A)32.5 (B)0.325 (C)3.25 (D)325 秒。

530 可程式控制器輸出型態中，何種型態適用於 AC 110V 200W 的交流馬達？ (A)電晶體 (B)SSR (C)繼電器 (D)SCR。

531 下列可程式控制器輸出型態具有無啟閉次數限制且反應速度快的機能？ (A)閘流體 (B)繼電器 (C)電晶體 (D)絕緣體。

532 ＰＣ 與可程式控制器的訊號傳輸是採用何種介面 (A)RS232 轉 422 (B)RS232 轉 1394 (C)UBS 轉 1394 (D)UBS 轉 61131。

533 若 PLC 的 8 個輸出端外接 DC24V 12W 的方向閥，同時動作，最少應選輸出多少安培的 DC24V 電源供應器才能滿足需求？ (A)3 (B)1 (C)2 (D)4 安培。

534 下列何者不屬於邁向自動化的系統性方法中，需經歷之步驟 (A)電腦整合 (B)簡單化 (C)區級劃分 (D)自動化。

535 一般 PLC，系統處理 I/O 的方式為？ (A)週期 (B)中斷 (C)程式開始 (D)程式結束 再生。

536 電氣控制中紅色指示燈常表示故障或開關閉合，其符號為？ (A)OL (B)RL (C)WL (D)YL。

537 極限開關常用來檢知移動物體之位置，其符號為？ (A)BS (B)LS (C)PS (D)SS。

538 三相感應電動機 Y-△啟動法，其啟動電流為直接啟動電流？ (A)提升 1/2 倍 (B)提升 1/3 倍 (C)降低 1/2 倍 (D)降低 1/3 倍。

539 布林代數中 A+AB 可化簡成？ (A)A (B)B (C)AB (D)A+B。

540 光敏電阻的電阻值與受光之強度 (A)成正比 (B)成反比 (C)平方成正比 (D)平方成反比。

541 交流電的歐姆定律為？ (A)Z=VI (B)V=Z/I (C)V=ZI (D)I=VZ。

542 CNC 銑床操作面板之單節刪除開關"ON"時，若執行記憶自動操作程式 N1G90G01X100.0F300；/N2G90G00X100.0；下列何者不執行？ (A)G90 (B)G00 (C)F300 (D)G01。

543 程式 G83X_Y_Z_R_Q_F_；下列何者錯誤？ (A)每次鑽削 Q 距離後提刀至 R 點 (B)每次鑽削 Q 距離後，提刀至起始點 (C)Q 值為正值 (D)提刀值由參數設定。

544 致動器是提供機器人確實動力之裝置，它們分別為？ (A)氣壓缸 (B)液壓缸 (C)馬達 (D)以上皆是。

545 下列英文簡稱何者有誤？ (A)FMS 彈性製造系統 (B)CIM 電腦整合製造 (C)CAD 電腦輔助製造 (D)MIS 管理資訊系統。

546 工業型機器人腕部通常有三個自由度，其中仰軸(pitch)指 (A)依手臂中心上下轉動之轉軸 (B)依手臂中心左右轉動之轉軸 (C)繞著手臂中心轉動之轉軸 (D)以上皆非。

547 類比至數位轉換過程中一般包括三個程序，分別依序為？ (A)取樣、量化、編碼 (B)量化、編碼、取樣 (C)編碼、取樣、量化 (D)編碼、量化、取樣。

548 配電及配線時，保險絲應裝於 (A)設備之接地線上 (B)開關之電源側 (C)開關之負載側 (D)都可以。

549 順序控制中常使用繼電器(relay)，其使用壽命估算是用 (A)作動次數 (B)通電時間 (C)通電電壓 (D)不一定。

550 對一解析度為 0.09 度之增量式編碼器，至少需要幾位元容量之絕對式編碼器？ (A)4 (B)8 (C)10 (D)12 位元。

551 程式在自動操作時，暫停開關是右列哪一個鈕？ (A)START (B)HOLD (C)POWER (D)RESET。

552 刀具補正值之顯示與輸入，在面板上應先按哪一個鍵？ (A)DELETE (B)INPUT (C)OFFSET (D)CAN。

553 如欲車削 40 公厘直徑，切削後測得直徑為 40.2 公厘，則該刀具需補正直徑為多少公厘？ (A)W=0.2 (B)W=-0.2 (C)U=0.2 (D)U=-0.2。

554 "T1006"指令中，"10"，是指 (A)刀具補正號碼 10 號 (B)刀具補正號碼 1 號 (C)刀具號碼 1 號 (D)刀具號碼 10 號。

555 右列何者與切削時間無關？ (A)刀具角度 (B)進給量 (C)進刀深度 (D)切削速度。

556 若紙帶規格為"ISO"碼，其同位檢驗位元係在常 (A)1 (B)4 (C)5 (D)8 孔道沖孔。

557 "G04 P1；"，其中 P 值之單位為？ (A)1 分 (B)1 秒 (C)0.1 秒 (D)0.001 秒。

558 鑄鐵一般使用"K"類的刀片作車削，則編號 (A)K01 (B)K10 (C)K15 (D)K30 之韌性較佳。

559 捨棄式外徑車刀柄規格代號中之第一位代號，係表示 (A)固定方式 (B)刀片形狀 (C)柄長 (D)柄厚。

560 執行 G91G17G01G47X22.0F50D01；若 D01=8.0，其實際位移量為？ (A)38.0 (B)30.0 (C)14.0 (D)6.0。

561 X 軸與 Y 軸的快速移動速度均設定為 3000 mm/min，若一指令 G91G00X50.0Y10.0；，則其路徑為？ (A)先沿垂直方向，再沿水平方向 (B)先沿水平方向，再沿垂直方向 (C)先沿 45 度方向，再沿水平方向 (D)先沿 45 度方向，再沿垂直方向。

562 G91G17G01G41X20.0D16F150 其中 D16 表示 (A)刀具號碼 (B)刀具半徑補正號碼 (C)刀具直徑補正值 (D)刀具長度補正值。

563 CNC 銑床程式中 G04 指令之應用，下列何者為正確？ (A)G04P2.5 (B)G04X2.5 (C)G04Y2.5 (D)G04Z2.5。

564 右列何者不是並聯式機器人的優點？ (A)具高剛性 (B)結構不易彎曲變形 (C)承受高負載 (D)工作空間較大。

565 右列何者不是串聯式機器人的特性？ (A)工作空間大 (B)運動時重量太大導致結構彎曲變形 (C)各軸及元件誤差累積系統整合誤差難以下降 (D)具高剛性。

566 電腦輔助繪圖通常簡稱為 (A)CAM (B)CAE (C)CAD (D)CAS。

567 M16x1.5 的「1.5」代表螺紋的 (A)螺距 1.5mm (B)小徑 1.5mm (C)節徑 1.5mm (D)大徑 1.5mm。

568 材料受外力而變形，當外力去除後，不能恢復原來形狀，這種材料為具有 (A)惰性 (B)彈性 (C)塑性 (D)脆性 的物體。

569 表面符號 ∨ 中「G」的位置標示？ (A)加工方法 (B)加工紋路 (C)粗度 (D)公差。

570 利用電熱管作分段控制加熱的是 (A)溫度 (B)壓力 (C)加熱 (D)液面 控制。

571 下列何者不是自動裝配的特點？ (A)提高生產力 (B)提高產品品質 (C)降低裝配成本 (D)無法增進公司形象。

572 具有結合，調節距離及傳動動力的機件是 (A)鍵 (B)齒輪 (C)扣環 (D)螺桿。

573 雙紋螺紋旋轉一圈沿軸向移動的距離是為 (A)節徑 (B)導程 (C)螺距 (D)小徑。

574 人工進行裝配時，由於人工作業較不穩定，必須要設置： (A)休息站 (B)緩衝站 (C)裝配站 (D)以上皆非。

575 生產工廠中以順序控制、程式控制、連鎖控制等方法，使產品自動加工、裝配、輸送、包裝貯存等是屬於 (A)程序自動化 (B)機械自動化 (C)業務自動化 (D)以上皆是。

576 在視圖中，如圖所示的為？ (A)重要 (B)參考 (C)功能 (D)修改 尺度。

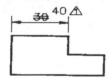

577 真正的自動化應該是在哪些程序採用自動化技術？ (A)生產 (B)設計 (C)服務 (D)整個流程。

578 圓形桿脆性材料受扭轉負荷而斷裂，其所受之破壞應力為 (A)拉應力 (B)壓應力 (C)摩擦力 (D)彎應力。

579 註解之指線正確的是?

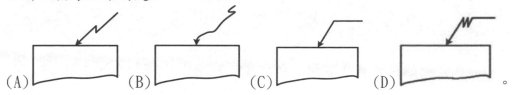

(A)　　　(B)　　　(C)　　　(D)　　　。

580 表面粗糙度值「Ra」是代表 (A)十點平均 (B)最大 (C)中心線平均 (D)平方根平均 糙度數值。

581 下列何者為第三角法之標註符號?

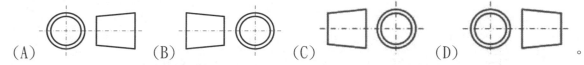

(A)　　　　(B)　　　　(C)　　　　(D)　　　。

582 在一般工程圖中,下列何者為左螺紋之正確標註? (A)M25x2 (B)M25 (C)LM25 (D)2NM25。

583 一般工廠所俗稱的「一條」源自於游標卡尺上的單位,其代表 (A)1 (B)0.1 (C)0.01 (D)0.001 mm。

584 常見單位系統中之「SI 系統」,其長度、質量、力量基本單位分別為 (A)m、kg、N (B)mm、kg、N (C)in、kg、lbf (D)in、lbm、lbf。

585 工程圖之剖視圖中,割面線表示該元件? (A)切的位置 (B)對稱部分 (C)空心部份 (D)實心部分。

586 公制齒輪中,其齒根到齒冠的距離可稱為 (A)齒深 (B)齒厚 (C)齒寬 (D)工作齒深。

587 機械加工符號標註中,表示刀痕成同心圓狀的表面符號為?

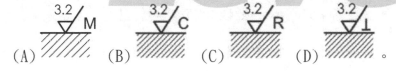

(A)　　　(B)　　　(C)　　　(D)　　　。

588 如圖所示,將工件大徑(D)減去小徑(d)再除以長(L),其計算式「$\dfrac{D-d}{L}$」所得稱為

(A)斜度 (B)錐度 (C)螺旋角 (D)節距。

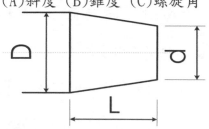

589 繪圖比例 1:5,則圖面上 4cm 的機件實際尺寸(標註尺寸)為 (A)8 (B)80 (C)20 (D)200 mm。

590 下列表面符號中,何者標註在一般鑄造件較為合理?
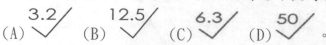
(A) (B) (C) (D) 。

591 一般公制尺度中,表示直徑的符號應為下列何者? (A)D (B)L (C)R (D)φ 。

592 工程圖中「尺度界線」又稱延伸線,其線條為 (A)虛線 (B)粗實線 (C)細實線 (D)細鏈線。

593 如圖所示之車削件,其長度尺度中,何者應為基準面? (A)A (B)B (C)C (D)D 面。

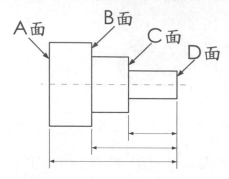

594 電腦輔助分析時,單位系統若採用公制,則應力單位為 (A)kgf/cm^2 (B)MPa (C)psi (D)ksi

595 一般所說的最大粗糙度「Rmax」約為平均粗糙值「Ra」的幾倍? (A)1 (B)2 (C)3 (D)4 倍。

596 下列何種不包含於機械視覺系統? (A)攝影機 (B)處理介面 (C)數位電腦 (D)座標測量機。

597 電腦輔助設計的功能有: (A)建立幾何模型 (B)工程分析 (C)模型組合 (D)以上皆是。

598 CAM 是將電腦系統應用於哪些作業上? (A)檢測 (B)生產及製造 (C)設計 (D)分析。

599 輔助繪圖軟體必須具備何種特性? (A)簡單性 (B)一致性 (C)強韌性 (D)以上皆是。

600 工程與製造資料庫必須要包含: (A)原料價格 (B)產品製程表 (C)零件藍圖 (D)以上皆是。

601 CNC 工具機 EIA 語碼,下列機能的敘述何者為非? (A)機能的「M00」表示程式結束指令 (B)「G01」表示直線切削指令 (C)「G00」表快速定位指令 (D)「M05」表示主軸停止指令。

602 選用減速機時,首要考量的因素為何?(A)容許轉矩 (B)傳動效率 (C)懸吊荷重 (D)減速比。

603 學習製圖的目的在於? (A)看圖 (B)繪圖 (C)識圖與製圖 (D)學習畫圖方式。

604 表示一元件之形狀、尺寸、公差、加工方法及結構的圖樣,為 (A)組合圖 (B)零件圖 (C)設計圖 (D)一般圖。

605 正投影中,三個主要視圖是? (A)前視圖、俯視圖、仰視圖 (B)前視圖、正視圖、側視圖 (C)前視圖、仰視圖、側視圖 (D)前視圖、俯視圖、側視圖。

606 以〔視點〕→〔投影面〕→〔物體〕之關係而投影視圖的畫法稱為第 (A)一 (B)二 (C)三 (D)四 角法。

607 我國國家標準CNS規定投影法採用？ (A)第一角法 (B)第三角法 (C)第一角法與第三角法同等適用 (D)第一角法與第三角法混合使用。

608 當面向物體之正面，由物體左邊至右邊之距離，稱為 (A)寬度 (B)高度 (C)深度 (D)大小。

609 在數值控制機械中，數值控制機能M表示何種機能？ (A)刀具切削 (B)主軸轉速 (C)進給 (D)輔助。

610 下列何者不是使用軸承的功能？(A)減少軸的傳動摩擦阻力 (B)提高機構剛性、吸收震動 (C)固定旋轉軸之中心 (D)導正旋轉軸之中心。

611 下列何種能源最為方便，而且控制系統的體積可以縮至最小？ (A)氣壓 (B)液壓 (C)電力 (D)以上皆是。

612 在彈性製造系統中，電腦網路的結構為何？ (A)串列式 (B)層級式 (C)圓周式 (D)平行式。

613 可將平移式的位移量變為相當的電壓是 (A)同步器 (B)電位器 (C)兩電位器 (D)線性差動變壓器。

614 FMS是結合哪些系統？ (A)自動搬運裝置 (B)機器人 (C)數值控制機器 (D)以上皆是。

615 下列何者是應用電腦來規劃出最佳的製造程序？ (A)MRP (B)CAD (C)CAT (D)CAPP。

Level 1

解答 – 選擇題

1. C   2. B   3. C   4. A   5. B   6. C   7. A   8. D   9. A   10. D

11. D   12. C   13. A   14. B   15. B   16. B   17. D   18. A   19. B   20. D

21. C   22. D   23. A   24. B   25. C   26. B   27. B   28. C   29. C   30. D

31. A   32. C   33. B   34. D   35. A   36. A   37. C   38. A   39. B   40. C

41. A   42. A   43. A   44. D   45. D   46. B   47. B   48. B   49. A   50. A

51. A   52. D   53. D   54. B   55. B   56. B   57. B   58. B   59. B   60. B

61. A   62. B   63. B   64. C   65. D   66. C   67. D   68. C   69. C   70. C

71. D   72. A   73. D   74. C   75. B   76. C   77. D   78. C   79. B   80. B

81. C   82. A   83. B   84. A   85. A   86. C   87. D   88. B   89. B   90. B

91. C   92. D   93. A   94. A   95. C   96. A   97. A   98. A   99. A   100. C

101. D   102. B   103. D   104. B   105. D   106. A   107. A   108. B   109. B   110. B

111. C   112. D   113. C   114. D   115. A   116. D   117. C   118. C   119. D   120. D

121. A   122. D   123. B   124. A   125. C   126. A   127. C   128. B   129. B   130. A

131. A   132. B   133. D   134. D   135. A   136. C   137. D   138. D   139. A   140. B

141. B   142. D   143. B   144. A   145. C   146. B   147. D   148. D   149. C   150. B

151. D   152. D   153. C   154. B   155. A   156. B   157. D   158. A   159. A   160. B

161. A   162. D   163. A   164. B   165. B   166. B   167. D   168. C   169. C   170. A

171. B   172. B   173. D   174. A   175. D   176. B   177. C   178. B   179. A   180. C

181. C   182. D   183. A   184. D   185. C   186. D   187. C   188. A   189. B   190. A

191. D   192. D   193. B   194. D   195. A   196. B   197. C   198. C   199. A   200. C

201. D   202. B   203. D   204. B   205. C   206. C   207. D   208. B   209. C   210. B

211. C   212. A   213. D   214. D   215. D   216. D   217. D   218. A   219. B   220. A

221. C   222. D   223. A   224. C   225. B   226. C   227. D   228. D   229. C   230. A

231. B	232. A	233. C	234. D	235. C	236. A	237. D	238. C	239. B	240. D
241. A	242. B	243. C	244. A	245. D	246. D	247. B	248. A	249. C	250. D
251. B	252. A	253. D	254. C	255. B	256. C	257. C	258. C	259. C	260. B
261. C	262. A	263. C	264. B	265. A	266. B	267. A	268. A	269. D	270. D
271. B	272. D	273. D	274. B	275. C	276. A	277. B	278. C	279. A	280. A
281. C	282. D	283. A	284. A	285. B	286. A	287. A	288. B	289. B	290. C
291. D	292. D	293. A	294. B	295. A	296. B	297. B	298. D	299. B	300. A
301. D	302. A	303. C	304. D	305. D	306. C	307. A	308. B	309. B	310. C
311. A	312. D	313. A	314. D	315. A	316. C	317. A	318. D	319. C	320. B
321. B	322. C	323. A	324. D	325. A	326. C	327. B	328. A	329. D	330. C
331. A	332. A	333. C	334. B	335. A	336. C	337. A	338. B	339. A	340. C
341. A	342. B	343. D	344. C	345. A	346. D	347. D	348. C	349. B	350. C
351. B	352. C	353. B	354. D	355. B	356. D	357. A	358. C	359. C	360. B
361. A	362. B	363. A	364. C	365. A	366. B	367. C	368. B	369. D	370. B
371. C	372. B	373. A	374. B	375. A	376. C	377. C	378. B	379. C	380. B
381. D	382. C	383. B	384. C	385. B	386. D	387. D	388. C	389. D	390. B
391. C	392. C	393. A	394. C	395. B	396. C	397. C	398. C	399. A	400. B
401. C	402. A	403. B	404. A	405. B	406. C	407. D	408. C	409. C	410. A
411. B	412. D	413. D	414. B	415. D	416. C	417. C	418. C	419. C	420. A
421. A	422. B	423. B	424. C	425. C	426. B	427. B	428. C	429. B	430. C
431. A	432. D	433. A	434. B	435. D	436. D	437. D	438. D	439. D	440. C
441. A	442. C	443. A	444. C	445. A	446. D	447. D	448. D	449. B	450. A
451. C	452. B	453. C	454. C	455. A	456. A	457. B	458. C	459. B	460. A
461. C	462. A	463. D	464. D	465. B	466. B	467. C	468. B	469. B	470. D

471. D 472. A 473. D 474. D 475. C 476. D 477. C 478. C 479. C 480. D

481. B 482. D 483. A 484. A 485. A 486. C 487. D 488. B 489. A 490. C

491. C 492. C 493. A 494. D 495. A 496. A 497. D 498. B 499. A 500. B

501. B 502. D 503. D 504. A 505. C 506. C 507. C 508. A 509. B 510. C

511. C 512. D 513. B 514. D 515. A 516. B 517. D 518. C 519. D 520. B

521. A 522. B 523. C 524. D 525. D 526. A 527. A 528. D 529. C 530. C

531. C 532. A 533. D 534. C 535. D 536. B 537. B 538. D 539. A 540. B

541. C 542. B 543. B 544. D 545. C 546. A 547. A 548. C 549. A 550. D

551. B 552. C 553. D 554. D 555. A 556. D 557. D 558. A 559. A 560. A

561. C 562. B 563. B 564. D 565. D 566. C 567. A 568. C 569. A 570. C

571. D 572. D 573. B 574. B 575. B 576. D 577. D 578. A 579. C 580. C

581. A 582. C 583. C 584. A 585. A 586. A 587. B 588. B 589. D 590. D

591. D 592. C 593. D 594. B 595. D 596. D 597. D 598. B 599. D 600. D

601. A 602. D 603. C 604. B 605. D 606. C 607. C 608. A 609. D 610. B

611. C 612. B 613. D 614. D 615. D

詳答摘錄 – 選擇題

1. $\dfrac{850}{50 \times 20} = 0.85 = 85\%$

16. $\dfrac{60 \times 2 \times 60}{4} = 1800$

   $\dfrac{1800}{10} = 180 \text{ rpm}$

21. $5 = 0 + 4 + 0 + 1 = 0 \times 2^3 + 1 \times 2^2 + 0 \times 2^1 + 1 \times 2^0 \Rightarrow 0101$

28. 8bit：若電位全部是 1，其可表示的最大十進位數字

   $= 1 \times 2^7 + 1 \times 2^6 + 1 \times 2^5 + 1 \times 2^4 + 1 \times 2^3 + 1 \times 2^2 + 1 \times 2^1 + 1 \times 2^0$

   $= \dfrac{1 \times (2^8 - 1)}{2 - 1} = 2^8 - 1$

   $= 255$（公式：n 個 bit 可表示的最大十進位數字 $= 2^n - 1$）

   數位輸入 10001100 $\Rightarrow$ 十進位數字

   $= 1 \times 2^7 + 0 \times 2^6 + 0 \times 2^5 + 0 \times 2^4 + 1 \times 2^3 + 1 \times 2^2 + 0 \times 2^1 + 0 \times 2^0$

   $= 128 + 8 + 4 = 140$

   $\dfrac{x}{5.12} = \dfrac{140}{255} \Rightarrow x = 2.81$

40. 半徑 30mm $= 3$cm，$F = PA = 7 \times (\pi \times 3^2) = 197.9 \text{ kgf}$

43. 0.8~0.9 秒之加速度最大，$V = V_0 + at \Rightarrow 0 = 0.3 + a \times 0.1 \Rightarrow a = -3$

   $F = ma = 50 \times 3 = 150 \text{ N}$

56. 公式：n 個 bit 可表示的最大十進位數字 $= 2^n - 1$

   $50 \div 0.02 = 2500$，$2^n - 1 > 2500$

   $\Rightarrow n \geq 12 \ (2^{12} - 1 = 4095)$

60. $\dfrac{F_1}{A_1} = \dfrac{F_2}{A_2} \Rightarrow \dfrac{600}{5} = \dfrac{F_2}{10} \Rightarrow F_2 = 1200 \text{ kg}$

61. 體積不變$(A_1 h_1 = A_2 h_2) \Rightarrow 5 \times 6 = 10 \times h_2 \Rightarrow h_2 = 3 \text{ cm}$

66. 功率 $= T \times \omega$，T：扭矩$(N-m)$，ω：角速度$\left(\dfrac{\text{rad}}{\text{sec}}\right)$，$\omega = \text{rpm} \times \left(\dfrac{2\pi}{60}\right)$

   功率 $= (2 \times 9.8) \times \left(50 \times \dfrac{2\pi}{60}\right) = 102.625 \text{ 瓦特}$

68. $F = PA \Rightarrow 2 \times 9.8 \times 4 = 0.65 \times 9.8 \times A \Rightarrow A = 12.3$

98. $F(x, y, z) = (x + y)(x + z) = xx + xz + yx + yz = x(1 + z + y) + yz = x \cdot 1 + yz = x + yz$

127. $\dfrac{1 \times 1000}{2^{12} - 1} = 0.244$

129. $\dfrac{5}{2^8 - 1} = 0.0196$

136. $V = \dfrac{\pi DN}{1000}$，V：切削速度$\left(\dfrac{m}{min}\right)$，$D$：直徑$(mm)$，$N$：轉速$(rpm)$

$120 = \dfrac{\pi \times 100 \times N}{1000} \Rightarrow N = 381.97 \, rpm$

227. $y = kx^3$，$y' = 3kx^2$

泰勒展開，忽略高次項

$\Rightarrow y = y_0 + y'(x_0)(x - x_0) = y_0 + 3kx_0^2(x - x_0)$

將 $y = y_0 + y_d$，$x = x_0 + x_d$ 代入

$\Rightarrow y_0 + y_d = y_0 + 3kx_0^2(x_0 + x_d - x_0) = y_0 + 3kx_0^2 x_d$

$\Rightarrow y_d = 3kx_0^2 x_d$

228. $3r = 2\left(\dfrac{dc}{dt}\right)$，$c(0) = 0$

拉氏轉換 $\Rightarrow L[3r] = L\left[2\left(\dfrac{dc}{dt}\right)\right] \Rightarrow 3R(s) = 2[sC(s) - c(0)] = 2sC(s)$

$\Rightarrow G(s) = \dfrac{C(s)}{R(s)} = \dfrac{3}{2s} = \dfrac{1.5}{s}$

229. $c(t) = 1.2(2 - e^{-3t})$

輸出訊號之初始值：$t = 0 \Rightarrow c(t) = 1.2(2 - e^0) = 1.2(2 - 1) = 1.2$

穩態輸出：$t \to \infty \Rightarrow c(t) = 1.2(2 - e^{-\infty}) = 1.2(2 - 0) = 2.4$

230. 特徵根-1與-2均為負實數 $\Rightarrow$ 系統穩定

231. 特徵方程式：$s^3 + 2s^2 + s = 0 \Rightarrow s(s^2 + 2s + 1) = 0 \Rightarrow s(s + 1)^2 = 0 \Rightarrow s = 0$，$s = -1$

有一個特徵根$= 0 \Rightarrow$ 系統為臨界穩定(中立穩定)

232.

標準二階系統：$\dfrac{d^2c(t)}{dt^2} + 2\zeta\omega_n\dfrac{dc(t)}{dt} + \omega_n^2 c(t) = K\omega_n^2 r(t)$，$\zeta$：阻尼比

$\dfrac{d^2c}{dt^2} + \dfrac{2dc}{dt} + 9c(t) = r(t)$

$\Rightarrow 2\zeta\omega_n = 2$，$\omega_n^2 = 9$

$\Rightarrow \omega_n = 3$，$2 \times \zeta \times 3 = 2$

$\Rightarrow \zeta = \dfrac{1}{3}$

233.

$r(t) = 1$，拉氏轉換 $\Rightarrow L[r(t)] = L[1] \Rightarrow R(s) = \dfrac{1}{s}$，$\dfrac{C(s)}{R(s)} = \dfrac{C(s)}{\dfrac{1}{s}} = \dfrac{10s + 100}{s^2 + 19s + 100}$

$\Rightarrow C(s) = \dfrac{10s + 100}{s^2 + 19s + 100} \times \dfrac{1}{s} = \dfrac{10s + 100}{s^3 + 19s^2 + 100s}$

234.

$E(s) = R(s) - H(s)C(s)$，系統為 $E(s) = R(s) - C(s) \Rightarrow H(s) = 1$

$C(s) = G(s)E(s)$，系統為 $C(s) = 2E(s) \Rightarrow G(s) = 2$

$\dfrac{C(s)}{R(s)} = \dfrac{G(s)}{1 + G(s)H(s)} = \dfrac{2}{1 + 2 \times 1} = \dfrac{2}{3}$

輸入為單位步階輸入 $\Rightarrow R(s) = \dfrac{1}{s} \Rightarrow C(s) = \dfrac{2}{3} \times \dfrac{1}{s} = \dfrac{2}{3s}$

235.

$C(s) = \dfrac{2}{3s}$，拉氏反轉換 $\Rightarrow L^{-1}[C(s)] = L^{-1}\left[\dfrac{2}{3s}\right] \Rightarrow c(t) = \dfrac{2}{3}$

穩態輸出：$t \to \infty \Rightarrow c(t) = \dfrac{2}{3}$

236.

特徵方程式：$s^2 + 2s + 9 = 0 \Rightarrow s = \dfrac{-2 \pm \sqrt{2^2 - 4 \times 1 \times 9}}{2}$

$\Rightarrow s = -1 \pm j2\sqrt{2}$，兩根為共軛複數根 $\Rightarrow$ 欠阻尼

237.

系統控制器之 $G(s) = 1 + 0.1s + \dfrac{5}{s} = 1 + \dfrac{5}{s} + 0.1s$ 包含比例控制、積分控制與微分控制

註：PID 控制器之 $G(s) = K_P + \dfrac{K_I}{s} + K_D s$

$\Rightarrow$ 此控制器屬於 PID 控制器，控制動作為比例加積分加微分控制

238.　$c(t) = 1 - 1.1136e^{-0.88t} \sin(1.8t + 1.115)$

在尖峰時間t_p時，$c(t)$會有最高響應值，所以$\dfrac{dc(t)}{dt} = 0$

$\dfrac{dc(t)}{dt} = 0 - 1.1136[-0.88e^{-0.88t}\sin(1.8t + 1.115) + 1.8e^{-0.88t}\cos(1.8t + 1.115)] = 0$

$\Rightarrow 1.8e^{-0.88t}\cos(1.8t + 1.115) = 0.88e^{-0.88t}\sin(1.8t + 1.115)$

$\Rightarrow \dfrac{1.8}{0.88} = \dfrac{\sin(1.8t + 1.115)}{\cos(1.8t + 1.115)} = \tan(1.8t + 1.115)$

$\Rightarrow 1.8t + 1.115 = 1.116$ 或 $1.116 + \pi$

$\Rightarrow t = 0.00056$ 或 1.746 時，$c(t)$會有極值

$\Rightarrow t_p \cong 1.75$

239.　在步階輸入下，在上升時間t_r時，$c(t_r) = 1$

$c(t_r) = 1 - 1.1136e^{-0.88t_r}\sin(1.8t_r + 1.115) = 1$

$\Rightarrow 1.1136e^{-0.88t_r}\sin(1.8t_r + 1.115) = 0$

$e^{-0.88t_r} \neq 0 \Rightarrow \sin(1.8t_r + 1.115) = 0$

$\Rightarrow 1.8t_r + 1.115 = 0$ 或 π

$t_r \geq 0 \Rightarrow 1.8t_r + 1.115 = \pi$

$\Rightarrow t_r = 1.126 \approx 1.13$

240.　$Y = \bar{a}\bar{b}\bar{c} + \bar{a}b\bar{c} + ab\bar{c} + a\bar{b}\bar{c}$

　　　$= \bar{c}(\bar{a}\bar{b} + \bar{a}b + ab + a\bar{b})$

　　　$= \bar{c}[\bar{a}(\bar{b} + b) + a(b + \bar{b})]$

　　　$= \bar{c}(\bar{a} + a)(\bar{b} + b)$

　　　$= \bar{c}$

258.　工作臺移動 250mm 導螺桿要轉$\dfrac{250}{6}$圈，齒數比 5：1

$\Rightarrow$ 馬達要轉$\dfrac{250}{6} \times 5$，一圈的步進角度數目(一圈的脈衝數) $= 48$

$\Rightarrow$ 脈衝數 $= \dfrac{250}{6} \times 5 \times 48 = 10000$

259.　$U = \dfrac{Q}{PC} = \dfrac{1000}{80 \times 20} = 0.625 = 62.5\,\%$

260.　$F = PA = 5 \times \pi \times 2.5^2 = 98.125$

261.　$600 = 50 \times \dfrac{\pi D^2}{4} \Rightarrow D = 3.9\ cm$

289.　全效率 = 體積效率 × 機械效率 $\Rightarrow$ 88% = 95% × 機械效率 $\Rightarrow$ 機械效率 = 92.6%

294.　$F = PA \Rightarrow 250 = P \times \pi \times 2^2 \Rightarrow P = 19.89$

296. 每支氣壓缸在每一級只能出現一次
$\Rightarrow$ A＋B＋A－B－A＋A－ 可分為 A＋B＋/A－B－/A＋/A－
$\Rightarrow$ 分 4 級

297. A＋B＋C＋/C－B－A－ $\Rightarrow$ 分 2 級，需 2 個繼電器

298. 以最大結構分級
$\Rightarrow$ 每次作動一個氣壓缸
$\Rightarrow$ A＋/B＋/A－/B－/A＋/A－
$\Rightarrow$ 分 6 級，需 6 個繼電器

299. OR 的符號是 ＋，AND 的符號是 ·

305. 公式：n 個 bit 可表示的最大十進位數字 $= 2^n - 1$
$2^n - 1 \geq 9$
$\Rightarrow$ n = 4 $(2^4 - 1 = 15)$

310. $0 \times 2^3 + 1 \times 2^2 + 1 \times 2^1 + 1 \times 2^0 = 4 + 2 + 1 = 7$

312. 公式：n 個 bit 可表示的最大十進位數字 $= 2^n - 1$
$\dfrac{10}{2^{12} - 1} = \dfrac{5.1}{x}$ $\Rightarrow$ x = 2088.45，取 2088

313. $F(x, y) = x + \bar{x}y$
$= x \cdot 1 + \bar{x}y$
$= x \cdot (1 + y) + \bar{x}y$
$= x \cdot 1 + xy + \bar{x}y$
$= x + y(x + \bar{x})$
$= x + y$

316. OR 的符號是 ＋ $\Rightarrow$ X = A＋B＋C

317. $x(x + y) = x \cdot x + x \cdot y$
$= x + x \cdot y$
$= x(1 + y)$
$= x \cdot 1$
$= x$

350. $V = \dfrac{\pi DN}{1000}$ ，V：切削速度 $\left(\dfrac{m}{min}\right)$ ，D：直徑(mm)，N：轉速(rpm)

$4 \times 60 = \dfrac{\pi \times 150 \times N}{1000} \Rightarrow N = 509.5$ rpm

351. $V = \dfrac{\pi DN}{1000} = \dfrac{\pi \times 100 \times 510}{1000} = 160$ m/min $= 2.67$ m/sec

352. $VT^n = C \Rightarrow V_2 T_2^n = V_1 T_1^n \Rightarrow T_2 = T_1 (\dfrac{V_1}{V_2})^{\frac{1}{n}}$

369. $360 \div 0.05 = 7200$

375. 進給率 $F =$ 轉速 $\times$ 導程 $= 200 \times 1.5 = 300$

382. 原位置座標(x_1 , y_1 , z_1)，對 Z 軸旋轉 θ 角後之座標(x_2 , y_2 , z_2)

$\Rightarrow x_2 = x_1\cos\theta - y_1\sin\theta$，$y_2 = x_1\sin\theta + y_1\cos\theta$，$z_2 = z_1$

可寫成 $\begin{bmatrix} x_2 \\ y_2 \\ z_2 \end{bmatrix} = \begin{bmatrix} \cos\theta & -\sin\theta & 0 \\ \sin\theta & \cos\theta & 0 \\ 0 & 0 & 1 \end{bmatrix} \begin{bmatrix} x_1 \\ y_1 \\ z_1 \end{bmatrix}$

$\Rightarrow R(\theta) = \begin{bmatrix} \cos\theta & -\sin\theta & 0 \\ \sin\theta & \cos\theta & 0 \\ 0 & 0 & 1 \end{bmatrix}$

487. $F = PA = 5 \times \pi \times 1^2 = 15.7$

498. $P = IV \Rightarrow 20 = I \times 110 \Rightarrow I = 0.182$

500. $F = PA$，F 不變 $\Rightarrow$ P 與 A 成反比

503. 每支氣壓缸在每一級只能出現一次

$\Rightarrow A + B + B - A -$ 可分為 $A + B + / B - A -$

$\Rightarrow$ 分 2 級

504. $P = \dfrac{F}{A} = \dfrac{62.8}{\pi \times 1^2} = 20$

505. $F = PA \Rightarrow 1960 = 70 \times \dfrac{\pi D^2}{4} \Rightarrow D = 5.97$ cm $= 59.7$ mm

529. $325 \times 0.01 = 3.25$

533.　$P = IV \Rightarrow 8 \times 12 = I \times 24 \Rightarrow I = 4$

539.　$A + AB = A(1 + B)$
　　　　　　　$= A \cdot 1$
　　　　　　　$= A$

542.　/：單節跳越符號
　　　當單節刪除開關 ON 時，則有/符號之單節程式指令將不予執行

543.　G83：分段式深孔啄鑽循環
　　　G83 X_Y_Z_R_Q_F_：刀具每鑽削距離 Q，即退回 R 點

550.　公式：n 個 bit 可表示的最大十進位數字 $= 2^n - 1$
　　　$2^n - 1 \geq (360 \div 0.09)$
　　　$\Rightarrow n = 12 (2^{12} - 1 = 4095)$

553.　CNC 車床 XZ 是絕對座標，UW 是相對座標，U 是直徑值
　　　$\left(直徑增加為正，直徑減少為負\right)$，直徑減少 0.2 $\Rightarrow$ U = −0.2

560.　G01 G47 X22.0 F50 D01，G01 直線切削
　　　G47：刀具位置增加二個補正量，D01：補正號碼，若 D01 = 8.0
　　　$\Rightarrow$ 移動 $22.0 + 2 \times 8.0 = 38.0$

562.　G41：刀具半徑偏左補正，D16：刀具半徑補正號碼

563.　暫停 2.5 秒的指令：G04 P2500 或 G04 X2.5

589.　比例 = 圖面長度：實際長度 $\Rightarrow$ 1：5 = 40：實際長度 $\Rightarrow$ 實際長度 = 200 mm

機械工程概論

選擇題

1 有一重100kg之圓球如圖,置於光滑之垂直及斜面的夾角上,則在垂直面接觸點所受力之反作用力為多少? (A)50 (B)75 (C)100 (D)125 kg。

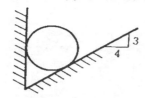

2 如圖所示重量為100kg之物體以兩繩索AB及BC懸吊,此二繩AB及BC之張力分別為多少kg? (A)200;100 (B)100;200 (C)$200\sqrt{3}$;100 (D)200;$100\sqrt{3}$。

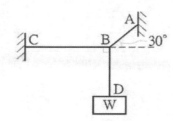

3 一C型夾之鎖緊螺桿為雙螺紋方牙,其平均半徑為10mm,節距為2mm,螺紋間的摩擦係數$\mu_s=0.30$。如果施加40N-m的扭矩來轉動鎖緊螺桿以夾緊工件,則C型夾施加於工件上的力為? (A)9.8 (B)10.8 (C)11.8 (D)12.8 kN。

4 滾輪直徑d＝30cm,台階高h＝7.5cm,滾輪重W＝50kg,以繩索水平向左拉,若繩索能承受20kg的拉力。當T力由小漸大時,下列哪一個情況最可能發生? (A)滾輪尚未拉動前,繩索即已斷裂 (B)在滾輪剛好拉動向上時,繩索斷裂 (C)滾輪可順利拉動越過台階且繩索不斷裂 (D)在原地轉動且繩索不斷裂。

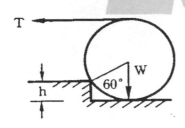

5 試求圖中樑中支點A點及B點的反力各為多少kg? (A)72.5kg(↓),7.5kg(↑) (B)72.5kg(↓),12.5kg(↓) (C)52.5kg(↓),7.5kg(↓) (D)52.5kg(↓),12.5kg(↑)。

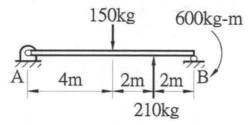

6　如圖之外伸樑，若樑本身重量不計，則右支點 B 處之彎矩為多少 kg-m？　(A)720　(B)480　(C)360　(D)120 kg-m。

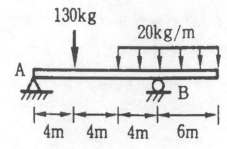

7　如圖之外伸樑，若樑本身重量不計，則支點 B 之右側 1m 處所受之剪力為多少 kg？　(A)0　(B)100　(C)200　(D)400 kg。

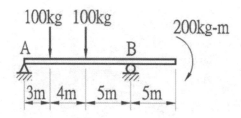

8　一剛體受同平面的三個力，處於平衡狀態，則下列敘述何者不正確？　(A)三力作用線必共點或平行　(B)三力對任何軸的力矩和必為零　(C)以圖解法求解時，力的多邊形為閉合之四邊形　(D)可用平衡方程式 $\Sigma F_x=0, \Sigma F_y=0, \Sigma M=0$ 求解。

9　如圖之梯子 AB 長 3m 重 10kg，斜靠一光滑直牆上，重 45kg 之人由 A 端往上爬，為了確保人爬至梯子頂端 B 點而不使梯子滑動，則梯子與地面間之摩擦係數至少應為多少？　(A)0.30　(B)0.36　(C)0.45　(D)0.53。

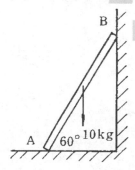

10　如圖，一木箱寬 90cm、高 60cm、重 100kg，與地面間之最大靜摩擦係數為 $\mu=0.2$，若作用力 P=50kg，則？　(A)靜止不動　(B)開始往左移動　(C)翻滾　(D)開始往右移動。

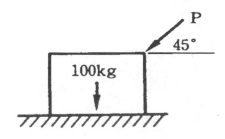

11　欲在斜角為 30°之光滑斜面上，放置 20kg 重之物體，需用多少 kg 的水平力支持之？　(A)17.32　(B)10　(C)34.641　(D)11.547 Kg。

12 利用"分解一力為一單力及一力偶"之方法,可改變力之? (A)作用線之位置 (B)大小
(C)方向 (D)大小及方向。

13 力偶所產生之外效應常取決定於:力偶矩之大小,力偶作用平面之方位(平面斜率)及?
(A)力偶中心 (B)力偶臂 (C)力偶作用力 (D)力偶矩之轉動方向。

14 下列敘述何者為不正確?將平面上之 F 力,分解為一單力 P 及一力偶 C,則? (A)P 與 F 之
指向相同 (B)C 之大小等於 F 乘以 P 與 F 間之距離 (C)P 與 F 大小相等 (D)P 與 F 之施力點相
同。

15 下列敘述何者正確? (A)力偶可以一單力平衡之 (B)力偶在其平面內轉動則效應隨之改
變 (C)力偶矩之值隨力偶中心位置而改變 (D)當施力線與轉軸相交時力矩為零。

16 如圖所示之桁架,零力桿件有? (A)一 (B)二 (C)三 (D)四 根。

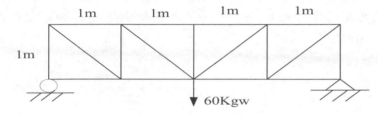

17 圖示所有接觸面的摩擦係數 $\mu_s = 0.25$,$\mu_k = 0.20$,物體 C 重 1000N,且用水平繩索 AB 固定,
物體 D 重 1500N,試求移動物體 D 所需之最小力 P 為? (A)800 (B)875 (C)1000 (D)1500 N。

18 如圖所示材質均勻的長方體重 50 公斤,與地面間摩擦係數為 0.5,以最小的水平力 F 推動此
物體又不使其傾倒時,則 F 最大允許高度 H 為? (A)1 (B)1.5 (C)2 (D)2.5 ㎜。

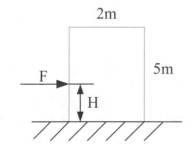

19 一物體置於一水平面上,物體與地面摩擦係數為 0.75,當水平面逐漸傾斜至幾度時物體才開
始滑動? (A)30 (B)37 (C)45 (D)60 度。

63

20 如圖，試求C處支承的負荷為？ (A)183.3 (B)175 (C)200 (D)150 N。

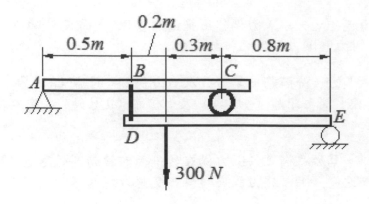

21 如圖，在一塔高 19.62m 頂上，水平丟出一塊石頭，已知石頭離手瞬間之水平速度為 8m/sec，忽略任何摩擦阻力，試問石頭落地之距塔水平距離為多少 m？（已知向下重力加速度值 9.81m/sec²) (A)48 (B)32 (C)24 (D)16。

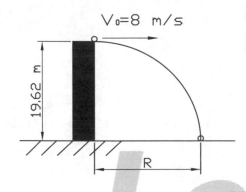

22 一質量100kg、半徑1m的均質圓盤在一粗糙面上進行純滾動並同時承受一經過質心(G)之作用力 F=600N，如圖所示。試問圓盤之角加速度為多少 rad/sec²？（已知圓盤對質心之慣性矩為 $I_G=mr^2/2$) (A)0 (B)3 (C)4 (D)6。

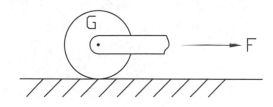

23 一個質量 60kg 的人站在一置於升降梯內的彈簧磅秤上測自己的體重。已知電梯正以 3m/sec² 的加速度上升，試問此人所讀到的重量讀數為多少牛頓(N)？（向下重力加速度值 9.81m/sec²) (A)768.6 (B)408.6 (C)588.6 (D)600.0。

24 一作純滾動之均質圓盤,如圖所示。已知圓盤角速度=2rad/sec,α=4rad/sec^2,半徑 r=25cm。試問圓盤與地面接觸點 C 之加速度值為多少 m/sec^2? (A)0 (B)1 (C)2 (D)4。

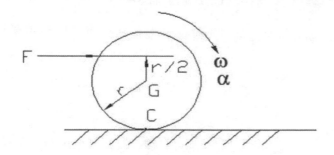

25 一重 40kg 之鐵球置於一重 10kg 靜止之平鐵板條上,如圖所示。現鐵球在鐵板上向前滾動了 2m,若平鐵板條與其下平面之摩擦力可忽略不計,試問此鐵板條移動了多少距離? (A)1.6 (B)0.8 (C)1.2 (D)0.9 m。

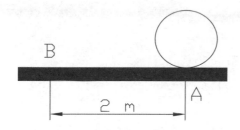

26 下列何者為純量? (A)位移(displacement) (B)距離(distance) (C)線速度(linear velocity) (D)線性動量(linear momentum)。

27 某人在懸崖頂揮桿擊出一高爾夫球,球之初速度為30m/sec,其仰角為 9.4°,如圖所示。若空氣阻力不計,高爾夫球在空中不旋轉,試問球之落地點與擊球點間之水平距離S為何? (已知條件:sin9.4°=0.1634,cos9.4°=0.9866) (A)37 (B)59 (C)67 (D)76 m。

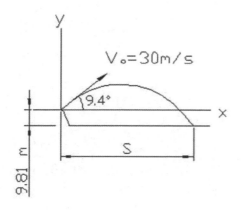

28　重 10N 之滑塊 A 上作用一水平向右的力 5N，如圖所示。滑塊 B 重 20N，滑塊 A 與滑塊 B 間的
　　摩擦係數為 0.2，假設滑塊 B 與地面間無摩擦力，試問滑塊 A 之加速度值為多少？（已知重力
　　加速度為 9.81m/sec²）(A)0.981　(B)1.962　(C)2.943　(D)3.924 m/sec²。

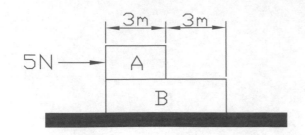

29　如圖所示，輪子半徑 30cm，輪轂(輪子中心突出部份)半徑 10cm，輪轂在軌道上滾動，轉速
　　ω=20rad/sec；輪轂與軌道之間沒有滑動現象。試問 A 點的速率應為若干？（A 點位於軸心
　　正下方的輪緣上。）(A)400　(B)600　(C)200　(D)500 cm/sec。

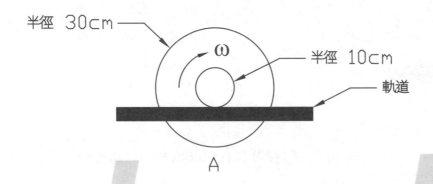

30　如圖所示，質量 2kg 的子彈以 60m/sec 的速率射向質量 10kg 的靜止滑塊。滑塊與平台間的
　　靜摩擦係數 μ_s=0.6，動摩擦係數 μ_k=0.4。試問子彈射中滑塊後，滑塊移動多少距離後靜止？
　　（假設子彈會留在滑塊中。）(A)10.33　(B)8.54　(C)6.22　(D)12.76 m。

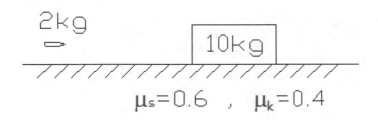

31　一質點作直線運動，其位置 s(單位：公尺)與時間 t(單位：秒)之關係為 s＝t³-6t²-15t+20，
　　試求速度為零時之加速度？　(A)18m/s²　(B)20m/s²　(C)15m/s²　(D)0。

32 圖示為一汽車之加速度 a 與時間 t 關係圖。若 t＝0 時,初速度為 12 公尺/秒(m/s),以速度 v 為縱座標,時間 t 為橫座標,其 v-t 關係圖下列何者較正確?

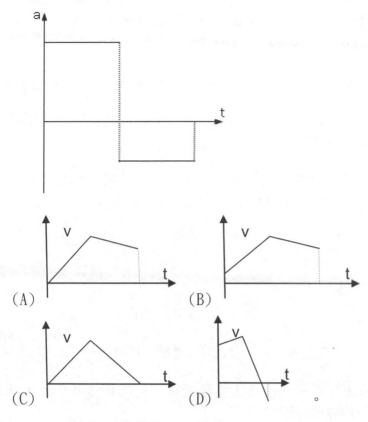

(A)   (B)

(C)   (D)   。

33 一卡車沿直線道路行駛,在 10 秒內速率由 60km/hr 增加至 96km/hr,若加速度保持常數,試求加速度大小? (A)1 (B)2 (C)3.6 (D)12 m/s² 。

34 汽車由靜止起動,沿直線道路行駛之加速度 a 與時間 t 關係如圖所示,試求車速到達 30m/s 所需時間 t? (A)5 (B)7 (C)9 (D)15 秒。

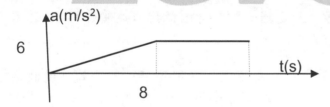

35 一列火車由 A 站行駛至 B 站的速度 v 與時間 t 關係如圖示,試求出兩站間之距離? (A)2700 (B)3000 (C)3600 (D)1800 ㎡。

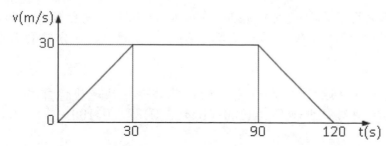

36 一質點在直線運動時，若其速度為正值，加速度為負值，表示此質點？ (A)停止不動 (B)速度為零 (C)逐漸加速 (D)逐漸減速。

37 A、B、C 三球分別由不同高度自由落體抵達地面，若三者到達地面時之速度比為 $1:2:3$，則三球原來的高度比為？ (A)$1:\sqrt{2}:\sqrt{3}$ (B)$1:3:5$ (C)$1:3:6$ (D)$1:4:9$。

38 地球表面自由落體運動之加速度大約等於？ (A)$1m/s^2$ (B)$1cm/s^2$ (C)$9.8m/s^2$ (D)$9.8cm/s^2$。

39 質點在直線上作加速度運動時，下列物理量何者二方向都一樣？ (A)位移與加速度 (B)速度與加速度 (C)運動方向與速度 (D)運動方向與加速度。

40 一物體作圓周運動，半徑 400 公尺，且物體以等加速率 $3m/s^2$ 加速，在某時刻物體之總加速率達到 $5m/s^2$，則此時該物體之速率為何？ (A)30 (B)40 (C)50 (D)100 m/s。

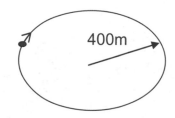

400m

41 圓周運動公式中 $\omega = 2\pi f$，此 ω 代表？ (A)角速度 (B)振幅 (C)週期 (D)頻率。

42 一質量為 1kg 之物體以 $1m/sec^2$ 之等加速度在一水平面上直線前進，則此物體所受到之合力為？ (A)9.8N 向後 (B)9.8N 向前 (C)1N 向前 (D)1N 向後。

43 質量 m 之質點以半徑 2R 作等速圓周運動，若週期為 T，則在 2 圈中的平均速度為？ (A)$\frac{8R}{T}$ (B)$\frac{4R}{T}$ (C)$\frac{8\pi R}{T}$ (D)$\frac{4\pi R}{T}$。

44 一物重 49kg，以 $20m/sec$ 之速度掉落，若遭遇一 200kg 之抵抗力連續作用 10 公尺，則速度為？ (A)20 (B)14.3 (C)25 (D)-25 m/sec。

45 有一機車的速度為 72km/hr，看到一隻黑狗在前方後，立刻煞車，若經 2 秒後機車停在黑狗前方 2m 處，則機車與黑狗原相距？ (A)12 (B)21 (C)22 (D)25 m。

46 半徑為 2cm 之撒水器以角加速度 $1rad/s^2$，0 秒時以角速度 $2rad/s$ 轉動，則 2 秒後其車輪緣上任一點之加速度為？ (A)$2\sqrt{257}$ (B)$2\sqrt{196}$ (C)$2\sqrt{20}$ (D)$2\sqrt{80}$ cm/sec²。

47 『在攝氏 32℃ 的夏天中，一隻螞蟻花了 5 分鐘向前爬了 10 公尺』，在上面的敘述中，何者為速度向量之描述？ (A)32℃ (B)5 分鐘向前爬 (C)一隻螞蟻花了 5 分鐘 (D)5 分鐘向前爬 10 公尺。

48 一列火車以 $40m/sec$ 之速率行駛，在車站前方 800m 處開始以等減速度減速後停靠於車站，則從開始減速至完全停止所需之時間為多少秒？ (A)20 (B)40 (C)80 (D)100。

49 一般手錶秒針的角速度為？ (A)$\frac{\pi}{30}$ (B)$\frac{\pi}{60}$ (C)$\frac{\pi}{15}$ (D)π rad/sec。

50 一水滴自高空自由落下，經過一大樓之樓頂時速度為 9.8m/sec，若到達樓底之速度為 29.4m/sec，請問此樓多高？ (A)19.2 (B)29.4 (C)39.2 (D)49.2 m。

51 在一卡諾(Carnot)引擎中，若 1400kJ 的熱從 700℃的熱源傳入引擎中，而引擎排出熱量到 30℃的環境，則從引擎輸出的功為？ (A)864 (B)1264 (C)764 (D)964 kJ。

52 若 P 代表壓力，dv 代表比容，則 $w = \int PdV$ 代表甚麼物理意義？ (A)功率 (B)功 (C)熱 (D)焓。

53 下列何者的因次(dimension)和其他三項不同？ (A)內能(internal energy) (B)熵(entropy) (C)功(work) (D)焓(enthalpy)。

54 如圖所示，當 A 點以 12m/sec 之速度移動時，試問滑塊 B 的移動速度值為多少 m/sec？ (A)6 (B)3 (C)4 (D)2。

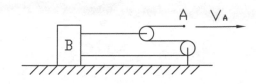

55 如圖所示之有關數值為：A 質量 10kg，B 質量 20kg，F 為 196.2N，重力加速度值為 9.81m/scc²。就滑塊 A 之上升加速度而論，何者之敘述為正確？（忽略滑輪質量與任何摩擦阻力）(A)甲圖較大 (B)乙圖較大 (C)兩者一樣 (D)無從判定。

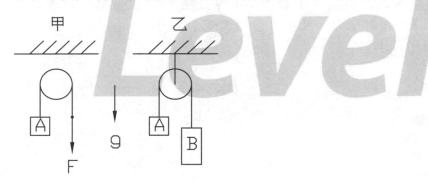

56 一滑輪組如圖所示，若荷重之質量各為 10kg 且動滑輪之質量各為 2kg，如定滑輪及連桿的質量可忽略不計，試問當 θ 角為 30°時，繩子之拉力 T 應為若干恰可使系統處於靜力平衡狀態？（重力加速度 g 值以 10m/sec² 計算）(A)6 (B)60 (C)104 (D)120 N。

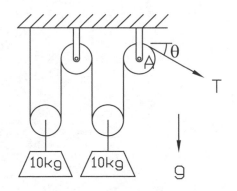

57 一滑輪組如上題所示，若荷重之質量各為 10kg 且動滑輪之質量各為 2kg，如定滑輪及連桿的質量可忽略不計，試問當 θ 角為 30° 時，位於 A 點之定滑輪支桿與固定座之間之作用力大小為若干？ (A)104 (B)60 (C)52 (D)0 N。

58 如圖所示，若滑塊 A 以 10m/sec 之速度向左移動，則滑塊 B 之速度為何？ (A)5m/sec，向左 (B)5m/sec，向右 (C)20m/sec，向左 (D)20m/sec，向右。

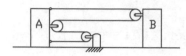

59 如圖所示，荷重 A 的質量為 5kg，荷重 B 的質量為 3kg，滑輪與繩索的質量可忽略不計，且滑輪與軸承間無摩擦力。若兩荷重的起始速率為 0，試問 3 秒後荷重 A 的速率為若干？ (A)5.24 (B)3.15 (C)8.44 (D)7.35 m/sec。

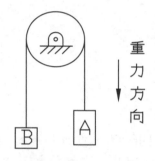

60 如圖所示，A、B 兩荷重的質量均為 10kg，當荷重 A 由靜止往下掉落 2m 時，荷重 B 的速率應為若干？（不計滑輪轉動時的摩擦阻力，且不計滑輪與繩索的質量）(A)2.42 (B)3.52 (C)0.86 (D)1.98 m/sec。

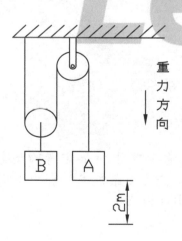

61 如圖之滑輪組，若方塊重 200kN，向上拉升 4m，摩擦不計，則 P 力之作功(kN-m)及位移(m)分別為多少？ (A)400;4 (B)800;16 (C)800;4 (D)1200;8。

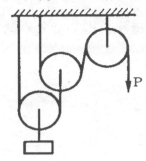

62 一輛汽車質量 1,000kg，希望在 10 秒中內，從 0 加速到 108km/h，則在速度接近 108km/h 時，引擎的輸出功率？ (A)30 (B)60 (C)90 (D)120 kW。

63 一皮帶輪轉速為 1800rpm，直徑 20cm，皮帶緊邊張力為 20kN，鬆邊張力為 5kN，則此皮帶輪傳送的功率為多少？ (A)282.7 (B)222.6 (C)181.7 (D)112.6 kW。

64 一重物 W＝100N 置於 30°之斜面上，二者間之摩擦係數 0.3，不計繩與滑輪之摩擦，繩之拉力 F 恰可使重物沿斜面往上滑動。當 F 力向下移動 1m 時，其所做的功約為？ (A)25 (B)38 (C)59 (D)76 N-m。

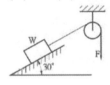

65 有一彈簧常數 k-200N/m，未受力時長度為 30cm，當彈簧由長度 20cm 放鬆為 25cm 時，此彈簧對外作了多少功？ (A)1.25 (B)0.75 (C)0.50 (D)0.25 N-m。

66 有一螺旋千斤頂，其頂起重物之螺桿為 TM25 螺旋，螺距 5mm，平均直徑 22.5mm。當有一人使用槓桿施加 100N-m 之扭矩，使重物上升 10mm，則此人作了多少功？ (A)764 (B)868 (C)1028 (D)1256 N-m。

67 下列有關單位的敘述何者正確？ (A)焦耳(joule)為功(或能量)的單位 (B)牛頓(N)為應力單位 (C)瓦特(Watt)為力的單位 (D)卡(Calorie)為功率的單位。

68 一彈簧緩衝裝置，彈簧常數 k＝4kN/cm，用以吸收高處掉落物體的能量。今有一重 750N 之物體自 3m 高處落下，撞擊緩衝彈簧之頂面，試求此彈簧之縮短量為若干？ (A)6.8 (B)8.8 (C)10.8 (D)11.8 cm。

69 一馬達之輸出功率為 5kw，轉軸之迴轉數為 1800rpm.，則轉軸之輸出扭矩為若干？ (A)99.6 (B)75.4 (C)49.4 (D)26.5 N-m。

70 一斜面與水平面成 θ 角，重量為 W 之物體自斜面自由滑下，若物體與斜面間之摩擦係數為 μ，滑行之距離為 S，則摩擦功為？ (A)μWScosθ (B)μWSsinθ (C)μWStanθ (D)μWScotθ。

71 一高樓頂樓上之物體自由落體掉下地面，地上一人伸手接住物體，則物體對此人？ (A)有作功，但物體位能不減 (B)有作功，因物體位能減少 (C)不作功，物體位能為零 (D)不作功，但物體動能增加。

72 某甲手提一 80 牛頓重物，先沿水平路面走 3 公尺，再將其垂直舉高 1 公尺，則甲至少須作功多少焦耳？ (A)80 (B)240 (C)320 (D)無作功。

73 二物體 A、B 質量相同，以相同速度做等速直線運動，但運動方向相反，則二者動能關係為何？ (A)A>B (B)B>A (C)A=B (D)A=-B。

74 一物體由高處自由落體落下，物體動能 E 與時間 t 關係為何？
(A)   (B)   (C)   (D)

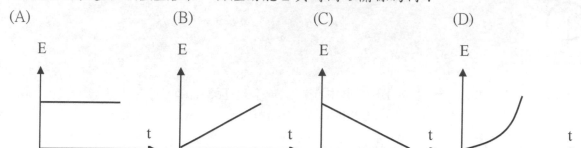

75 一物體由高處自由落體落下，若取地球表面為零位面，則物體位能 U 與時間 t 關係為何？
(A)   (B)   (C)   (D)

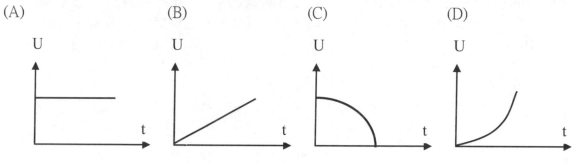

76 一物體由高處自由落體落下，重力對此物體所作之功 W 與時間 t 關係為何？
(A)   (B)   (C)   (D)

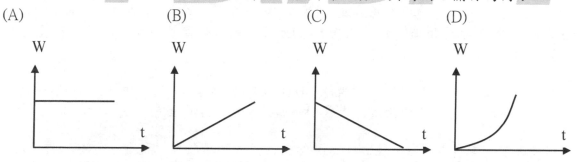

77 如圖所示，一力 F=50N 作用物體使之向右移動 5m，試求此力 F 對物體作功為何？ (A)150J (B)200J (C)250J (D)不作功。

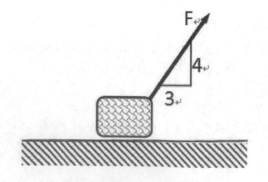

78 一質量 1000kg 汽車以時速 72km/hr 行駛，若此車因超車加速至 108km/hr，則此車動能增加多少？ (A)648 (B)360 (C)250 (D)140 kJ。

79 如圖，物塊 A 重 20N 靜置於平面上，A 與平面間動摩擦係數 0.3，若 A 由靜止起動後，速率達到 V_A＝2m/s，試求此時重 42N 物塊 B 所下降距離約為？ (A)0.155 (B)0.175 (C)0.190 (D)0.205 m。

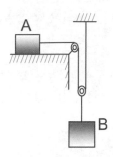

80 如圖，一質量 10kg 物體於斜面上向下滑動，若物體經過 A 點時速度為 5m/s，動摩擦係數為 0.3，試求物體滑動至 B 處之速度約為？（為方便計算，重力加速度可取為 g=10m/s² ）(A)3.5 (B)4.5 (C)5.5 (D)6.5 m/s。

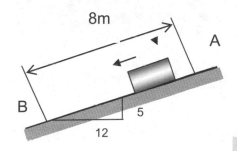

81 下列敘述何者錯誤？ (A)平行作用於構件斷面之應力稱為剪應力 (B)垂直作用於構件斷面之應力稱為正交應力 (C)若一棒兩端受到軸向拉力 P，棒的截面積為 A，則棒所受之軸向拉應力為 P／A (D)應力單位為 N/m³。

82 一直徑 6.5cm 之實心圓軸，受一扭矩而轉動，若材料之容許剪應力為 80MPa，試求其可承受之最大扭矩為？ (A)2156 (B)4312 (C)6467 (D)8623 N-m。

83 兩支鋼棒和銅棒，其長度及截面積相同，若兩棒在軸向受到大小一樣的拉力作用，則兩棒具有相同的？ (A)剪應力 (B)拉應力 (C)拉應變 (D)軸向伸長量。

84 若將一均佈荷載作用於一樑上，其剪力圖為一傾斜直線，對應之彎矩圖應為？ (A)水平直線 (B)三次曲線 (C)二次曲線 (D)相同之斜直線。

85 一直徑 25mm 的圓棒，若承受一軸向荷載 60,000N 的拉力，該圓棒最大剪應力為？ (A)21.3 (B)42.4 (C)61.1 (D)85.6 MPa。

86 下列敘述何者正確？ (A)剪力彈性係數 $G = \dfrac{\sigma}{\varepsilon}$ (B)楊式係數 $E = \dfrac{\tau}{\varepsilon}$ (C)剪力體積彈性係數 $k = \dfrac{體積應力}{體積應變}$ (D)$MPa = \dfrac{KN}{mm^2}$。

87 下列敘述何者錯誤？ (A)正交應力的最大及最小值就稱作主應力 (B)主平面上無剪應力作用 (C)最大剪應力的作用平面與主平面相差45度 (D)以上皆非。

88 加工時不產生熱應力影響工件機械性質的特殊加工法是 (A)雷射 (B)放電 (C)超音波 (D)電子束 加工。

89 以相同材料製成一實心及空心圓軸，若兩軸之長度L及外徑D相同，空心軸之內徑為0.6D，當承受相同扭矩時，有關兩軸最大剪應力、扭轉角的敘述何者正確？ (A)空心軸較實心軸具備較大之扭轉角 (B)實心軸較空心軸具備較大之剪應力 (C)以上皆是 (D)以上皆非。

90 一鋼桿斷面積為30mm²，長度150m，若將其垂直懸掛並在底部承受20,000N的拉力，鋼料密度為7850kg／m³，E＝200GPa，鋼桿之總伸長量為？ (A)5.43 (B)504.3 (C)543 (D)1086 mm。

91 一承受側向負載之矩形樑，其截面積為A，所受剪力為V，截面上之平均剪應力為V/A，則最大剪應力為？ (A)V/2A (B)V/A (C)3V/2A (D)2V/A。

92 已知一樑承受最大彎曲力矩為19.2kN-m，樑之截面為矩形寬為80mm，高為120mm，則此樑所承受之最大彎曲應力為多少 MPa？ (A)100.0 (B)126.2 (C)151.1 (D)179.8。

93 一圓軸若僅受純扭轉作用時因而所產生之應力為？ (A)拉應力 (B)壓應力 (C)剪應力 (D)軸向應力。

94 延性材料（如鋼）其降服張應力與壓應力關係為？ (A)降服張應力>降服壓應力 (B)降服張應力=降服壓應力 (C)降服張應力<降服壓應力 (D)不一定。

95 一邊長為10cm正方形桿件承受100kN之拉力作用，則所產生張應力為？ (A)10 (B)50 (C)100 (D)1000 MPa。

96 一材料承受單軸向力P作用，若材料截面積為A，則在45°角產生最大剪應力為？ (A)P/A (B)P/2A (C)2P/3A (D)3P/2A。

97 一實心均質圓棒承受一扭矩作用，由虎克定律可知其截面上剪應力將自距軸心到外部呈現？ (A)線性增加 (B)線性減少 (C)非線性增加 (D)不改變。

98 一簡支樑承受一集中力P如圖所示，則最大彎曲力矩將發生於何處？ (A)A (B)B (C)C (D)皆相同。

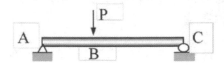

99 一簡支樑承受一集中力P如圖所示，則最大彎曲力矩為若干？ (A)Pa/L (B)Pab/L (C)Pb/2L (D)Pab/2L。

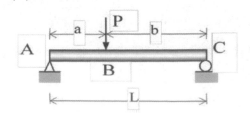

100 如圖示之平面應力狀態，其主應力 σ_1 為若干 MPa？ (A)4.5 (B)9.1 (C)11 (D)14.1。

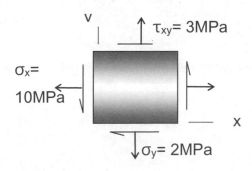

101 所謂剛體，其定義為？ (A)應變與應力成比例的物體 (B)受力可變形，但不致破壞之物體 (C)物體內任何二點間的距離永不改變的物體 (D)剛硬之物體。

102 某機械零件在互相垂直之三軸向均承受相等的軸向應力，若應力不變而材質改變，使其彈性係數由 E 變成 1.5E，蒲松氏比由 0.3 變成 0.1，則 X 軸向所產生之應變會變成原來的多少倍？ (A)0.75 (B)1.25 (C)1.33 (D)2.5。

103 直徑 $12in$ 之軸，以帶輪傳動，帶輪上用 $\frac{1}{2}$ x $\frac{1}{2}$ x $2in$ 之鍵速結於軸，轉速 3300rpm 時，傳達 10π HP，則鍵所受之壓應力為？ (A)50 (B)100 (C)200 (D)600 $\ell b/in^2$。

104 如圖所示，若 $\sigma_x = 100MPa$，$\sigma_y = -80MPa$，$E = 200GPa$，$v = 0.2$，y 方向之應變為？ $(A)2.0\times10^{-4}$ $(B)2.5\times10^{-4}$ $(C)3.8\times10^{-4}$ $(D)-5\times10^{-4}$。

105 有一均質圓桿，長度 L＝2m，斷面積 A＝5cm^2，一端固定於牆面，另一端受到 200000kg 的拉力，若圓桿之彈性係數 $E = 2\times10^6 kg/cm^2$，試求該圓桿之應變為若干？ (A)0.001 (B)0.02 (C)0.2 (D)20。

106 圖中，在何種範圍內材料開始塑性變形？ (A)OA (B)BC (C)CD (D)DE。

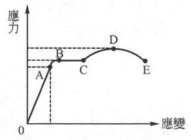

107 如圖所示，一材料受到 σ_x 及 σ_y 之作用，若 $\sigma_x = -\sigma_y$，則其體積應變為？

(A)0 (B)$\sigma_x + -\sigma_y$ (C)$\dfrac{\sigma_x}{E} - \mu\dfrac{\sigma_y}{E}$ (D)$\dfrac{\mu}{E}(\sigma_x - \sigma_y)$。

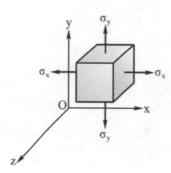

108 一圓桿受 $\sigma_X = 500\,kg/cm^2$，$\sigma_y = 300\,kg/cm^2$ 之作用，則其最大剪應力為？ (A)100 (B)150 (C)200 (D)300 kg/cm^2。

109 一長 2.4m 之簡支樑，承受強度為 400kg/m 之均佈載重，樑之橫截面為寬 6cm，高 12cm 之長方形，則在中點之剪應力為多少 kg/cm^2？ (A)0 (B)8.89 (C)10 (D)20。

110 如圖所示之機構具有幾個自由度(degree of freedom)？ (A)2 (B)6 (C)7 (D)1 個。

111 如圖所示為一牛頭鉋床的急回機構示意圖，其切削行程時間與退回行程時間的比為？
(A)1：1 (B)1：2 (C)2：1 (D)以上皆非。

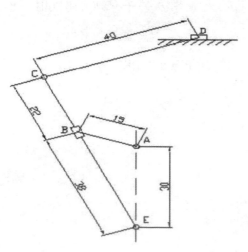

112 有一對齒輪,兩軸心距離30cm,轉速各為300rpm及1200rpm,請問節線速度為何?
(A)2.4π (B)1.2π (C)0.6π (D)0.75π m/sec。

113 如圖所示為一曲柄滑塊機構,其中a=10cm,b=30cm,c=5cm。試求此滑塊之衝程(stroke)S
為何? (A)40.75 (B)62.52 (C)30.04 (D)20.32 cm。

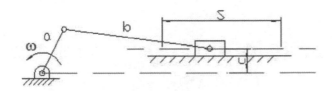

114 一四連桿機構如圖所示,其輸入桿與輸出桿之角速率分別為ω_2及ω_4,若忽略各接頭的摩擦
阻力及各桿之慣性力及重力之影響,則輸入扭力T_2之絕對值與輸出扭力T_4之絕對比值為?
(A)$\frac{|T_2|}{|T_4|}=\frac{|\omega_4|}{|\omega_2|}$ (B)$\frac{|T_2|}{|T_4|}=\frac{|\omega_2|}{|\omega_4|}$ (C)$\frac{|T_2|}{|T_4|}=|\omega_2\omega_4|$ (D)$\frac{|T_2|}{|T_4|}=\frac{1}{|\omega_2\omega_4|}$。

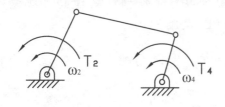

115 如圖為一行星齒輪系的示意圖,其中齒輪1為固定不動,且齒輪3與桿4之轉速比為ω_3/ω_4
=1.5,若齒輪3之齒數為N_3=100,試求齒輪1與齒輪2之齒數N_1及N_2各為何? (A)N_1=50,
N_2=25 (B)N_1=60,N_2=20 (C)N_1=40,N_2=30 (D)N_1=70,N_2=15。

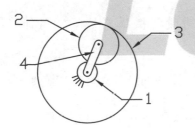

116 如圖為一曲柄滑塊連桿組,當曲柄AB旋轉時,滑塊C在M及N兩點間做往復直線運動。若
AM=60cm,MN=40cm,求桿件AB及BC之長度? (A)AB=20cm,BC=80cm (B)AB=30cm,BC
=70cm (C)AB=40cm,BC=60cm (D)AB=10cm,BC=90cm。

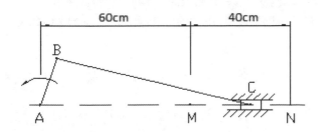

117 四連桿機構之四根連桿長度分別為10cm、20cm、25cm、60cm,其中最短桿為固定桿,則該四
連桿可形成何種機構? (A)曲柄搖桿機構 (B)雙搖桿機構 (C)雙曲柄機構 (D)不可能組成
四連桿機構。

118 一曲柄機構，曲柄旋轉速率 240rpm，則曲柄運動週期為何？ (A)0.125 (B)0.25 (C)0.5 (D)2 sec。

119 以點或線接觸之兩機件稱為？ (A)滑動對 (B)螺旋對 (C)低對 (D)高對。

120 下列四種機件中，屬於高對的機件為？ (A)汽缸與活塞 (B)螺栓與螺帽 (C)平板凸輪與從動件 (D)滑動軸承與軸頸。

121 兩機件相接觸而稱為低對時，兩機件之間成？ (A)點接觸 (B)線接觸 (C)面接觸 (D)體接觸。

122 可傳達推力、拉力、壓力、衝力之連桿、曲柄之運動傳達方式，稱為？ (A)直接接觸滑動接觸 (B)間接接觸剛體連接體 (C)直接接觸撓性連接體 (D)間接接觸撓性連接體。

123 滾動接觸的條件為兩物體接觸點之線速度？ (A)大小相同方向相反 (B)大小相同，方向相同 (C)大小不同，方向相同 (D)大小不同，方向不同。

124 將多個剛體之機件組合，動其一部分，必迫使另一部按組合性質，作預期之運動，傳送或變換運動方式的組合，叫做？ (A)機械 (B)機器 (C)機構 (D)機能。

125 下列哪種機構可做為慢去快回變換機構？ (A)齒條與小齒輪 (B)單向離合器 (C)搖桿與滑塊 (D)日內瓦 機構。

126 兩相嚙合之齒輪，需有相同之？ (A)周節 (B)節徑 (C)外徑 (D)節圓。

127 自行車的後輪是採用何種機構，以確保自行車向前採時前進，向後踩時不會後退？ (A)凸輪 (B)棘輪 (C)間歇齒輪 (D)日內瓦機構。

128 下列哪種機構可使用於碎石機，使小輸入力量產生巨大輸出力量之機構為？ (A)肘節 (B)曲柄搖桿 (C)日內瓦 (D)單向棘輪 機構。

129 下列哪一種螺紋最常做為連結機件用？ (A)方型 (B)斜方形 (C)V 型 (D)梯型 螺紋。

130 馬達扭矩為 2kg-m，轉速 50rpm，其功率約為？ (A)10 (B)40 (C)100 (D)1000 W。

131 若僅施力 50kg，欲將 250kg 的重物利用斜面推上貨車，已知貨車高度為 1.25 公尺，若不計摩擦則斜面須多長？ (A)4.25 (B)5.25 (C)6.25 (D)8.24 m。

132 有一步進馬達驅動之導螺桿(導程為 8mm)式工作平台，其中馬達輸出軸與導螺桿間配有一減速齒輪組，如步進馬達每旋轉 0.9 度，工作平台會位移 0.002mm。則此減速齒輪組之減速比應為？ (A)1/2 (B)1/5 (C)1/10 (D)1/20。

133 滾珠螺桿中之滾珠與軌道之理想接觸行為應為以下何者？ (A)線 (B)點 (C)無 (D)面 接觸。

134 萬向接頭之二軸夾角愈大，則從動軸之轉速變化？ (A)不變 (B)愈大 (C)愈小 (D)不一定。

135 下列何者為非直接接觸傳動之元件？ (A)鏈條 (B)齒輪 (C)摩擦輪 (D)凸輪。

136 某三線螺紋之螺距為 P，導程角為 θ，節圓直徑為 D，則下列何者正確？ (A)$\tan\theta = \frac{3P}{D\pi}$ (B)$\tan\theta = \frac{2P}{D\pi}$ (C) $\tan\theta = \frac{D\pi}{3P}$ (D)$\tan\theta = \frac{D\pi}{P}$。

137 下列機件何者可以用來儲存能量？ (A)連桿 (B)飛輪 (C)鍵 (D)傳動軸。

138 某一鏈輪之齒數為 120，鏈節長度為 2cm，則其節圓直徑為多少 cm？ (sin1.5°＝0.026，sin3°＝0.052) (A)38.5 (B)19.2 (C)76.9 (D)9.6。

139 下列何種軸承，可承受較大之軸向負載？ (A)止推 (B)雙列滾珠 (C)單列滾珠 (D)滾子 軸承。

140 兩嚙合外齒輪的齒數分別為 80 及 120，模數為 3mm，則其中心距離為？ (A)120 (B)140 (C)280 (D)300 mm。

141 在鐵－碳系統中，下列何種成份硬度最高？ (A)α 肥粒鐵 (B)雪明碳鐵 (C)沃斯田鐵 (D)δ 肥粒鐵。

142 應變硬化又稱加工硬化可使金屬在塑性變形後，下列何者正確？ (A)金屬內部差排糾纏現象愈大 (B)整體強度增加 (C)增加進一步變形的阻力 (D)以上皆是。

143 下列何者為非？ (A)AISI 1020 含碳量 0.10% (B)AISI 316 為不銹鋼 (C)AISI 4140 為合金剛 (D)AISI 1080 為高碳鋼。

144 下列有關表面處理，何者不正確？ (A)滾輪擦光可去除刮痕、加工紋路而增加表面光度，但會降低抗蝕性 (B)爆炸硬化法常用於鐵軌的表面硬化 (C)珠擊法可在工作物表面形成壓縮的殘留應力，以增進元件的疲勞壽命 (D)在鋼的表面覆蓋一層不銹鋼或鎳鋼之製程即是覆層法。

145 下列關於珠擊法(shot peening)之敘述何者不正確？ (A)低密度之粉末冶金件電鍍前可利用珠擊法封閉孔隙 (B)增加工件之疲勞強度 (C)可改變材料之機械性質 (D)增加工件之形狀公差。

146 具有 3410℃的高熔點，以及極佳的高溫強度、高密度、高硬度，常用於噴嘴、電極、配重與高壓電接點材料的金屬為？ (A)鈮 (B)鉬 (C)鈹 (D)鎢。

147 請問下列何者不屬於固態銲接方法？ (A)超音波銲接法 (B)摩擦銲接法 (C)潛弧銲接法 (D)爆 炸銲接法。

148 電鍍工作須將欲鍍的工件放於？ (A)陰極 (B)陽極 (C)視情況而定 (D)以上皆非。

149 下列何者是表面加工法？ (A)電化加工 (B)放電加工 (C)陽極氧化處理 (D)銑切。

150 下列哪些是改變材料形狀的加工法？ (A)抽拉 (B)放電加工 (C)鑽孔 (D)車削。

151 下面哪個工作是有屑加工法？ (A)拋光 (B)輪磨 (C)鍛造 (D)電鍍。

152 在鐵碳平衡圖上之共析點析出鋼鐵的何種金相組織？ (A)粒滴斑鐵 (B)沃斯田鐵 (C)沃斯田 鐵與雪明碳鐵 (D)波來鐵。

153 波來鐵由 (A)沃斯田鐵及肥粒鐵 (B)沃斯田鐵及游離之石墨 (C)肥粒鐵及麻田散鐵 (D)肥粒鐵及雪明碳鐵 所組成。

154 結晶格子產生差排移動的現象,主要係受下列何種力之作用? (A)拉 (B)壓 (C)剪 (D)扭力。

155 退火後的鋼料,材質軟,組織為 (A)麻田散鐵 (B)波來鐵 (C)沃斯田鐵 (D)雪明碳鐵。

156 高碳鋼淬火時,加熱至變態點以上溫度後急冷之,使其中組織變為? (A)麻田散鐵 (B)雪明碳鐵 (C)糙斑鐵 (D)沃斯田鐵。

157 下列何種說法對 S 曲線(恆溫變態線)之移動為正確? (A)合金元素使 S 曲線右移,增加淬火效果 (B)低碳量使 S 曲線右移 (C)沃斯田鐵顆粒愈細 S 曲線右移 (D)以上都是。

158 刀具要除去因淬火而生之內部應力,要施以? (A)高溫回火 (B)低溫回火 (C)製程退火 (D)完全退火。

159 下列哪一項不是常見的金屬結晶格子? (A)面心立方 (B)立方 (C)體心立方 (D)六方密 格子。

160 下列哪一項硬度計,其原理與其他三種不同? (A)洛氏 (B)勃氏 (C)蕭氏 (D)維克氏 硬度。

161 在正立方體的各平面中心及各個頂點分別配置一原子,這種晶格稱作? (A)斜方晶系 (B)面心立方 (C)體心立方 (D)六方晶系 格子。

162 有關純鐵的組織與變態,下列敘述何者正確? (A)純鐵在常溫時為面心結晶格子,此時晶相組織為肥粒鐵 (B)純鐵在 910℃~1400℃時為面心結晶格子,此時晶相組織為沃斯田鐵 (C)純鐵在1400℃以上時為六方結晶格子,此時晶相組織為沃斯田鐵 (D)純鐵僅有 α 及 λ 兩種同素體。

163 鋼的強度會隨著含碳量之降低而? (A)降低 (B)增加 (C)不受影響 (D)不一定。

164 金屬材料在再結晶過程中,一般而言,哪一項性質會增加? (A)疲勞強度 (B)硬度 (C)抗拉強度 (D)伸長率。

165 有關差排敘述,何者錯誤? (A)是一種線缺陷 (B)分成刃狀螺旋及混合等差排 (C)差排滑動會引起材料產生彈性變形 (D)差排數目不會因材料加工而增加。

166 延展性最佳的是? (A)體心立方格子(B.C.C) (B)面心立方格子(F.C.C) (C)六方立方格子(H.C.P) (D)三種晶格皆同。

167 下列何者不屬於表面硬化方法? (A)滲碳法 (B)氰化法 (C)氮化法 (D)以上皆非。

168 表面硬化處理無法達到? (A)增加耐磨耗性 (B)增加耐疲勞性 (C)增加強度 (D)增加耐衝擊性。

169 下列敘述,何者不是冒口的功用? (A)使砂模內之氣體較易排出 (B)為了使冒口四周較慢凝固,並提高冒口之補充能力,可在冒口頂端或四周放置冷激塊 (C)可排除殘渣 (D)補充鑄件較厚部分所需之金屬熔液。

170 鑄造模型之接合面,常設計成內、外圓角,最主要是為了? (A)加工方便 (B)可避免操作人員受傷 (C)節省成本 (D)增加鑄件強度,減少冷縮應變。

171 有關銲接加工之簡稱,下列何者不正確? (A)遮蔽金屬電極電弧銲(SMAW) (B)潛弧銲(SMW) (C)金屬鈍氣電弧銲(MIG) (D)電渣銲(ESW)。

172 關於離心鑄造法(Centrifugal casting),下列敘述何者不正確? (A)利用離心力之作用,將澆鑄之金屬液甩於模穴 (B)利用離心力,有時可以省去使用砂心之麻煩 (C)可適用於假牙、珠寶製品等之鑄件 (D)不需流路系統。

173 關於電銲作業,下列敘述何者不正確? (A)銲件厚度較大時,應選用直徑較大之銲條 (B)多層銲接之第一層銲道,為防止熔化不足之缺陷,宜採用直徑較大之銲條 (C)平銲時,可使用直徑較大之銲條 (D)立銲、仰銲及橫銲時,應選用直徑較小之銲條。

174 熱室壓鑄法適用於下列何種金屬之鑄造? (A)鋁、鎂等高溫金屬 (B)非鐵金屬 (C)錫、鉛等低溫金屬 (D)合金鋼。

175 最適宜鑄成形狀複雜且表面光滑鑄件的砂模是? (A)溼砂模 (B)二氧化碳模 (C)乾燥砂模 (D)混土模。

176 下列各種利用金屬模的鑄造法中,何者所須的壓力最高? (A)壓鑄法 (B)瀝鑄法 (C)低壓模鑄造法 (D)重力模鑄造法。

177 電阻銲接時係使用? (A)低電壓高電流 (B)高電壓低電流 (C)低電壓低電流 (D)高電壓高電流。

178 使用氧乙炔銲接時,點火操作之正確步驟為? (A)同時開乙炔及氧氣、再點火 (B)先開氧氣、點火後再開乙炔 (C)先開乙炔、點火、再開氧氣 (D)先點火、再同時開乙炔及氧氣。

179 可消失模型(disposable patterns molds)常使用以下何種材料製作? (A)木材 (B)聚苯乙烯 (C)金屬 (D)石膏。

180 有關冒口(riser)的敘述,下列何者有誤? (A)冒口是鑄件流道系統中的一部分 (B)冒口包括明冒口和盲冒口 (C)冒口可以提供熔化的金屬進入模穴,具有補償鑄件收縮的功能 (D)冒口的位置應設在模穴之最快冷卻處。

181 有關壓鑄法的敘述,下列何者正確?(A)熱室壓鑄法的鑄件材料熔點比冷室壓鑄法高 (B)鉛、錫材料適合冷室壓鑄法 (C)壓鑄法的缺點之一是設備和模子的成本很高 (D)鋁、鎂材料適合熱室壓鑄法。

182 下列何種鑄造法,可以較具經濟效益的方式,鑄造出圓形中空管? (A)壓鑄法 (B)二氧化碳模型硬化法 (C)石膏模鑄造法 (D)離心鑄造法。

183 有關鑄造優缺點的敘述,下列何者有誤?(A)能製造形狀複雜的鑄件 (B)可大量生產 (C)鑄件的表面尺寸精度高、表面粗糙度佳 (D)可製作一體成型的鑄件。

184 氣體焊接方法中,價格便宜,操作方便,也最常使用的是? (A)空氣乙炔氣焊法 (B)氧乙炔氣焊法 (C)氫氧氣焊法 (D)壓力氣焊法。

185 有關軟焊和硬焊的敘述,下列何者有誤? (A)軟焊和硬焊是以施焊溫度來區分 (B)軟焊使用的焊料主要是錫和鉛 (C)硬焊又稱為銅焊,其焊件接合強度較軟焊低 (D)焊劑熔化產生的揮發性氣體,具有毒性,應避免吸入體內。

186 超音波焊接是利用高頻率的超音波振動能作用於焊件的接合面,其與接合面作用的方向及產生的作用力為 (A)平行方向,正向力 (B)平行方向,剪應力 (C)垂直方向,正向力 (D)垂直方向,剪應力。

187 電阻焊中依焦耳定律得知,電流產生的熱能(H)與電流(I)的關係為? (A)H 與 I 成正比 (B)H 與 I 成反比 (C)H 與 I 的平方成正比 (D)以上皆非。

188 有關焊接的敘述,下列何者有誤? (A)焊接結構比鉚接結構更節省金屬材料 (B)大型的工字型鋼採用焊接會比輥軋更具經濟效益 (C)焊接不會產生應力集中的現象 (D)焊縫中常存有焊接缺陷。

189 金屬的熱作(hot working)和冷作(cold working),是依以下何者區分? (A)降伏強度 (B)熔化溫度 (C)加工方式 (D)再結晶溫度。

190 下列何者不是冷作加工後所產生的影響? (A)金屬表面會有氧化現象 (B)可得到精確的尺寸和公差 (C)金屬的強度和硬度會提高 (D)金屬內部存有殘留應力。

191 「打鐵趁熱」是指塑性成型加工中的 (A)鑄造 (B)衝壓 (C)鍛造 (D)擠製。

192 常見裝填牙膏用的可捏壓管子(牙膏管),是以下列何種方式加工? (A)鑄造 (B)衝壓 (C)鍛造 (D)擠製。

193 衝壓加工時發現工件有龜裂的現象,最可能採取的對策為? (A)提高潤滑油的黏度 (B)修改模具形狀 (C)選擇其他材料的模具 (D)提高進給速度。

194 利用輥軋加工以減少板材厚度,其中板材的送入速度(V_o),滾子輥輪的表面速率($V\gamma$,其中 $V\gamma$ 保持一定值),板材的出口速度(V_f);則三者速度間的關係為何? (A)$V_f > V\gamma > V_o$ (B)$V_o > V\gamma > V_f$ (C)$V\gamma > V_f > V_o$ (D)以上皆非。

195 採用下列哪一種平板輥軋的設計方式,可達到較大的厚度減少量? (A)大的輥輪半徑,大的摩擦係數 (B)大的輥輪半徑,小的摩擦係數 (C)小的輥輪半徑,大的摩擦係數 (D)小的輥輪半徑,小的摩擦係數。

196 輥軋後板材表面出現波浪邊(wavy edge),最有可能發生的原因為 (A)原始板材的材料內部有雜質或空洞 (B)輥輪發生彎曲的現象 (C)輥軋操作不當 (D)輥軋送料速度過快。

197 下列的加工製造方式,何者不適合使用潤滑劑? (A)輥軋(Rolling) (B)鍛造(Forging) (C)壓模印(Coining) (D)以上皆非。

198 塑性加工與切削加工的比較,以下何者正確? (A)塑性加工材料損失較大 (B)塑性加工的生產速度較慢 (C)切削加工達到的尺寸精度較高 (D)以上皆非。

199 冷作之多道工序中常施予何種處理以減低應力有利於加工？ (A)回火 (B)退火 (C)正常化 (D)時效。

200 熱作之有別於冷作在於加工溫度高於金屬的何種溫度？ (A)再結晶溫度 (B)回火溫度 (C)熔點 (D)淬火溫度。

201 相較於熱作何者不是冷作之優點？ (A)表面較光滑 (B)尺寸較精準 (C)無殘餘應力 (D)強度較好。

202 以下何種鍛造方式適合於製造較佳精準度之小零件？ (A)開模鍛 (B)閉模鍛 (C)端壓鍛 (D)輥鍛。

203 哪一種金屬比較難以鍛造方式加工？ (A)鋁合金 (B)鎂合金 (C)碳鋼 (D)鎳基合金。

204 具有以下哪一種性質之金屬適合於衝壓成型加工？ (A)高硬度 (B)低延展性 (C)低降伏強度 (D)小結晶顆粒。

205 金屬熱作加工難以得到精密尺寸之原因可能為何？ (A)加工變形量太大 (B)熱漲冷縮 (C)材料結晶變細 (D)高溫施工之機械精密度不足。

206 欲使純鋁硬度增加可施以？ (A)淬火 (B)正常化 (C)滲碳 (D)冷作加工。

207 下列何者不是熱作之優點？ (A)金屬內之孔隙大量減少 (B)受衝擊之能力得以改進 (C)加工所需外力較小 (D)可擁有表面光滑度。

208 下列敘述何者不正確？ (A)熱作之加工溫度在再結晶溫度以上 (B)熱作改變工件所需的能量較冷作低 (C)熱作工件之表面較光滑 (D)冷作使結晶產生畸變。

209 泰勒(F. W. Taylor)所提關於刀具壽命之公式：$VT^n = C$，其中？ (A)V 為切屑體積 (B)T 為刀具溫度 (C)V 為刀具角度 (D)T 為刀具壽命。

210 碳化鎢車刀的刀面上磨有一凹槽，其主要作用為？ (A)減小震動 (B)阻斷切屑 (C)便於潤滑 (D)導引切屑。

211 車削外徑 20mm 之銅棒，轉速 500rpm，則其切削速度為？ (A)0.52m/s (B)0.52m/min (C)31.4mm/min (D)31.4m/s。

212 關於鋸切作業，下列敘述何者不正確？ (A)臥式帶鋸機主要用於鋸切下料 (B)帶狀鋸條鋸齒之形式有直齒、爪齒與隔齒等種類，隔齒適用於鋸切塑膠、硬木等材料 (C)立式帶鋸機之鋸條，可於機台上熔接完成 (D)立式帶鋸機可作直線鋸切，無法鋸切曲線或內輪廓。

213 下列有關無心磨床之敘述，何者不正確？ (A)不需要夾頭 (B)不需要頂心 (C)無法自動化操作 (D)工作不易變形。

214 下列有關拉削加工，何者正確？ (A)拉床可分為臥式或立式，而一般立式拉床之行程較長 (B)拉刀依其施力之方式又可分為推式拉刀與拉式拉刀 (C)拉式拉刀較短，切削量較大 (D)推式拉刀較長，其一道次之切削量較小。

215 下列有關數值控制機械之敘述,何者不正確? (A)CNC 車床只設定 X,Z 兩軸 (B)需熟練之程式設計人員 (C)機器本身昂貴但維修容易 (D)成品品質一致,檢查成本低。

216 麻花鑽頭之螺旋角越小,則其? (A)排屑阻力越小 (B)強度越大 (C)適用於軟工件 (D)可減少鑽切時之摩擦力。

217 下列有關銑削加工,何者不正確? (A)順銑之銑削方向與進給方向相反 (B)CNC 銑床極適用順銑,其典型之利用是鋁材之精切削 (C)工件之厚者用順銑 (D)順銑適用於精加工。

218 高速鋼刀具在 (A)600 (B)500 (C)400 (D)300 ℃ 時仍保有常溫時硬度,此性質稱為赤熱硬度。

219 切削劑在切削過程中的敘述,下列何者有誤? (A)可降低刀具與工件溫度 (B)可改善排屑情況 (C)噴灑量與噴灑方向對切削加工沒有任何影響 (D)可提供刀具與工件間的潤滑。

220 純銅或純鋁在切削過程中,產生的切屑型態為 (A)連續性切屑(Continuous Chip) (B)不連續切屑(Discontinuous Chip) (C)堆積刃(Built-Up Edge) (D)以上皆非。

221 車削加工一圓柱形的工件,若此時切削轉速為 N(rpm);在固定的切削速度下,當直徑減少一半時,則切削轉速(rpm) 應為? (A)2N (B)N (C)½N (D)以上皆非。

222 以下刀具材料的敘述,何者有誤? (A)高速鋼(HSS)刀具極適宜使用在高轉速的切削加工 (B)陶瓷(Ceramic)刀具比傳統刀具更耐高溫 (C)鑽石(Diamond)材料可用於砂輪的修整 (D)高碳鋼(HCS)具有低成本的優點,適用於鑽孔、鉸孔的加工。

223 以下有關磨輪的敘述,何者有誤? (A)磨粒要具備自行銳利的特性 (B)磨料的標準篩子號碼數越大,代表磨料顆粒越大 (C)磨輪是由磨粒、空隙與膠和劑所組成 (D)磨輪表面磨損可藉由修整(Dressing)來改善。

224 電腦數值控制(CNC)程式中,銑床主軸轉速 S=200rpm,使用 G84 指令攻牙M8x1.25 時,進刀 F 值應為? (A)1.25 (B)200 (C)250 (D)300 mm／min。

225 牛頭鉋床與龍門鉋床的比較,下列敘述何者有誤? (A)龍門鉋床適用於大尺寸工件 (B)兩者皆可用於平面加工 (C)大多數的牛頭鉋床,全程的切削速度均為等速 (D)牛頭鉋床是鉋刀作往復式運動。

226 直徑 10mm 以下的鑽頭中,相鄰規格的間隔為何? (A)1 (B)0.5 (C)0.1 (D)0.05 mm。

227 一般加工方法中,採用下列何者加工方式,可得到較佳的表面粗度值? (A)鉋削 (B)鋸削 (C)研磨 (D)鑽孔。

228 車刀之後斜角(back rake angle) 主要的功能為? (A)減少摩擦 (B)控制切屑流向 (C)保護刀鼻 (D)避免刀刃切入工件。

229 立式銑床之主軸向稱為? (A)A (B)X (C)Y (D)Z 軸。

230 車床橫向進刀螺桿螺距為 5mm,刻度環有 250 格,當前進 13 格,時工件直徑變化為? (A)0.13 (B)0.26 (C)0.39 (D)0.52 mm。

231 夾爪可個別調整的是？ (A)鑽頭夾頭 (B)三爪萬能夾頭 (C)四爪夾頭 (D)筒夾。

232 產生不連續切屑的原因是？ (A)切削速度太快 (B)進刀太大 (C)刀具斜角太大 (D)材料延展性高。

233 以碳化鎢刀片車削碳鋼工件時，下列何種處置方式能得到光滑的加工表面？ (A)刃口銳利工件轉速慢 (B)刃口銳利工件轉速快 (C)刃口略予磨鈍工件轉速慢 (D)刃口略予磨鈍工件轉速快。

234 一碳化鎢銑刀直徑 8cm 用來銑製一工件，若所需之切削速度為 75m/min，則銑刀軸之轉速應為？ (A)2980 (B)1490 (C)340 (D)298 rpm。

235 以高速鋼鑽頭在工件上鑽一直徑為 20mm 之孔，若選用 30m/min 之鑽削速度，則鑽床主軸之轉速約為？ (A)360 (B)480 (C)600 (D)720 rpm。

236 下列何者是切削時使用切削劑之功能？ (A)減少摩擦 (B)避免屑片熔接於刀具上 (C)增加工件表面光亮度 (D)以上皆是。

237 在銑床上重銑削大平面宜選用？ (A)端 (B)側 (C)面 (D)球形 銑刀。

238 使用車床加工，若所需之工件的錐度為 1：10，經量規檢驗後知錐度正確但直徑太大，小端距量規標準線尚差 10mm，則車刀尚需補進若干？ (A)0.6 (B)0.5 (C)0.4 (D)0.3 mm。

239 公差配合中 G7/h6 之符號是表示？ (A)基孔制 (B)精密配合 (C)餘隙配合 (D)壓入配合。

240 IT3 級之公差用於？ (A)一般配合機件 (B)樣規治具 (C)不配合件 (D)軸承配合 公差。

241 可讀到 0.05 公厘的游標卡尺，本尺刻度 1 格 1 公厘，游標副尺之零刻度在本尺 13 公厘至 14 公厘間，游尺第 9 條刻度線吻合本尺刻度，則工件尺度是？ (A)13.09 (B)13.45 (C)14.09 (D)14.18 公厘。

242 度量一直徑 45±0.03 公厘的工件，最恰當的量具是？ (A)鋼尺 (B)游標卡尺 (C)分厘卡 (D)塞規。

243 下列儀器中，何者不屬於小角度的量測？ (A)錐度分厘卡 (B)電子水平儀 (C)雷射干涉儀 (D)自動視準儀。

244 下列儀器中，無法作真直度的量測？ (A)自動視準儀 (B)水平儀 (C)雷射干涉儀 (D)直規。

245 若將表面粗糙度以「粗糙度等級」標示時,需在數值前加哪一個英文字母? (A)R (B)X (C)Z (D)N。

246 螺紋分厘卡用於測量螺紋的? (A)外徑 (B)節徑 (C)節距 (D)底徑。

247 光學平鏡不能用於檢驗工件之? (A)真平度 (B)平行度 (C)尺寸誤差 (D)粗糙度。

248 下列對塊規使用之敘述,何者為不正確? (A)塊規的組合法有堆疊法與旋轉法 (B)塊規組合與選用,以片數愈少愈佳 (C)塊規組合時,須先密合最薄者,由薄而厚組合 (D)塊規可作為直接量測,亦可作為比較量測。

249 工件的錐度為 1:20,若大端直徑 25mm,小端直徑 20mm,則錐度部分長若干? (A)80 (B)90 (C)100 (D)110 mm。

250 使用分厘卡量測零件尺寸若讀數如圖,則零件之尺寸為? (A)5.28 (B)5.78 (C)28.5 (D)28.6 mm。

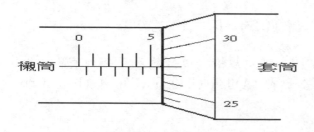

251 某工廠驗收一零件,規定工件之錐度 1:10,將量表與工件某處接觸歸零之後,量表沿工件之軸線平行方向,向大端移動 10mm,則量表指示之刻度應為? (A)2 (B)1.5 (C)1 (D)0.5 mm。

252 游標卡尺測量下列哪種尺寸可能發生最大誤差? (A)孔深度 (B)軸外徑 (C)孔內徑 (D)階段長度。

253 組合 5 塊規矩塊規作精密量測,其尺寸分別為:1.003、1.02、1.4、7 及 15mm 得其總長為 25.423mm,其放置次序應該是? (A)由小到大順序排列 (B)由大到小順序排列 (C)將小尺寸者置於大尺寸之兩端 (D)將小尺寸者置於大尺寸之中間。

254 檢驗一個 20±0.05mm 之槽寬應該使用何種量具較佳? (A)內分厘卡 (B)游標卡尺 (C)卡規 (D)塊規。

255 三線測量的功能和下列何者一樣? (A)節徑螺紋分厘卡 (B)牙規 (C)中心規 (D)工具投影機。

256 圖面上的尺寸若未標註公差者表示 (A)不需考慮 (B)採用專用 (C)採用通用 (D)由製造單位自行決定 公差。

257 利用螺紋分厘卡測量螺紋時,是先假設何者為正確的條件下才進行? (A)節徑 (B)底徑 (C)外徑 (D)牙角。

258 使用塞規量度圓孔，若其通端通過，不通端也通過了，則表示該尺寸為？ (A)過小 (B)過短 (C)過大 (D)過長。

259 一微米的長度為？ (A)工廠中俗稱的『一條』 (B)10 奈米 (C)0.01mm (D)0.001mm。

260 塊規式高度規在歸零時，通常需採用多少尺寸之標準塊規？ (A)10 (B)11 (C)20 (D)21 mm

261 下列敘述何者錯誤？ (A)基軸制適用於鬆配合，即成品種類少數量多且精度低之製造 (B)φ65H6k5 採基孔制 (C)φ65F6h5 採基軸制 (D)基孔制是將孔公差固定，以公稱尺寸作為孔的最大極限尺寸。

262 用長度 200mm 之正弦桿在平板上測量一 30°之角度時，塊規應組合成多少尺寸最為適當？ (A)25 (B)50 (C)100 (D)150 mm。

263 下列何者是二次元量具？ (A)光學投影機 (B)分厘卡 (C)電子比較儀 (D)光學尺。

264 下列何者正確？ (A)精密度高的量具才可保證得到準確度高之測量值 (B)精密度指量具測量值與真實值接近程度 (C)選用量具之精密度高，標準偏差愈小 (D)測量誤差由系統性誤差即儀器、工件、人為及環境等因素所構成。

265 下列有關精密量測室的基本條件，何者錯誤？ (A)溫度---室溫保持在 20℃ (B)照明---室內維持 500 1x 以上 (C)噪音---室內維持 50dB 以下 (D)氣壓---室內氣壓維持 1bar。

266 精度 0.02mm 的游標卡尺其游尺刻度最理想者為？ (A)分 12mm 為 25 等分 (B)分 19mm 為 20 等分 (C)分 24mm 為 25 等分 (D)分 39mm 為 20 等分。

267 下列何者正確？ (A)偏差是兩極限尺寸之差 (B)誤差愈大，精密度愈差 (C)地震及電壓不穩所引起的誤差稱作隨機誤差 (D)公差有負公差。

268 按照 CNS 規範，標準公差等級可分成十八級，分別是？ (A)由 IT01-IT18 (B)由 IT01-IT16 (C)由 IT00-IT17 (D)由 IT1-IT18。

269 下列哪一項不是超音波加工技術的特點？ (A)工件受力小，熱影響也小 (B)加工速度快，生產率高 (C)適合不導電及硬脆材料 (D)可獲得較高的加工精度。

270 利用電鍍之原理，將金屬積聚於導電，並且可取出的模型或母體上，可得厚度薄，內部形狀複雜且精度高金屬製品，此種方法謂之？ (A)電積成形法 (B)電化學加工法 (C)電解還原法 (D)放電加工法。

271 放電加工時，將工件與陽極相接的加工，稱為「正極性加工」，反之稱為負極性加工。有關放電加工的極性效應，下列敘述何者正確： (A)精加工適合採用正極性加工 (B)短脈衝適合採用負極性加工 (C)正極性加工，使用短脈衝時，陰極冲蝕較陽極快 (D)極性效應的主因是離子比電子容易被加速。

272 在各種非傳統加工方法中，加工參數屬於高電壓、低電流，且須在真空環境中為之的製程為？ (A)放電加工(EDM) (B)電化學加工(ECM) (C)電漿弧加工(PAM) (D)電子束加工(EBM)。

273 有關電化學加工(ECM)之電化學反應之敘述何者不正確？ (A)電子與氫離子結合並被吸引到刀具表面而產生氫氣 (B)電子流是由工件經電解液流到刀具 (C)當使用鹵素電解液，陽極上可能產生氧氣或鹵素氣體 (D)氯化鈉電解液中，氯離子與鈉離子並未參與反應。

274 在電化學加工時，不希望有工件金屬電鍍在刀具上，而影響刀具的尺寸，這時我們會希望刀具(陰極)上，有最小的氧化電位。請問影響氧化電位的及決定反應發生的因素不包含哪一項？ (A)被加工金屬的種類 (B)電解液的種類 (C)刀具的橫切面形狀 (D)電流密度。

275 下列關於EDM之敘述何者不正確？ (A)在工件與電極間產生火花沖蝕來完成切削作用 (B)碳化鎢、石墨、銅、鋅合金等均可作為電極材料 (C)碳化鎢等硬質金屬適合以此法加工 (D)放電時，若電流小，頻率高，則工件表面光平度較差。

276 下列有關雷射光加工之敘述何者不正確？ (A)利用單色光束熔除工件 (B)以氣體CO_2可切削金屬 (C)用於非金屬、硬質材料加工 (D)可在鑽石、碳化鎢上加工細孔。

277 下列有關電鍍之敘述何者不正確？ (A)鎳、鉻、鎘、鋅、錫均為常用的電鍍材料 (B)鍍鉻可以增加材料的耐磨性 (C)鍍錫層屬於犧牲型塗層，當塗層刮傷露出母金屬時，仍有保護作用 (D)陽極處理時，鋁工件置於陽極，可使用草酸為電解液。

278 有關電化研磨之敘述何者正確？ (A)工具與工件均應為導體 (B)工件與工具應置於絕緣油中 (C)工件接負極 (D)90%之材料由磨粒磨除。

279 下列有關電化學加工之敘述何者錯誤？ (A)可加工任何高硬度之材料 (B)電極(工具)需用導電材料 (C)加工表面無應力產生 (D)加工是在非導電性液體中進行。

280 超音波穿孔加工的原理是利用？ (A)光電作用 (B)音波的感應 (C)機械震動 (D)磁力作用。

281 磨料流動加工最適合？ (A)大量材料的移除加工 (B)熱影響層的表面精修加工 (C)複雜輪廓的成形加工 (D)以上都不適合。

282 加工時，無熱應力產生而不致影響機械性質的特殊加工法是？ (A)放電加工 (B)雷射加工 (C)電化學加工 (D)電子束加工。

283 下列有關放電加工之敘述何者錯誤？ (A)可切割任何高硬度之材料 (B)電極(工具)常用銅製造 (C)加工精密度極高 (D)加工是在導電性液體中進行。

284 電子束加工最大的限制為？ (A)能量消耗太大 (B)加工件需導電 (C)真空環境 (D)以上皆非。

285 哪種材料最適合使用於放電加工中的微細電極？ (A)石墨 (B)紅銅 (C)碳化鎢 (D)銅鎢。

286 線切割放電加工(WEDM)使用的電極材料為？ (A)石墨 (B)黃銅 (C)紅銅 (D)銅鎢。

287 下列加工工作物與工具，產生直接的接觸加工？ (A)超音波加工(USM) (B)超音波輔助加工(UAM) (C)磨料噴射加工(AJM) (D)電化學加工(ECM)。

288 電化學加工(ECM)時氫氣在哪裡產生？ (A)電解液中 (B)液面上 (C)陰極 (D)陽極。

289 下列何者不是於力的三要素之一？ (A)作用力的大小 (B)作用點 (C)作用時間 (D)作用方向。

290 滑動開始之前，摩擦力？ (A)小於最大靜摩擦力 (B)等於最大靜摩擦力 (C)大於最大靜摩擦力 (D)以上皆非

291 如圖之力偶矩為？ (A)40N-m 順時針旋轉 (B)80N-m 順時針旋轉 (C)40N-m 逆時針旋轉 (D)80N-m 逆時針旋轉

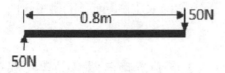

292 如圖對 A 點之合力矩為？ (A)40N-m 順時針旋轉 (B)32N-m 順時針旋轉 (C)99N-m 逆時針旋轉 (D)28N-m 逆時針旋轉。

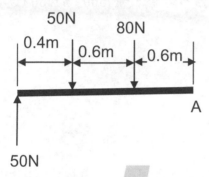

293 求如圖之合力大小？ (A)160 (B)132 (C)113 (D)101 N。

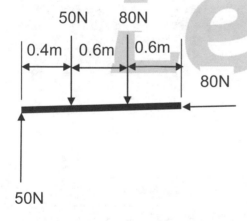

294 下列何者不是向量？ (A)力 (B)位移 (C)距離 (D)速度。

295 有一力 F 作用在某物體上，若將 F 沿著力的作用線方向移至另一位置，對物體產生的移動及轉動的效果不變，此現象稱為力的可傳遞性，該特性適用於？ (A)彈性 (B)變形 (C)流 (D)剛 體。

296 在靜力學分析中，一質點為？ (A)各尺寸趨近於零的物體 (B)其轉動效應可以忽略 (C)質點受力時對該點會產生力矩 (D)其質量大小不會影響受力時產生的加速度。

297 在靜力學分析中,對剛體的敘述下列何者為非?(A)在外力作用下不會變形 (B)剛體中任一兩點的距離永不改變 (C)不需考慮外力對其內部產生的效應 (D)外力作用在剛體的不同位置時不會影響其運動效果。

298 向量 A=6i+5j-3k,向量 B=3i-2j+5k,則 A・B=? (A)-10 (B)43 (C)56 (D)-7。

299 向量 A=6i+5j-3k,向量 B=3i-2j+5k,則 A×B=? (A)9i+3j+2k (B)19i-39j-27k (C)31i+21j+3k (D)31i-39j-3k。

300 作用力 F=3i+6j-2k,位置向量 r=5i-3j+7k,求力矩=? (A)-36i+31j+39k (B)52i-11j-21k (C)52i+11j+21k (D)52i-11j+21k (N-m)。

301 根據摩擦定律,摩擦力大小與?(A)接觸面積有關 (B)與是否有潤滑劑無關 (C)與接觸面之粗糙度無關 (D)以上皆非。

302 結構受力狀況如圖示,600N 與水平夾30° 角,請問其垂直受力為何者?(A)360 (B)480 (C)300 (D)750 N。

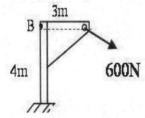

303 結構受力狀況如圖示,600N 與水平夾30° 角,請問其 B 點之力矩為何者? (A)300 (B)900 (C)1200 (D)1500 N-m。

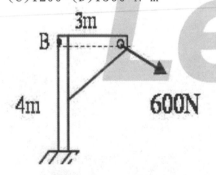

304 一水平力 F_1 與 F_2 夾 θ 角,請問其合力為何者? (A)$\sqrt{F_1 + F_2 + 2F_1F_2\cos\theta}$ (B)$\sqrt{F_1 + F_2 + 2F_1F_2\sin\theta}$ (C)$\sqrt{F_1^2 + F_2^2 + 2F_1F_2\cos\theta}$ (D)$\sqrt{F_1^2 + F_2^2 + 2F_1F_2\sin\theta}$。

305 請問其合力為何者? (A)40.1 (B)42 (C)45.65 (D)46。

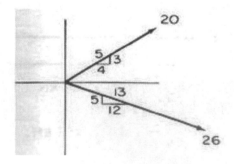

306 結構受力狀況如圖示，請問下列何者為錯誤？

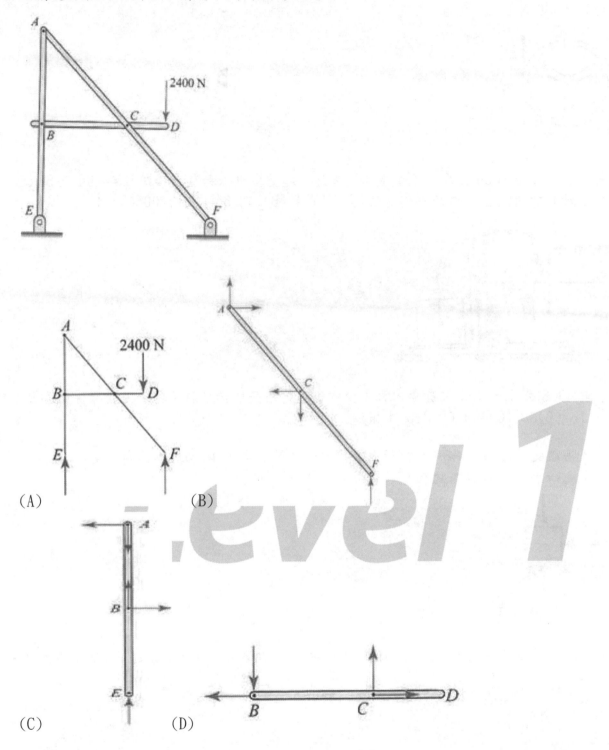

(A)　　　　　　　(B)

(C)　　　　　　　(D)

307 工具受力 52 牛頓如圖所示，其中，受力點和旋轉中心之水平與垂直距離各為 100，150 mm；試求旋轉中心之力矩。(A)5.2 (B)9.2 (C)9200 (D)5200 N-m。

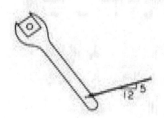

308 駕駛盤直徑為 60 公分，左右受力為 25 牛頓，請問此系統之力偶為何者？(A)1500 (B)3000 (C)15 (D)30 N-m。

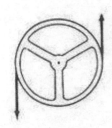

309 圖中，起重機重 1800 公斤，負載重 680 公斤，起重機重心和負載各距 B 點 100 及 55 cm，是問二者對 B 點所產生之力矩為何者？ (A)217.4 (B)142.6 (C)217400 (D)142600 $kg \cdot cm$。

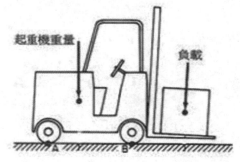

起重機重量　　負載

310 箱子重 40.8 公斤，工作人員要出力多少方能拖動箱子前行？箱子與地面摩擦係數為 0.2。 (A)8.16 (B)80 (C)400 (D)816 牛頓。

311 重 W 之物體受水平力 P 作用如圖所示，其中 Φ 為摩擦角，Φ_s 為靜摩擦角，Φ_k 為動摩擦角。請問下列何者為物體將要移動？ (A)$\Phi = 0$ (B)$0 < \Phi < \Phi_s$ (C)$\Phi = \Phi_s$ (D)$\Phi = \Phi_k$。

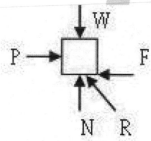

312 如圖，物體重量 W 掛於 O 點，繩子 AO 為水平，BO 與水平夾 θ 角，求繩子 AO 之張力？
(A)$\dfrac{W \cos \theta}{\sin \theta}$ (B)$\dfrac{W}{\sin \theta}$ (C)$\dfrac{W \sin \theta}{\cos \theta}$ (D)$\dfrac{W}{\cos \theta}$。

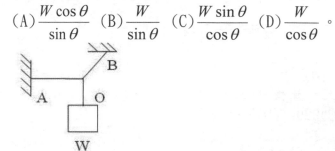

313 丁先生用梯子登高如圖，考慮體重、梯重及摩擦力，試問何者為正確自由體圖？

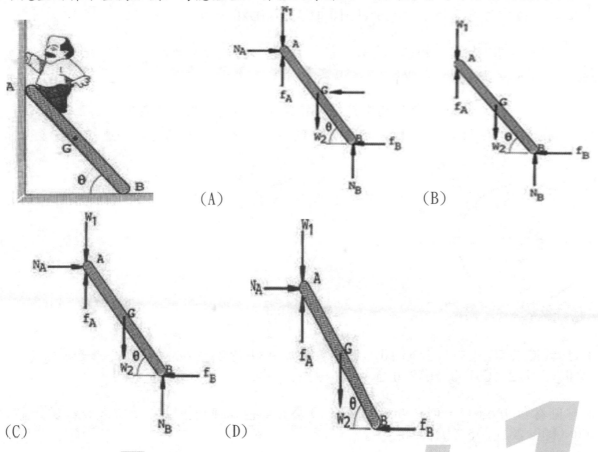

(A) (B)

(C) (D)

314 板手受力如圖所示，已知作用在 O 點之力偶為 $20\vec{K}$ N·m，試求 P？ (A)$P = 40\vec{K}$ (B)$P = 40\vec{j}$ (C)$P = 160\vec{j}$ (D)$P = -40\vec{j}$ N。

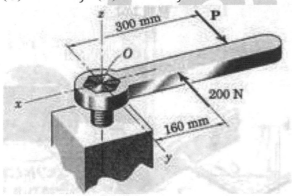

315 一拋物體以 $V_0 = 100\,m/s$ 的初速發射，如圖所示，請計算該物體在 X 軸移動 80 公尺時，同時 Y 軸共移動多少公尺？（假設重力加速度為 $10\,m/s^2$ ） (A)25 (B)35 (C)45 (D)55 公尺。

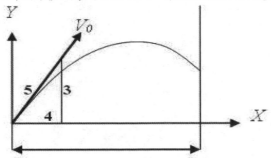

316 不考慮空氣阻力，靜止物體自 5 公尺高度自由落體墜下，若重力加速度為 $10\,m/s^2$，求該物體與地面接觸時之速度為？ (A)5 (B)10 (C)15 (D)20 m/s。

317 原車速為 36 公里/小時，經過 150 公尺後，穩定加速到 72 公里/小時，則此車之加速度為 (A)1 (B)2 (C)2.4 (D)3.0 m/s²。

318 如圖所示，一直徑為 50 公分的均質圓盤，若該圓盤為純滾動，其角速度為 $2\,rad/s$（順時針方向），角加速度為 $4\,rad/s^2$（順時針方向），則圓盤與地面接觸點 A 之加速度值為多少 m/s²？
(A)$\sqrt{2}$ (B)2 (C)1 (D)4。

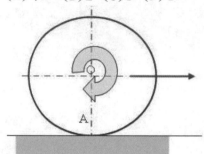

319 原車速為 36 公里/小時，經過 10 秒後，穩定加速到 72 公里/小時，則此車之加速度為？
(A)3.6 (B)7.2 (C)1.0 (D)2.0 m/s²。

320 齒輪轉速為 600rpm 時，則距離齒輪軸心 10 公分的齒輪圓周上任一點的速度為多少 m/s？
(A)60 (B)6.28 (C)6 (D)62.8。

321 一圓盤以角速度 $2\,rad/s$ 旋轉，其角加速度為 $3\,rad/s^2$，則圓盤上距離該圓盤中心 10 公分的某一點，其加速度為多少 m/s²？ (A)0.2 (B)0.3 (C)0.4 (D)0.5。

322 如圖所示，半徑為 20 公分的輪子，其突出輪殼之半徑為 10 公分且與軌道間無滑動現象，若輪子在軌道上滾動的角速度為 $10\,rad/s$ 時，則 A 點(輪緣上)的速度為多少 m/s？ (A)1 (B)2 (C)3 (D)4 。

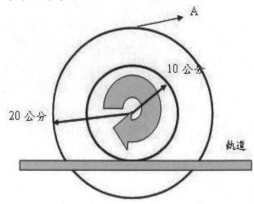

323 如圖所示，有一質點從 A 點以初速 u 水平發射並剛好越過高 20 公尺的 B 點，請計算 u 的速度為多少 m／s？（假設重力加速度為 10m/s^2）(A)25 (B)30 (C)35 (D)40。

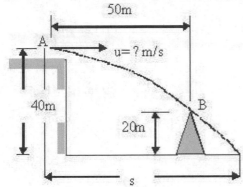

324 同上題，請計算該質點落地所走 s 距離為幾公尺？ (A)60 (B)70 (C)80 (D)90。

325 一人在半徑 R 之圓周上繞行一周，回至原處，其位移為？(A)4R (B)2πR (C)πR (D)零。

326 一人向西行 4m，轉向北行 4m，再轉向東行 7m，其位移大小為？(A)5 (B)7 (C)15 (D)19 m。

327 一物體由靜止自同一高度，沿不同斜度的光滑斜面滑至斜面底端時？ (A)所需時間相同 (B)斜面短者末速較大 (C)斜面長者末速大 (D)末速相同。

328 有一車以 12m/sec 速度向西航行，車中旅客感覺有以 5m/sec 之速度吹來之北風，則風之絕對速度為？ (A)10 (B)11 (C)12 (D)13 m／sec。

329 有一車輪的直徑為 D 公尺，周緣一點的線速度為 V 公尺/分，則其每分鐘回轉數為？ (A)$\frac{2\pi V}{D}$ (B)$\frac{D}{2\pi V}$ (C)$\frac{\pi D}{V}$ (D)$\frac{V}{\pi D}$

330 一物體自地面鉛直向上拋，若初速為 V$_0$則其拋上及落下地面之總時間為？ (A)$\frac{V_0}{g}$ (B)$\frac{4V_0}{g}$ (C)$\frac{2V_0}{g}$ (D)$\frac{3V_0}{g}$。

331 一質點作直線等加速度運動，加速度為 60cm/s^2，經 10 秒後質點之總位移量為 100m，則質點之初速度應為？ (A)3.5 (B)5 (C)7 (D)10 m/s。

332 有火車以 20m/sec 之速度依直線運動，設車前有一車站，欲使其於 400m 內停止其加速度為？ (A)-0.5 (B)-1.0 (C)-5 (D)-0.05 m／sec^2。

333 一物自靜止狀態，沿傾斜角 30°之平滑斜面下滑，則從開始下滑後之第 1 秒到第 3 秒期間所經之距離為？ (A)4.9 (B)9.8 (C)19.6 (D)39.2 m。

334 一物斜向拋射水平射程和最大高度相等，設拋射角和地面成 θ 角，則？ (A)sinθ=4 (B)tanθ=4 (C)cotθ=4 (D)tanθ=2。

335 一物自 h 高之塔頂水平拋射著地時和水平面成 45°時則其水平位移為？ (A)1/2h (B)h (C)2h (D)3h。

336 簡諧運動是？ (A)加速度與位移成反比，方向相同 (B)加速度和位移成正比，方向相反 (C)加速度與位移成正比，方向相同 (D)加速度與位移成反比，方向相反。

337 等速圓周運動之物體，僅具有什麼加速度？ (A)法線 (B)切線 (C)角 (D)重力。

338 設物體沿半徑為R的圓周運動時，對圓心之角速度為ω，角加速度為α，則該物體之向心加速度與切線加速度各為？ (A)$R\omega^2$，$R\alpha$ (B)$R\omega$，$R\alpha^2$ (C)$R\omega^2$，$R\alpha^2$ (D)$R^2\omega$，$R^2\alpha$。

339 簡諧運動係一種？ (A)等角速度 (B)變加速度 (C)等線速度 (D)變角加速度 運動。

340 輪帶緊邊之張力為175kg，鬆邊之張力為100kg之滑輪直徑2m，若滑輪之速率為60rpm，則其傳送之馬力數為？ (A)2π (B)3π (C)4π (D)8π HP。 (1HP=75kg-m/s)

341 假設利用一滑輪系，舉高100N之重物，需力50N，若所施之力拉行2m，重物升高0.6m，則滑輪系之效率為？ (A)50 (B)60 (C)70 (D)80 %。

342 如圖所示，其機械利益(mechanical advantage)為？ (A)5 (B)6 (C)7 (D)8。

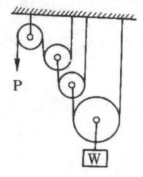

343 如圖所示，其機械利益(mechanical advantage)為？ (A)4 (B)5 (C)6 (D)7。

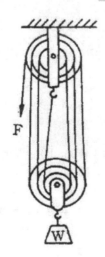

344 如圖所示之滑車裝置,若機械效率為 80％,欲升起 1600 N 的物體 W,則施力 F 為? (A)500 (B)800 (C)1000 (D)1200 N。

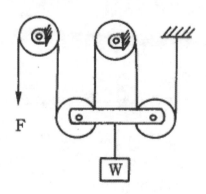

345 定滑輪的機械利益(mechanical advantage)為? (A)大於 1 (B)小於 1 (C)等於 1 (D)可為任何值。

346 一物體置於 45°斜面上,如物體即將開始滑下,則其靜摩擦係數為? (A)0.5 (B)0.677 (C)1 (D)1.7。

347 兩運動物體 A 及 B ,二者動能相等若它們的速度之比為 4:5 則其質量之比為? (A)4:5 (B)5:4 (C)16:25 (D)25:16。

348 高 75 公尺之瀑布每秒鐘流下之水量為 3000 公升,則產生之能量最大可以運轉之機器馬力為? (1PS=75kg-m/s,水之密度為 1000kg/m³) (A)1500 (B)1750 (C)3000 (D)4500 PS。

349 物體之運動速度變成 4 倍時其動能變為原來之? (A)1/4 (B)2 (C)4 (D)16 倍。

350 某人手提一物體在電梯內,電梯等速上升,對電梯內觀察者而言,則人手對該物體? (A)作功等於零 (B)作負功 (C)作正功 (D)以上皆有可能。

351 一物體重 100N,沿一水平面以一水平力推之,使其以等速行走 10m,物體與地面間之滑動摩擦係數為 0.3 則作功? (A)0 (B)300 (C)700 (D)1000 N m。

352 若要將一原始(未外受力)長度為 10cm,彈簧常數為 1000N/m 之彈簧,從 20cm 拉伸到 30cm,則須對其作功? (A)15 (B)30 (C)50 (D)90 N-m。

353 若一汽車之運動速率增為 2 倍,且阻力增為 3 倍,則其引擎輸出功率需增為? (A)2 (B)3 (C)4 (D)6 倍。

354 我們常用的簡單機械如槓桿、輪軸、滑輪、斜面、齒輪、楔形與螺旋,它們共同特性不包含哪一項? (A)減少作功的速率,則增加輸出的力 (B)提升作功的速率,則輸出力減少 (C)可組成複合機械 (D)作功效率為 100%。

355 一傳動系統係由兩組正齒輪及一V型皮帶構成,若正齒輪之傳遞效率為 0.9,V型皮帶為 0.95,試求此傳動系統之總效率為? (A)0.810 (B)0.855 (C)0.9021 (D)0.769。

356 某齒輪組其速率為 5m/s,其切線之驅動力為 1000N,試求該齒輪組所傳送之功率為? (A)5000 (B)500 (C)50 (D)5 kW。

357 以 μ_s 與 μ_k 分別表示靜及動摩擦係數，N 及 F 分別表示接觸面之正向反力及摩擦力，試問下列敘述何者為正確？ (A)假設物體在靜止狀態，則 F=μ_sN (B)假設物體產生相對運動，則 F=μ_kN (C)摩擦力之大小與接觸面積有關 (D)摩擦力之方向與外力無關。

358 一彈簧受力 500N 時，撓曲 2cm，試問慢慢加此負荷於其上時，彈簧吸收之能量為何？ (A)1000 (B)500 (C)0 (D)1500 cm-N。

359 一線性彈簧所儲存之能量，不能以下列何式表示，其中 K 為彈簧常數，δ 為彈簧變形量，P 為所施加之力量，U 為能量？ (A)$U = \frac{1}{2}P\delta$ (B)$U = \frac{1}{2}k^2\delta$ (C)$U = \frac{1}{2}k\delta^2$ (D)$U = \frac{1}{2}\frac{P^2}{k}$。

360 如圖所示之桿件，承受兩個通過斷面形心的集中荷重，則 B 點的位移為多少，其中桿長 L，P 為施力，A 為斷面積？ (A)$\frac{3PL}{2EA}$ (B)$\frac{PL}{EA}$ (C)$\frac{PL}{2EA}$ (D)$\frac{2PL}{3EA}$。

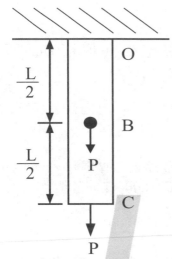

361 一簡單驅動的皮帶，速率為 10m/s，其淨驅動力為 1000N，試求該皮帶之傳遞功率為多少？ (A)5 (B)20 (C)10 (D)15 kW。

362 下列哪項不是使用機械的目的？ (A)省力 (B)省時 (C)操作方便 (D)創造能量。

363 光滑斜面長 5 公尺，高 3 公尺，要使 100 公斤重的物體沿斜面向上運動，至少需多少力？ (A)60 (B)80 (C)20 (D)100 kgW。

364 作用方向與切面平行者稱為？ (A)正向 (B)剪 (C)張 (D)壓 應力。

365 一空心管內外直徑各為 90 及 130 mm，若管長度為 1 公尺，受軸向力 240kN，試求管中應力。 (A)0.03472 (B)0.01808 (C)34.72 (D)18.08 MPa。

366 兩片鋼板以螺栓搭接連結，當鋼板受拉力時，螺栓內部主要產生何種應力？ (A)正向 (B)剪 (C)張 (D)壓 應力。

367 一直徑 d 之桿件，兩端受 F 拉力，試求與桿軸成 θ 角之剖面上的正(法)向應力？ (A)$\sigma_n = \frac{4F}{\pi d^2}$

(B)$\sigma_n = \frac{4F}{\pi d^2}\cos\theta$ (C)$\sigma_n = \frac{4F}{\pi d^2}\sin\theta$ (D)$\sigma_n = \frac{4F}{\pi d^2}\cos^2\theta$。

368 一根僅受軸向負載的桿件，其內部的最大剪應力發生在與桿軸成 θ 角的斜剖面上，請問 θ 的值為何者？ (A)30° (B)45° (C)60° (D)75°。

369 一柱子頂端受軸向力 8kN，柱子截圖如圖示，其寬度、總高度及厚度各為 150、160 及 10 mm，試求柱子內之壓應力？ (A)1.28 (B)18.2 (C)12.8 (D)1.82 MPa。

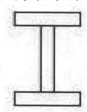

370 一直徑 d 之桿件，兩端受 F 拉力，$\sigma_x = \frac{4F}{\pi d^2}$，試求與桿軸成 45° 角之剖面上的元素之應力。

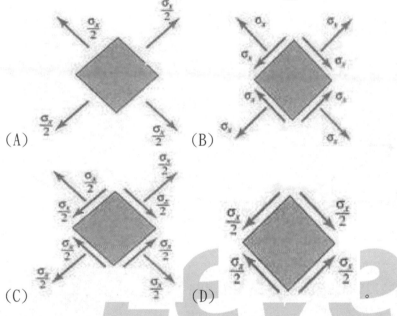

(A)　　　　　(B)

(C)　　　　　(D)　　　　　。

371 如圖，在厚度 6.5 mm 鋼板上沖一 20 mm 直徑的孔，若作用力 P 為 125kN，試求板中剪應力。 (A)30.6 (B)39.8 (C)398 (D)306 MPa。

372 一元件受純剪應力作用，考慮元件內部六面體元素如圖，試問下列何者為非？ (A)τ_1 與 τ_2 大小相等 (B)τ_1 與其作用面之左邊平面的剪應力大小相等 (C)τ_1 作用面之左邊平面的剪應力方向向下 (D)τ_1 作用面之左邊平面的剪應力大小為 τ_1 且方向相同。

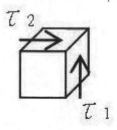

373 方形桿件35×10mm受力狀態如圖，請問其內部最大平均正應力為何？(A)85.7 (B)62.8 (C)97.1 (D)74.3 MPa。

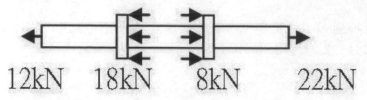

12kN   18kN   8kN   22kN

374 控制臂受負載如圖，若鋼銷C的容許剪應力為55MPa，試求受雙剪力銷C所需直徑？ (A)18.76 (B)20.76 (C)22.76 (D)24.76 mm。

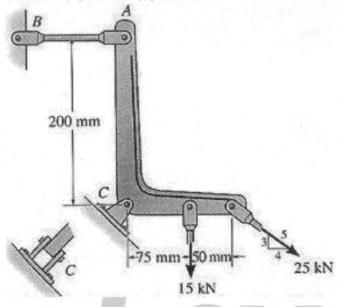

375 一20×20mm之方形桿件，兩端受50kN壓力，試求與桿軸成θ角之剖面上的剪應力？
(A)62.5 sin 2θ (B)62.5 cos 2θ (C)125 sin 2θ (D)125 cos 2θ MPa。

376 一空心圓桿受軸向壓力20kN，已知桿內徑為15mm，材料降伏應力240MPa，若安全係數為1.6，則桿外徑最小多少？ (A)18 (B)19 (C)20 (D)21 mm。

377 圓盤桿件穿過直徑40mm孔為厚鋼板所支撐如圖，若圓盤容許剪應力為35MPa，試求其最小厚度。 (A)4.55 (B)9.1 (C)10 (D)5 mm。

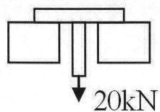

20kN

378 應力的單位不可為？ (A)MPa (B)牛頓 (C)PSI (D)公斤/平方公分。

379 一根棒其一端固定受力情形如圖,求在 B 點至地面區段間的軸向內力? (A)F=4kN (B)F=8kN (C)F=16kN (D)F=6kN。

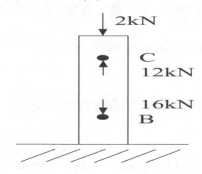

380 下列何者是減輕應力集中的方式? (A)在幾何不規則處加凸肩 (B)利用拋光方式 (C)利用熱處理 (D)以上皆是 。

381 某一材料為線彈性且通用虎克定律,則該材料何者敘述是錯的? (A)力與位移關係圖呈一直線 (B)力為 0 時,位移方為 0 (C)力與位移比值為常數 (D)力與位移互為倒數 。

382 廣義虎克定律適用於? (A)應力不超過比例限度 (B)有溫度變化 (C)均質且等向性的材料 (D)以上皆是。

383 有一元件材料之強度值為600MPa,如果規定其安全係數為3,試問該元件之容許應力為多少? (A)200 (B)1200 (C)1800 (D)3000 MPa。

384 一矩形桿,桿長1500mm,截面積 70mm × 30mm,彈性係數 E=206900MPa,當桿受 P=21000N 拉力時,求桿之應力為何? (A)10 (B)30 (C)70 (D)1 MPa。

385 車床的滑塊在導槽內滑動? (A)屬於運動對的高對 (B)為旋轉接頭 (C)為球面接頭 (D)屬於運動對的低對。

386 上述滑塊與導槽之運動對有幾個自由度? (A)1 (B)2 (C)3 (D)4。

387 一個物體在三度空間中有幾個自由度? (A)3 (B)4 (C)5 (D)6 。

388 汽車引擎的活塞在汽缸壁內滑動? (A)屬於運動對的低對 (B)屬於運動對的高對 (C)為球面接頭 (D)為旋轉接頭。

389 汽車輪胎在柏油路面上正常行駛狀態,輪胎和路面? (A)屬於運動對的高對 (B)屬於運動對的低對 (C)自由度為 3 (D)為滑動接頭。

390 一個自由度為 2 的開放式機構需要使用 (A)1 (B)2 (C)3 (D)4 個致動器來驅動機構。

391 主動件 A 以接觸傳動的方式驅動從動件 B,若 A 繞固定軸 OA 轉動,B 繞固定軸 OB 轉動,且 OA 與 OB 互相平行,則下列敘述何者正確? (A)若此兩機件的接觸點一直都是落在 OA 與 OB 的連心線上,則一定為純滾動接觸 (B)若此兩機件在接觸點的線速度相等,則一定為純滾動接觸 (C)若此兩機件在接觸點之線速度的法向分量相等,則一定為滑動接觸 (D)若此兩機件在接觸點之線速度的法向分量相等,則一定為純滾動接觸。

392 內接圓柱摩擦輪的傳動,是屬於哪一種運動對? (A)迴轉 (B)高 (C)滑行 (D)圓柱 對。

393 腳踏車的傳動鏈條是屬於？ (A)平環 (B)柱環 (C)鉤連 (D)滾子 鏈。

394 用於桌上型個人電腦之機械式滑鼠，其滾球與桌面之運動對為？ (A)高 (B)低 (C)迴轉 (D)球面 對。

395 工具機之滾珠導螺桿內的滾珠與螺紋槽的接觸屬於？ (A)高 (B)低 (C)迴轉 (D)球面 對。

396 有關高對與低對的敘述下列何者正確？ (A)滑動對為高對 (B)凸輪對為高對 (C)迴轉對為高對 (D)齒輪對為低對。

397 機構的機械利益(mechanical advantage)高者表示該機構 (A)費力 (B)省時 (C)省電 (D)省力。

398 如圖機構之自由度為？ (A)0 (B)1 (C)2 (D)3。

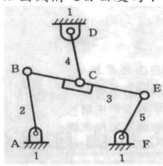

399 如圖機構之自由度為？ (A)0 (B)1 (C)2 (D)3。

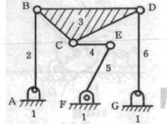

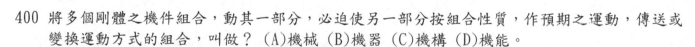

400 將多個剛體之機件組合，動其一部分，必迫使另一部分按組合性質，作預期之運動，傳送或變換運動方式的組合，叫做？ (A)機械 (B)機器 (C)機構 (D)機能。

401 有一對齒輪，兩軸心距離30cm，轉速各為300rpm及600rpm，請問節線速度為何？ (A)4π (B)2π (C)6π (D)π m/sec。

402 如圖為一曲柄滑塊連桿組，當曲柄 AB 旋轉時，滑塊 C 在 M 及 N 兩點間做往復直線運動。若 AM=80cm，MN=30cm，求桿件 AB 及 BC 之長度？ (A)AB=20cm，BC=80cm (B)AB=30cm，BC=70cm (C)AB=40cm，BC=60cm (D)AB=15cm，BC=95cm。

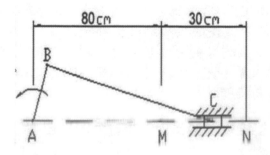

403 一曲柄機構，曲柄旋轉速率240rpm，則曲柄運動週期為何？ (A)0.125 (B)0.25 (C)0.5 (D)2 sec。

404 有關電化學加工(ECM)之敘述，下列哪一項正確？ (A)加工速度較EDM快 (B)工件接於負極 (C)電極也會消耗 (D)電極和工件必須接觸。

405 四連桿機構之四根連桿長度分別為10cm、20cm、25cm、60cm，其中最短桿為固定桿，則該四連桿可形成何種機構？ (A)曲柄搖桿 (B)雙搖桿 (C)雙曲柄 (D)不可能組成四連桿 機構。

406 可傳達推力、拉力、壓力、衝力之連桿、曲柄之運動傳達方式，稱為？ (A)直接接觸滑動接觸 (B)間接接觸剛體連接體 (C)直接接觸撓性連接體 (D)間接接觸撓性連接體。

407 鍵常用來將轉動元件固結在軸上，以使轉動元件與軸能共同迴轉，下列何者為傳送小動力之鍵？ (A)方 (B)圓形 (C)斜角 (D)栓槽 鍵。

408 下列何者對滾動軸承的敘述是不正確的？ (A)利用滾動與滑動的運動原理 (B)可承受比滑動軸承更重的負載 (C)有較高的效率 (D)軸承需要用經特殊處理的鋼球。

409 下列何者對齒輪用途敘述是錯誤的？ (A)可傳遞動力 (B)可改變運動速度 (C)能維持一定不變的速度比 (D)可做遠距離的傳動。

410 統一螺紋的外螺紋可分成1A、2A、及3A三級，而內螺紋則有1B、2B和3B三級，若螺桿與螺帽裝配後需要有最大公差及餘隙則使用？ (A)1A與2B (B)2A與2B (C)3A與3B (D)1A與1B 級配合。

411 下列何項為凸輪的敘述是錯誤的？ (A)能帶動另一從動元件作不等速運動 (B)能將迴轉運動轉變為往復運動 (C)其形狀可為平板、圓錐 (D)無法使從動件作等速度運動。

412 有一主動輪直徑為380mm，轉速為400rpm，從動輪直徑為1520mm，皮帶厚為13mm。試決定在不計皮帶厚及滑動情況下之從動輪轉速為何？ (A)100 (B)150 (C)200 (D)250 rpm。

413 有一螺旋起重機，已知其舉升之物體為800kg，螺旋導程為10mm，手柄長500mm，若不考慮摩擦力的損失，試決定作用在手柄端之力量為何？ (A)3 (B)2.55 (C)5.1 (D)1.5 kgf。

414 彈簧的損壞大部分是疲勞所引起的，下列哪項不是引起疲勞破壞的原因？ (A)熱作所引起的不良表面 (B)熱處理導致表面的脫碳 (C)表面輕微的腐蝕 (D)用珠擊法使表面留下壓應力。

415 下列何項對方形螺紋的敘述是錯誤的？ (A)傳力效率較梯形螺紋高 (B)製造上困難，費用較高 (C)對磨損的調整和補償困難 (D)方形齒較梯形齒更常使用。

416 螺旋彈簧不適合承受哪種負荷？ (A)壓縮 (B)拉伸 (C)扭轉 (D)彎曲。

417 萬向接頭之二軸夾角愈大，則從動軸之轉速變化？ (A)不變 (B)愈大 (C)愈小 (D)不一定。

418 線切割放電加工(WEDM)中，其線電極材料通常採用 (A)石墨與鉛 (B)鎢與錫 (C)鋁與鎂 (D)銅與黃銅。

419 下列機件伺者可以用來儲存能量？ (A)連桿 (B)飛輪 (C)鍵 (D)傳動軸。

420 某一鏈輪之齒數為 60，鏈節長度為 2cm，則其節圓直徑為多少 cm？（$\sin 3° = 0.052$，$\sin 6° = 0.104$）(A)38.5 (B)19.2 (C)57.7 (D)76.9。

421 某二線螺紋之螺距為 P，導程角為 θ，節圓直徑為 D，則下列何者正確？ (A)$\tan \theta = \dfrac{2P}{D\pi}$ (B)$\tan \theta = \dfrac{P}{D\pi}$ (C)$\tan \theta = \dfrac{D\pi}{2P}$ (D)$\tan \theta = \dfrac{D\pi}{P}$。

422 下列何者為非直接接觸傳動之元件？ (A)鏈條 (B)齒輪 (C)摩擦輪 (D)凸輪。

423 全深漸開線正齒輪之外徑為 180mm，模數為 5mm，則該齒輪之齒數為？(A)28 (B)30 (C)34 (D)36。

424 下列哪一種螺紋最常做為連結機件用？ (A)方型 (B)斜方形 (C)V 型 (D)梯型 螺紋。

425 下列哪種機構可使用於碎石機，使小輸入力量產生巨大輸出力量之機構為？ (A)肘節 (B)曲柄搖桿 (C)日內瓦 (D)單向棘輪 機構。

426 有一步進馬達驅動之導螺桿(導程為 8mm)式工作平台，其中馬達輸出軸與導螺桿間配有一減速齒輪組，如步進馬達每旋轉 0.9 度，工作平台會位移 0.004mm。則此減速齒輪組之減速比應為？ (A)1/2 (B)1/5 (C)1/10 (D)1/20。

427 根據鐵碳平衡圖，沃斯田鐵能融解的最大碳含量為多少 wt%？ (A)0.022 (B)0.77 (C)2 (D)6.67。

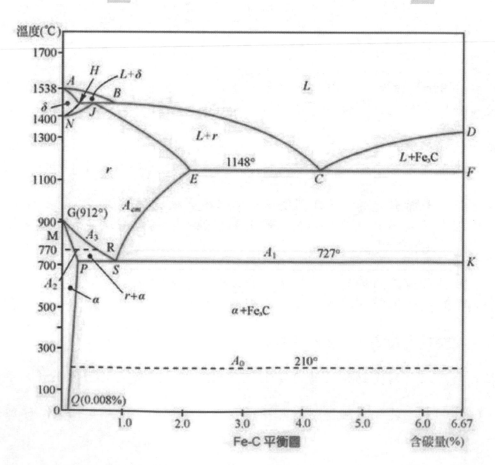

428 材料受長久反覆荷重時，雖荷重低於安全荷重，材料也會破壞稱為？ (A)疲勞 (B)加工 (C)潛變 (D)應變 破壞。

429 冷加工時起初塑性變形容易其後越來越困難的現象為？ (A)降伏 (B)潛變 (C)固溶 (D)加工硬化 現象。

430 下列有關塑性加工的敘述，哪一項為正確？ (A)鉛常在室溫(25℃)加工，因為沒有加熱所以屬於冷作 (B)加工同一工件，冷作所需的成型壓力比熱作大 (C)熱作的溫度在材料的再結晶溫度以下 (D)熱作製成的工件尺寸比冷作精確。

431 下列何種金屬內部檢測法適合較大尺寸探傷？ (A)超音波 (B)磁粉 (C)顯微 (D)滲透 探傷法。

432 下列熱處理中何者目的非提高材料延展性？ (A)退火 (B)回火 (C)淬火 (D)完全退火。

433 下列敘述何者有誤？ (A)相同材料，結晶愈粗大，材料強度愈大 (B)冷加工後之精度較熱加工佳 (C)晶界可阻礙原子滑動 (D)BCC 單位格子內有 2 顆原子。

434 淬火時因尺寸較大造成材料內外硬度不同之現象稱為？ (A)硬化能效應 (B)淬火裂痕 (C)淬火效應 (D)質量效應。

435 有關衝擊試驗的敘述，何者錯誤？ (A)試片具有一凹溝，可使擺錘較易衝斷試片 (B)其原理為動能轉成位能 (C)衝擊後擺錘高度較衝擊前低 (D)衝擊值的單位與能量的單位相同。

436 有關麻田散鐵組織之敘述，何者正確？ (A)為面心立方結構 (B)需經擴散過程所產生 (C)其晶格受到扭曲 (D)材料內部不含碳。

437 下列有關鋼鐵熱處理的敘述，何者正確？ (A)退火熱處理的主要目的是使鋼鐵材料硬化 (B)變韌鐵的硬度低於麻田散鐵，但是具有較佳之韌性 (C)將直徑 30mm，含碳 0.45%的碳鋼棒加熱至攝氏 850 度，保溫 2 小時後水冷，再加熱至攝氏 550 度保溫 2 小時後急冷至室溫，可獲得超過 HRC 55 的硬度 (D)殘留沃斯田鐵是不安定的結構，具有高於 HRC 50 的硬度，可利用深冷處理將之穩定化。

438 下列有關鑄鐵的敘述，何者錯誤？ (A)灰鑄鐵當中的碳元素以石墨狀態存在，斷面灰色，材質較白鑄鐵軟，因此具有超過20%的伸長率 (B)白鑄鐵的碳元素以化合物狀態存在，斷面白色，材質硬而脆 (C)灰鑄鐵具有極佳之制震能，因此常被用來製作工具機的底座 (D)球墨鑄鐵又稱為延性鑄鐵，是在鐵水澆鑄前，在澆斗中加入球化劑，使石墨於鑄鐵凝固過程球化而成。

439 下列有關高速鋼的敘述，何者錯誤？ (A)可在到達紅熱溫度時仍保有切削硬度 (B)主要分為 T 型與 M 型，前者以 18-4-1 高速鋼為代表，後者之鎢元素含量低於 T 型高速鋼，且含有鉬元素 (C)高速鋼必須藉由淬火與高溫回火以獲得極高的硬度 (D)為了讓高速鋼熱處理後具有極高的硬度，其淬火溫度必須低於攝氏 1100 度，以避免高溫熱處理導致晶粒尺寸過大的問題。

440 下列有關銅與銅合金的敘述,何者錯誤? (A)純銅的導電度僅次於銀,因此被大量做為電線的材料 (B)黃銅是銅鋅合金 (C)銅鈹合金可藉由時效析出強化來獲得較高的硬度 (D)黃銅經劇烈常溫加工之後,在大氣環境受化學作用而產生龜裂現象,稱為季裂。可將該工件於攝氏 800 度加熱 2 小時以解決此問題。

441 下列有關鋁合金的敘述,何者錯誤? (A)鋁-4%銅合金可以藉由析出時效熱處理來強化 (B)T6 處理表示固溶化處理後常溫加工 (C)鋁合金亦可藉由冷加工來強化 (D)若鋁合金的時效熱處理是在室溫下緩慢進行者,稱為自然時效。

442 某一碳鋼經過完全退火之後,其金相組織具有50%的波來鐵與50%的肥粒鐵,請問其含碳量(重量%)約為? (A)0.2 (B)0.3 (C)0.4 (D)0.5 %。

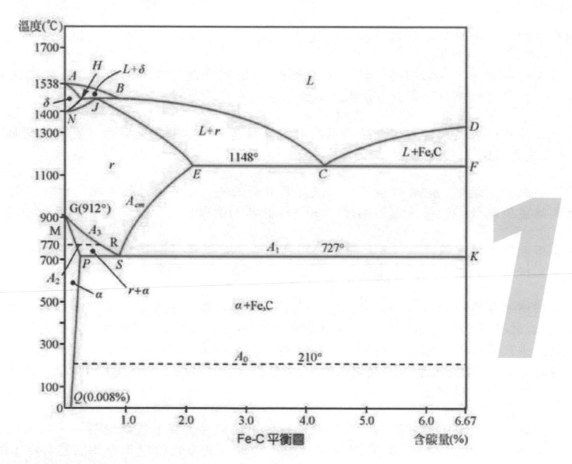

443 下列何者不是低合金鋼淬火與低溫回火的目的? (A)增加耐磨耗特性 (B)增加硬度 (C)提高極限強度 (D)增加延展性。

444 不銹鋼是因為添加了下列何種元素而使其表面形成氧化薄膜,具有抗腐蝕的特性? (A)鉻 (B)鎳 (C)鋁 (D)錳。

445 我們是以下列何種合金元素的含量多寡來區分純鐵、鋼與鑄鐵? (A)矽 (B)碳 (C)硫 (D)磷。

446 金屬材料因彎曲成形及塑性加工而伸長不斷裂之性質謂之? (A)壓縮性 (B)可鑄性 (C)延展性 (D)剪切性。

447 一般手弓鋸條所用之材質為? (A)低碳鋼 (B)中碳鋼 (C)高碳鋼 (D)鑄鋼。

448 一般手弓鋸條的鋸齒部位，經常作何種熱處理以增加切削特性？ (A)表面硬化 (B)淬火 (C)退火 (D)不必處理。

449 2cm 厚的銅板實施熱處理，一面保持 350℃，另一面保持 50℃，求通過該銅板的熱量為若干 MW/m²？（假設銅板表面積1m²，熱傳導係數k=370W/m℃） (A)2.22 (B)3.33 (C)4.44 (D)5.55。

450 作材料硬度試驗時，下列敘述何者不對？ (A)壓痕器需清潔並放置穩當 (B)試片表面與壓痕器需垂直 (C)加負荷之速率需一定 (D)試片之厚度至少需壓痕深度 1 倍以上。

451 Thermocouple 作為量測物體之？ (A)壓力 (B)溫度 (C)粘度 (D)疲勞。

452 材料拉伸試驗中，外加應力超過彈性極限後即起塑性變形，若要繼續增加其應變，仍需增加其應力，此現象稱為？ (A)應變硬化 (B)滯彈性行為 (C)均勻應變 (D)永久硬化。

453 造成材料脆性斷裂的基本因素，下列敘述何者不對？ (A)三軸向應力狀態 (B)低溫 (C)高應變速率 (D)單軸向應力狀態。

454 材料受力至斷裂為止，其單位體積所吸收的能量，稱為？ (A)韌性 (B)脆性 (C)延展性 (D)疲勞。

455 影響材料疲勞性質的因素，下列敘述何者不對？ (A)表面粗糙 (B)高溫 (C)噴砂 (D)尺寸因素。

456 有關二元相圖，下列敘述何者不對？ (A)瞭解材料在某一成份或溫度的組成相 (B)可作為熱處理的依據 (C)橫軸成份、縱軸溫度 (D)橫軸溫度、縱軸成份。

457 經過加工後，下列何種表面粗糙度其表面如鏡面？ (A)光胚 (B)超光 (C)精 (D)細切 面。

458 鋼的硬度隨冷卻速度增加而增加之原因，主要是由於？ (A)沃斯田鐵 (B)麻田散鐵 (C)波來鐵 (D)肥粒鐵 的形成。

459 鋼材表面須有高硬度、心部須有韌性，何種熱處理方式可達到此種需求？ (A)球化 (B)退火 (C)表面硬化 (D)淬火。

460 有關鋼材火花試驗，下列敘述何者不對？ (A)場合稍暗無光線直射 (B)可鑑定鋼種 (C)含碳量多寡 (D)迅速判定內部化學成分。

461 防止金屬腐蝕，下列方法何者不對？ (A)將金屬鈍化 (B)陽極防蝕 (C)犧牲被覆 (D)添加防蝕之合金元素。

462 二氧化碳硬化模法是乾淨之矽砂與下列哪一種物質混合而成？ (A)氫氧化鈉 (B)碳酸鈉 (C)硫酸鈉 (D)矽酸鈉。

463 殼模鑄造法中製造殼模的原料為乾矽砂及？ (A)酚樹脂 (B)碳酸鈉 (C)聚苯乙烯 (D)亞麻子油。

464 常用於鑄鋼件鑄模為？ (A)呋喃模 (B)乾砂模 (C)石膏模 (D)濕砂模。

465 熱室壓鑄法是用於下列何種金屬之鑄造？ (A)鋁、鎂等高溫金屬 (B)合金鋼 (C)鑄鋼 (D)錫、鉛等低溫金屬。

466 可消失模型不需？ (A)拔模 (B)加工 (C)收縮 (D)變形 裕度。

467 呋喃砂模所加之促進硬化劑為？ (A)硫酸 (B)硝酸 (C)鹽酸 (D)磷酸。

468 惰性氣體鎢極電弧熔接，所選用的惰性氣體為？ (A)氬與氦 (B)原子氫 (C)二氧化碳 (D)氮與氬。

469 氣焊時中性焰火焰最常被使用，其中乙炔與氧的混合比例為？ (A)1：0.5 (B)1：1 (C)1：2 (D)2：1。

470 下列敘述何者錯誤？ (A)焊接電流太低時，易產生夾渣現象 (B)使用潮濕焊條後，焊道容易產生氣孔 (C)施焊時電流過低，容易產生焊蝕 (D)焊接熱量的產生，其大小與焊接電流的大小成正比。

471 硬焊所用的焊劑為何？ (A)硫酸 (B)碳酸 (C)硝酸 (D)硼砂。

472 電弧偏斜發生的原因是？ (A)焊接速度太慢 (B)在直流電焊時產生磁場不均 (C)焊接速度太快 (D)使用交流電焊。

473 汽車車軸多使用何種焊接法？ (A)電子束焊接 (B)硬焊 (C)摩擦焊接 (D)雷射焊接。

474 下列敘述何者錯誤？ (A)氧化焰之焰心較碳化焰長 (B)乙炔工作壓力在 $2\,kg/cm^2$ 左右 (C)軟焊之焊接溫度在 430^0C 以下 (D)軟焊又稱為錫焊。

475 氧乙炔切割鋼料時，火嘴中心孔噴出的是？ (A)純氧 (B)純乙炔 (C)中性焰 (D)碳化焰。

476 有關惰性氣體鎢電極焊接電弧熔接(TIG)敘述，何者錯誤？ (A)惰性氣體為氬或氦氣體 (B)鋼、鑄鐵皆使用直流正極性連接法 (C)熔接時需外加熔接金屬 (D)使用消耗性鎢電極。

477 將金屬融熔成液態再澆入模穴中，使它硬化，得以成形為零件之加工程序為？ (A)熔焊 (B)氣焊 (C)鑄造 (D)射出加工。

478 鑄件中若有中空形狀時，在鑄模設計時應包含？ (A)豎澆道 (B)砂心 (C)冒口 (D)蠟模。

479 在鑄件設計時，何者為非？ (A)鑄件輪廓應有尖銳角落較具完整性 (B)冒口應在較厚的斷面附近 (C)鑄件各斷面厚度應盡可能一樣厚 (D)肋主要是用來增加鑄件強度。

480 脫蠟鑄造法在生產大型鑄件時，須將模型樹重覆數次進入轉動的泥漿桶中，直到包覆泥漿的厚度達到要求為止，通常泥漿殼模厚度約為？ (A)2 (B)5 (C)10 (D)20 mm。

481 用高壓將融熔金屬液注入金屬模具中，既快速又能大量製造複雜形狀之鑄件的加工方法是？ (A)殼模法 (B)脫蠟鑄造法 (C)石膏模鑄造法 (D)壓鑄法。

482 銲接時所使用助銲劑的主要目的何者為非？ (A)避免空氣與金屬直接接觸 (B)清除銲件表面雜質 (C)增加焊料對基材的強度 (D)使銲料易於銲著於基材上。

483 銲接時所使用銲條的主要功用何者為非？ (A)提供填充金屬 (B)銲接完敲除銲渣 (C)當電極 (D)提供助銲劑。

484 使用消耗性金屬電極以及惰性氣體遮蔽的熔接方法稱之為 (A)MIG (B)TIG (C)SAW (D)PAW。

485 點銲係結合熱與壓力來接合金屬的製程，屬於 (A)電弧熔接 (B)硬銲 (C)摩擦熔接 (D)電阻熔接。

486 硬銲與軟銲是將低熔點填充金屬融熔，使其流入母材接合面間得以結合，下列敘述何者為真？ (A)毛細管作用原理 (B)母材部分熔融 (C)接頭強度較電銲強 (D)非永久性結合。

487 鍛造加工之主要應用場合一為成形加工，另一為？ (A)自動化加工 (B)改善材質 (C)改善製程 (D)微機電技術。

488 冷間鍛造係指加工時，鍛件的溫度處於？ (A)露點 (B)熔點 (C)再結晶 (D)降伏點 溫度以下進行加工。

489 開模鍛造時，工件會有鼓脹變形現象是因為？ (A)工件溫度太低 (B)工件材質有空孔 (C)機具精度不足 (D)與模具接觸面上有摩擦力。

490 壓印常用於製造硬幣等，為了得到細緻的表面形狀，下列敘述何者為非？ (A)應加潤滑劑 (B)應精確控制材料體積 (C)無法一次加工成形 (D)需要較大的加工能量。

491 有關滾軋加工 之敘述下列何者為非？ (A)工件材料會變長變薄不會變寬 (B)連續性加工方式 (C)晶粒呈纖維狀變形 (D)利用滾輪間的摩擦力將材料引入滾輪間加工。

492 二重式滾軋機若因滾軋壓力太大造成工件彎曲、波浪狀等缺陷時，下列改善方式的敘述何者為非？ (A)減少斷面減縮率 (B)出口處工件上施加拉力 (C)改用四重式機具 (D)添加潤滑劑。

493 有關沖壓加工之敘述下列何者為非？ (A)容易自動化生產 (B)應用模具加工改善材質 (C)常用於板、片狀材料加工 (D)大都應用於大量生產。

494 沖壓剪切時，影響材料斷面品質的因素不包含哪一項？ (A)模具間隙 (B)材料性質 (C)潤滑劑 (D)模具銳鈍。

495 有關連續衝壓加工之敘述何者為非？ (A)須搭配進給裝置 (B)各階段幾乎是在同一沖程下完成加工 (C)大都應用於半成品加工 (D)模具與機具設備成本高。

496 金屬材料沖剪時，何者可以改善毛邊問題？ (A)使用延展性材料 (B)高速沖剪 (C)增加模具間隙 (D)使用壓料板。

497 金屬切削時，其動能轉變為熱能，其中哪一個區域分得最多熱量？ (A)切屑與刀具面之摩擦區域 (B)刀具與工件表面之摩擦區域 (C)切屑剪斷面之區域 (D)一樣多。

498 下列敘述何者錯誤？ (A)刀具壽命與切削速度有關 (B)刀具傾斜角(rake angle)越大，切削力越大 (C)刀口積屑(BUE)易產生在切削延展性高的材料時 (D)車刀屬於單刃刀具。

499 銑床若未裝置背隙消除器時，則不適合以？ (A)側銑 (B)上銑 (C)逆銑 (D)順銑。

500 有關砂輪之敘述何者錯誤？ (A)砂輪磨料中，GC 磨料適用於磨削碳化刀具等硬質材料 (B)磨粒粒度越大，代表砂輪的磨粒越大 (C)磨削軟的材料，需要用結合度較高的砂輪 (D)砂輪磨料顆粒分布越密，其組織號數越小。

501 若要加工直徑為 50mm 的工件，其車削速度為 110m/min，則所需的車床主軸轉速為每分鐘幾轉？ (A)220 (B)2200 (C)700 (D)1700 轉。

502 下列敘述何者正確？ (A)自動刀具交換裝置之簡稱為 ATC (B)數控工具機之簡稱為 CAD (C)彈性製造系統之簡稱為 FSM (D)電腦整合製造之簡稱為 CIN。

503 有關牛頭鉋床之敘述何者錯誤？ (A)牛頭鉋床之拍擊箱可防止回程時刀具刮傷工件 (B)因具有急回裝置，故回程時間較短 (C)可鉋削鍵槽 (D)其進給方式為刀具向工件進給。

504 鑽模(Jig)與夾具(Fixture)是用來？ (A)製造砂模 (B)衝擊板金件 (C)搬運刀具 (D)固定工件且可使刀具加工至正確位置。

505 CNC 工具機中，其主軸平行之方向稱為？ (A)A (B)Z (C)Y (D)X 軸。

506 下列何種元素可降低鋁合金比重，並增加其抗衝擊性？ (A)矽 (B)鎂 (C)銅 (D)鋅。

507 車削加工之金屬材料若太硬，應先作何種處理？ (A)退火 (B)淬火 (C)回火 (D)表面硬化。

508 使用切削劑的目的為？ (A)有助於斷屑 (B)降低工件及刀具溫度 (C)不影響刀具壽命 (D)增加切削阻力。

509 微電鑄採用 MEMS 技術，其尺寸達到？ (A)10^{-3} (B)10^{-6} (C)10^{-9} (D)10^{-12} m。

510 微電鑄技術是將金屬電鑄經由光蝕刻製作的模板，再經電鑄技術成型，完成後只需將光阻結構去除，就可得到微小的電鑄結構。下列何者不適合作光蝕刻光源？ (A)電子束 (B)紫外線 (C)紅外線 (D)X-ray。

511 金屬塗層的目的，下列敘述何者不對？ (A)防蝕 (B)防止電解分離 (C)美觀價值 (D)防止應力集中。

512 金屬滲碳法是化學表面硬化法之一，硬度最高者為何種方式？ (A)滲鉻法 (B)滲硼法 (C)滲鋁法 (D)滲氮法。

513 增加鋁及鋁合金抵抗腐蝕之能力，並使其外表美觀歷久不變，可採用？ (A)陽極氧化 (B)鍍鉻 (C)噴砂 (D)鍍鋅 處理。

514 有關電鍍，下列敘述何者正確？ (A)交流電源且被鍍物體置於兩電極之間 (B)交流電源且被鍍物體置於槽底 (C)直流電源且被鍍物體置於陽極 (D)直流電源且被鍍物體置於陰極。

515 發動機汽缸內壁，要擁有耐磨的工作面，常採用？ (A)鍍鉻 (B)鍍鋅 (C)鍍錫 (D)陽極 處理以增加壽命。

516 氮化屬於 (A)正常化 (B)球化 (C)全硬化 (D)表面硬化 之熱處理方法。

517 下列何者不是常用的非金屬材料？ (A)汞 (B)陶瓷 (C)複合材料 (D)玻璃。

518 陶瓷的加工可採用下列何種方法？ (A)鍛造 (B)切削 (C)壓製 (D)銲接。

519 快速成型製程，可適用的粉末有金屬、陶瓷及聚合物等。欲正確精準控制，可採用電腦輔助設計，簡稱為？ (A)CAE (B)CAD (C)CSE (D)CSD。

520 複合材料採用傳統之切削加工，將造成切削性不佳，下列何種方法不適用改善？ (A)雷射 (B)水 (C)磨粒噴射 (D)高週波 加工。

521 切削不鏽鋼、合金鋼等抗拉強度大的材料，使用下列何種材料的刀具最適當？ (A)K 類碳化物 (B)M 類碳化物 (C)合金工具鋼 (D)高速鋼。

522 P 類碳化車刀，為方便識別刀柄端塗上的顏色是？ (A)黃 (B)紫 (C)紅 (D)藍 色。

523 影響刀具最大壽命之最大因素為？ (A)切速 (B)切削劑 (C)切深 (D)刀口形狀。

524 以碳化鎢刀具粗車直徑 60mm 中碳鋼，設其切削速率為 80m/min，則車床主軸每分鐘迴轉數為？ (A)375 (B)425 (C)475 (D)525 rpm。

525 車刀與鉋刀形狀甚為相似，如相同切削條件下，其最適合之餘隙角為？ (A)兩者相同 (B)鉋刀大於車刀 (C)車刀大於鉋刀 (D)任意大小。

526 陶瓷車刀的成分主要為？ (A)氧化鋁 (B)氧化矽 (C)碳化鎂 (D)碳化硼。

527 導桿每吋 4 牙，欲車 3/8"-16UNC 之螺紋，其指示器牙標吻合次數有多少次？ (A)2 (B)4 (C)8 (D)無限。

528 何種銑削方式可以消除背隙？ (A)順 (B)逆 (C)騎 (D)端 銑。

529 研磨碳化鎢刀具時，應選擇何種磨料？ (A)碳化矽 (B)碳化硼 (C)氧化鋁 (D)氧化鎂 磨料。

530 牛頭鉋床以 20m/min 鉋削速度，鉋削 100mm 長工件時，鉋床每分鐘之衝程次數為？ (A)50 (B)100 (C)150 (D)200 rpm。

531 金屬切削時，有關刀具所受之切削力之敘述，下列何者錯誤？ (A)使用切削劑，可減低切削力 (B)斜角、間隙角愈大，切削力愈小 (C)進給量愈大，切削力愈大 (D)切削速度愈高，切削力愈大。

532 一工件長 1000mm，大端直徑為 500mm，小端直徑為 300mm，則錐度為？ (A)0.1 (B)0.15 (C)0.2 (D)0.3。

533 關於鑽削加工，何者錯誤？ (A)鑽削大孔前應先以小鑽頭導引 (B)若鑽頭材質相同，大直徑鑽 頭應以較低迴轉數鑽削 (C)階梯式鑽頭，較小徑部分是引導鑽頭進行鑽削用 (D)鑽削交叉孔時，應先鑽小孔，再鑽大孔。

534 如圖之工件(尺寸單位：mm)，若採尾座偏置法車削錐度時，應將尾座偏置多少 mm？ (A)15 (B)20 (C)25 (D)30 mm。

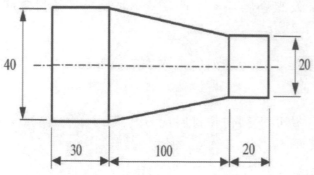

535 如圖顯示使用正弦桿組檢驗一機件端部的角度 θ 的方法，若 L=100mm，h_1=80mm，h_2=30mm；則此機件端部角度為？ (A)20 (B)30 (C)45 (D)60 度。

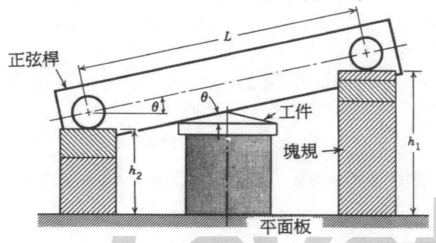

536 下列敘述量具何者有誤？ (A)光學平板係利用光波反射原理測機件真平度 (B)指示量錶量測工件長度時，宜裝於磁性台架上使用 (C)分厘卡係用螺紋運動原理達成量測功能 (D)一般游標卡尺無法直接量測工件之錐度。

537 檢驗四個鋼圈的內徑分別為 85mm、75mm、79mm、87 mm。請問其平均差為？ (A)4.2 (B)4.5 (C)4.0 (D)3.8 mm。

538 分厘卡襯筒上如附有游標刻度線之設置，可度量最小的精度為？ (A)0.05 (B)0.02 (C)0.01 (D)0.001 公厘。

539 下列敘述何者有誤？ (A)生產線上度量內孔，使用塞規為最便捷之量具，其長端就是通過端 (B)錐度接觸率之檢驗方法，最常見的是用油漆作媒體 (C)環規是檢驗軸徑的量具 (D)螺紋樣圈不通過端可旋入螺桿，係表示螺桿太小。

540 下列何者不是品質管制的目的？ (A)預防不良品的發生 (B)減少材料浪費 (C)減少不良品 (D)提前交貨。

541 粗糙度表示法中，十點平均粗糙度的代號是？ (A)Rmax (B)Ra (C)Rz (D)RMS。

542 如圖分厘卡所示刻度是？(A)21.43 (B)21.83 (C)21.47 (D)22.43 mm。

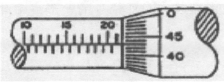

543 在品管工作常被用來說明品質特性，又被稱為「魚骨圖」的是下列何者？ (A)平均數-全距管制圖 (B)特性要因圖 (C)直方圖 (D)不良率管制圖。

544 由於精密塊規的精確度要求，下列何者材質不適於用來製造精密塊規？ (A)不銹鋼 (B)工具鋼 (C)碳化鎢 (D)純鋁。

545 下列有關超音波切削加工的敘述，何者錯誤？ (A)主要是利用振動的一種加工方式，用來加工脆硬的材料 (B)利用工具與工件之間的液體及攜帶的磨料顆粒當加工介質 (C)使用的磨料包括碳粉、鋁粉等，其粒徑大小視所需的工件表面光度而定 (D)此方法的優點是沒有加工導致的熱應力，適於加工玻璃、寶石、碳化鎢等材料。

546 下列有關放電加工的敘述，何者錯誤？ (A)主要是利用工件與電極之間形成的高溫電火花而達成切削加工的方式 (B)電極與工件均泡在媒油等流體之中。這些流體可做為絕緣介質，使工件溫度降低，並將工件產生的金屬粉體沖走 (C)電極與工件之間的放電間隙處產生電火花，其能量可將工件去除而產生小凹陷 (D)雖然工件與電極元件之間無接觸，但是仍需材質較硬，例如氧化鋁等類的硬質材料來製作電極。

547 下列有關電積造型的敘述，何者錯誤？ (A)操作原理與電鍍相同，金屬在通電後，經過電解溶液而聚集於陽極模型上 (B)此方法使金屬積聚於具有導電性且可取下的模型上 (C)若模型材料為非導體，則必須在電積之前塗上一層導電薄膜 (D)電積造型的限制包括生產速率慢、成本過高與製品厚度受限等問題。

548 下列有關金屬塗層的敘述，何者錯誤？ (A)普通電鍍的過程當中，被鍍物工件接受電子，使電解液的金屬離子還原成金屬而析出在工件表面 (B)化學鍍是利用化學藥品當作還原劑使溶液中的金屬離子還原成金屬而析出於被鍍物工件表面，過程中必需施加電源 (C)電鍍鎳具有耐蝕性好，質硬而韌的優點，可作為機械零件之用 (D)屬於絕緣體的塑膠類工件必須在表面先形成導電薄膜後再進行電鍍。

549 下列有關陶瓷射出成型的敘述，何者錯誤？ (A)可製作複雜形狀的工件 (B)以陶瓷粉末為原料，並加入黏結劑，使粉末具有流動性、賦型性與保型性 (C)成型後必須低溫燒除黏結劑之後即可使用 (D)可製造密度高、強度高的陶瓷工件為其特點之一。

550 下列何者不是在碳化鎢鑽頭上鍍覆金色氮化鈦薄膜的主要目的？ (A)提高表面硬度 (B)增加鑽頭壽命 (C)美觀 (D)提高耐磨特性。

551 下列有關雷射加工的敘述，何者錯誤？ (A)切削加工速度極快，精準度極高 (B)利用集中的光能使材料在短時間被揮發而除去 (C)可利用紅寶石雷射、CO_2 雷射等光源來加工 (D)工件之熱影響區極小，適於加工高硬度之非金屬材料。

552 下列有關電解研磨的敘述，何者正確？ (A)被加工之工件置於陰極 (B)不用外加電源即可操作 (C)鑲有磨料粒的金屬圓盤為陽極 (D)又稱為反電鍍法。

553 下列有關金屬噴覆的敘述,何者錯誤? (A)利用電弧、電漿等熱源將粉末或絲狀之噴塗金屬材料加熱融化成液態而噴覆於工件表面 (B)只能噴覆於導電材質的工件上,不導電的陶瓷材料則無法加工 (C)必須藉助壓縮空氣將噴覆之溶液吹成霧狀 (D)可依目的而形成耐熱、耐蝕、耐磨、抗氧化與絕緣等功能的塗層。

554 以蒸鍍法在玻璃表面鍍覆一層金屬薄膜的方法是屬於下列何者製程? (A)化學還原反應法 (B)電化學反應法 (C)化學氣相沉積法 (D)物理氣相沉積法。

555 有關放電加工(EDM)之敘述何者為非? (A)加工處無接觸應力存在 (B)切削率與導電性無關 (C)以瞬間釋放能量、蒸發及融化金屬材料 (D)火花連續發生,產生一連串小的加工凹穴,以完成加工目的。

556 線切割放電加工主要應用於? (A)2-D輪廓之貫穿孔或實體模型 (B)槽或穴的加工 (C)成形用模具 (D)小孔、斜孔。

557 放電加工時,工件要浸置於充滿純水或煤油的工作槽中,目的是? (A)純水或煤油作為絕緣液 (B)冷卻效果 (C)沖走移除的材料 (D)以上皆是。

558 有關雷射切割加工之敘述何者為非? (A)非接觸式加工 (B)可加工玻璃容器內之工件 (C)熱影響區小,切割速率相當慢 (D)常用於去除微小部份材料。

559 雷射加工利用何種能源? (A)電 (B)熱 (C)光 (D)原子 能。

560 YAG雷射切割不銹鋼材時,搭配氣體輔助設備之目的為何? (A)高速氣體吹走熔融金屬 (B)提供氧氣來預熱 (C)高速氣體可以切割更微小孔 (D)為了加速切割貫穿孔。

561 CO_2 雷射係屬於哪一種類雷射? (A)半導體雷射 (B)固體雷射 (C)液體雷射 (D)氣體雷射。

562 超音波加工法最適用於哪一種材質? (A)硬脆性材料 (B)延展性材料 (C)純金屬材料 (D)合金材料。

563 有關超音波加工特性之敘述何者為非? (A)增大工具振幅,加工面粗糙度也會增加 (B)增大磨料速度,加工速度也會增加 (C)增大磨料粒度,加工精度也會增加 (D)加工間隙愈大,加工精度愈不好。

564 超音波熔接屬於? (A)附著 (B)熔鑄 (C)擴散 (D)化學 接合。

565 何者不是力學所採用之3種基本量? (A)質量 (B)時間 (C)重量 (D)長度。

566 何者不是力的單位? (A)公斤重 (B)牛頓 (C)磅 (D)馬力。

567 作用於剛體之力,當其大小方向及作用線均一定時,此力的作用點 可沿作用線任意前進移動,但力對剛體之效應不變,此為力的 (A)可移性原理 (B)能量不變原理 (C)瓦銳蘭定理 (D)力矩原理。

568 對於摩擦的敘述何者有誤? (A)汽車引擎熄火後因摩擦而停止 (B)人能行走因為有摩擦力 (C)鑽木取火是因為摩擦生熱 (D)摩擦只存在固體與固體之間。

569 對於力偶的敘述何者有誤？ (A)兩力大小相同 (B)兩力方向相反 (C)兩力共線 (D)只產生轉動而沒有使物體產生移動之傾向。

570 對於接觸面上產生摩擦力的敘述何者正確？ (A)與接觸面積大小有關 (B)與接觸面所受正壓力大小成反比 (C)兩接觸物體間無相對運動時必無摩擦力產生 (D)兩接觸物體相對運動即將開始時之摩擦阻力達到極限值。

571 兩向量不一定經過同一作用線，但大小相等方向相同可稱為 (A)共面 (B)共點 (C)相等 (D)自由 向量。

572 一力可分解為一力及一力偶，則可稱此一力與其所分解之一力及一力偶的效力相同，可稱為 (A)共面 (B)平行 (C)共點 (D)等值 力系。

573 專門討論物體運動情形而不考慮產生運動之原因之研究屬於 (A)靜力 (B)動力 (C)運動 (D)熱力 學。

574 對空 60 度角發射子彈時，子彈於水平方向之運動屬於 (A)等速度 (B)等加速度 (C)簡諧 (D)等角速度 運動。

575 對空 45 度角發射子彈時，子彈於垂直方向之運動屬於 (A)等速度 (B)等加速度 (C)簡諧 (D)等角速度 運動。

576 物體進行曲線運動時欲將速度大小減小時需 (A)切線加速度為正 (B)切線加速度為負 (C)法線加速度為正 (D)法線加速度為負。

577 物體進行曲線運動時欲改變運動方向時需 (A)改變切線加速度 (B)改變法線加速度 (C)改變重力加速度 (D)以上皆非。

578 轉盤於水平地面上向右進行等角速度轉動時，假設此為一純滾動運動時，此瞬間轉盤上與地面之接觸點之速度方向為 (A)向左 (B)向右 (C)向上 (D)沒有速度。

579 捲軸上的線以 225m/min 速率傳送，若捲軸直徑為 1.5m，試求捲軸角速度 (A)47.8 (B)300 (C)23.9 (D)150 rpm。

580 物體進行圓周運動時，其法線加速度大小為 (A)圓周半徑乘角速度 (B)圓周半徑乘角加速度 (C)圓周半徑乘角速度平方 (D)圓周半徑乘角加速度平方。

581 一汽車在半徑 10 公尺之圓周上繞行兩周，回至原處，其位移為 (A)40 (B)40π (C)零 (D)80π 公尺。

582 升降機將箱子往上舉離地面 2m 處，再往前走 7m，最後將箱子置於高 1.5m 之架子上。試決定箱子所經距離為？ (A)9 (B)9.5 (C)1.5 (D)7.16 m。

583 若某人由 A 到 B 沿不規則路徑行走，以 12 秒時間走了 30m 距離。若由 A 到 B 之位移為 15m，試求平均速度為？ (A)2.5 (B)1.25 (C)3.75 (D)0 m/s。

584 若汽車由靜止加速到速度為 40m/s 時須 5 秒，試求平均加速度為？ (A)9.8 (B)4 (C)2 (D)8 m/s^2。

585 輸送帶以每公尺 $0.25m^3$ 之運送量運送砂石。若砂石在 10 秒內堆滿 $6m^3$ 之卡車,試求輸送帶速率為? (A)24 (B)0.6 (C)2.4 (D)2.5 m/s。

586 在 t=0 時車子以初速 24m/s 往斜坡上移動,當行走 150m 後停止而往下移動,試決定車子在 t=16 秒時之位移。(假設往下移動的平均加速度大小與往上移動的等加速度大小相等,但方向相反) (A)250.8 (B)192.8 (C)245.8 (D)300.8 m。

587 物體由高於湖面 100m 處放下,假設物體與水接觸後的等減加速度為 $25m/s^2$,試求當物體速度為 5m/s 時之湖水深度為 (A)44.3 (B)25.7 (C)45.8 (D)38.7 m。

588 一跳傘者由高空自由落下 6 秒後降落傘打開,3 秒後減速到速度為 5.4m/sec,然後維持等速降落著地。若跳傘者跳下時高度為 1800m,試求最大速度為? (A)58.86 (B)29.43 (C)30 (D)31.87 m/sec。

589 下列何者不是功率的單位? (A)HP (B)kw (C)ft-lb (D)N-m/sec。

590 一物體重 200N,自距離彈簧最高處 1.5m 處落下,彈簧隨即壓縮,已知彈簧常數為 200N/m,則彈簧的最大壓縮量(物體此時靜止)為? (A)1 (B)2 (C)3 (D)4 m。

591 如圖所示之滑輪系統,其機械利益(mechanical advantage)為? (A)16 (B)8 (C)4 (D)2。

592 機械利益(mechanical advantage)大於 1 的槓桿是 (A)省時 (B)費力 (C)省力 (D)以上皆非。

593 現實環境中,機械效率 (A)可以大於 1 (B)絕對小於 1 (C)常等於 1 (D)以上皆是。

594 一人扛重量為 300N 的木箱,沿著 30 度的斜坡向上行走 10m,前後共花費 60sec,則此過程中此人對木箱所做的平均功率為? (A)25 (B)120 (C)50 (D)60 W。

595 一線性彈簧自未變形狀態下受力變形 X 位移量,需作功 W,若繼續再變形 2X 位移量,使總位移量成為 3X,則需再做多少功? (A)2 (B)4 (C)6 (D)8 W。

596 一發電系統由發電機與馬達串聯組成,已知馬達之效率為 80%,發電機之效率為 90%,則整體系統之效率為? (A)60 (B)72 (C)48 (D)54 %。

597 將位於高度為 h 之重物沿著不同斜度的斜面釋放滑下,假設重物與斜面間無摩擦,則下列敘述何者正確? (A)不同斜面之重物末速度皆相同 (B)不同斜面所需時間皆相同 (C)角度大者末速度較大 (D)斜面較長者末速度較大。

598 一質量為10kg之物體，以19.6m/sec之初速往上拋，若不計空氣阻力，且已知重力加速度為9.8m/s²，則重物可達到的最大高度為 (A)19.6 (B)9.8 (C)4.9 (D)10 m。

599 一個材質為軟鋼的圓桿受到拉伸力20kN，降伏應力為270MPa，安全係數3，求此時圓桿的直徑為？ (A)16.82 (B)8.41 (C)25.21 (D)20.21 mm。

600 一金屬圓柱塊，原始直徑20mm，長度75mm，置於壓縮機器上並擠壓使其軸向力為5kN。若其彈性係數E為42GPa，試求長度縮短量為？ (A)0.01414 (B)0.02818 (C)0.02310 (D)0.01732 mm。

601 在直徑5mm，長10m的軟鋼線材上懸吊一個質量200kg的物體，求線材上的應力？線材的重量不計。(A)200 (B)99.82 (C)180.12 (D)310.22 MPa。

602 直徑30mm的圓桿受到壓縮負載的作用直徑增加了0.048mm，求橫向應變為 (A)0.0012 (B)0.0016 (C)0.0028 (D)0.0033。

603 對脆性材料的描述是錯誤的？ (A)鑄鐵和玻璃為脆性材料 (B)施以塑性變形即斷裂的材料 (C)受到很大的塑性變形之後才會發生斷裂的材料如軟鐵和黃銅 (D)易受剪力破壞。

604 下列敘述何者是錯誤的？ (A)就熱應力而言：是因為溫度變化而產生變形時之應力 (B)圓筒內受到內壓作用：圓筒會在軸向和徑向產生兩種拉伸應力 (C)應力集中：有角度的部分會產生應力集中的現象，因此設計成圓角以避免這種狀況 (D)每當一力作用在一剛體時，剛體將傾向改變其外形及尺寸。

605 下列敘述何者是錯誤的？ (A)指定材料的容許負載來設計所使用的安全係數通常選擇大於1以避免損壞的可能性 (B)安全係數的值是視所選用材料的種類及結構或機器的使用目的而定 (C)正應變為一無因次量，其基本單位為kg/mm (D)一位工程師在負責結構構件或機械元件的設計時，必須限定其應力在材料的安全範圍內。

606 廣義虎克定律不適用於 (A)有溫度變化 (B)應力超過比例限度 (C)均質且等項性的材料 (D)應力不超過比例限度。

607 有一元件材料之強度值為800MPa，如果規定其安全係數為4，試問該元件之容許應力為多少？ (A)200 (B)300 (C)400 (D)600 MPa。

608 下列何者不是減輕應力集中的方式？ (A)利用熱處理 (B)利用珠擊 (C)在幾何不規則處加凸肩 (D)利用拋光方式。

609 力的單位為？ (A)MPa (B)牛頓 (C)PSI (D)公斤/平方公分。

610 一短柱由空心鋁管製成，支持240kN的壓負載。管子的內外直徑分別為d₁=90mm及d₂=130mm，長度1m，短柱中之應力為 (A)34.7 (B)40 (C)80 (D)45.5 MPa。

611 一圓鋼桿長L，直徑d，在其底部端掛著一個重W的桶子，將桿子的自重列入考量，如果L=40m，d=80mm及W=15kN，計算最大應力為？ (鋼之重量密度為7.7 g/cm³) (A)3.3 (B)3.0 (C)6.0 (D)5.0 MPa。

612 一鋼管長 L=1.2m，外(直)徑 d_2=150mm，及內徑 d_1=110mm，受軸向力 p = 620kN 之壓縮。該材料彈性模數 E=200GPa，浦松比 v = 0.30。求管子的縮短量 δ (A)0.330mm (B)0.551mm (C)0.124mm (D)0.455mm。

613 在直徑 5mm，長 10m 的軟鋼線材上懸吊一個質量 100kg 的物體，求線材的伸長量(E=206× 10^9N/m^2)？ (A)4.846 (B)2.423 (C)3.124 (D)4.126 mm。

614 一個材質為軟鋼的圓桿受到拉伸力 20kN，降伏應力為 270MPa，安全係數 2，求此時容許應力？ (A)270 (B)135 (C)20 (D)27 MPa。

615 一機件受力時，在某點的三個主應力分別為：張力 400kPa，張力 700kPa 及 100kPa，試問此點之最大剪應力為何？ (A)300 (B)550 (C)350 (D)0 kPa。

616 一矩形桿，桿長 1500mm，截面積 700mm×300mm，彈性係數 E=206900MPa，當桿受 P=21000N 拉力時，求桿之應力為何？ (A)10 (B)100 (C)1 (D)0.1 MPa。

617 如圖所示符號代表？ (A)曲柄 (B)滑塊 (C)多根連桿結合而成之剛體 (D)滾子組。

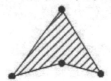

618 下列有關低對與高對之敘述，何者正確？ (A)滑動對為高對 (B)迴轉對為低對 (C)螺旋對為高對 (D)凸輪對為低對。

619 滾柱軸承內部的滾柱與內環(或外環)間之接觸方式為？ (A)滑動 (B)高 (C)迴轉 (D)螺旋對。

620 若 A、B 表不同機械元件，則下列各運動對之運動方式，何者屬「高對」者？

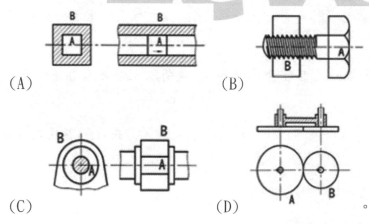

(A)　　　　　　　　　　　　(B)

(C)　　　　　　　　　　　　(D)　　　　。

621 油壓機構之傳動是何種形式？ (A)直接接觸 (B)撓性中間聯結物 (C)流體中間聯結物 (D)剛體中間聯結物傳動。

622 運動鏈之各機件，當其中一件運動時，其他各件有一定之相對運動關係者為 (A)呆鏈 (B)拘束鏈 (C)無拘束鏈 (D)互不相干之機件。

623 下列運動鏈中，何者為呆鏈？

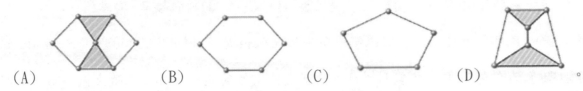

(A)　　　　　　(B)　　　　　(C)　　　　　(D)

624 傳遞在同一平面，相交二軸的滾動運動，該用 (A)圓錐形 (B)圓柱形 (C)葉輪 (D)橢圓形 摩擦輪。

625 有關多繩制繩圈纏繞法，下列敘述何者錯誤？ (A)可傳送較大動力 (B)僅適合二平行軸之動力傳送 (C)少數繩圈斷裂仍可繼續運轉 (D)有張力輪使繩之張力均勻。

626 凸輪常用於自動機構是屬於 (A)滾動接觸 (B)滑動接觸 (C)滾動兼滑動接觸 (D)撓性中間聯接物。

627 對物體的瞬時中心(instant center)敘述何者為非？ (A)物體內的一點，其它物體對其作永久或瞬時旋轉 (B)兩物體的共同點，兩物體在此點上的線速度大小與方向均相同 (C)瞬時中心又稱瞬心(centrode)或極點(pole) (D)連桿的瞬時中心全是固定的。

628 滑動接觸的條件為兩物體接觸點之線速度 (A)大小相同方向相反 (B)法線分量必須相等 (C)切線方向沒有相對運動 (D)大小相同，方向相同。

629 下列何者對質點運動速度敘述是錯的？ (A)法線速度方向的改變會產生一法線加速度 (B)切線速度大小的改變會產生一切線加速度 (C)運動速度方向的改變量可分成與其運動路徑垂直與相切的兩個分量 (D)質點作直線運動只有法線加速度而無切線加速度。

630 對凸輪機構的敘述何者是錯誤的？ (A)凸輪構造簡單，體積不大故可隨處安裝 (B)凸輪的運動是簡單的旋轉，搖擺或滑行 (C)凸輪除了傳送運動外更適合傳送較大動力，且不需藉外力來保持接觸 (D)凸輪機構中凸輪與從動件的接觸，以點和線的接觸居多。

631 某兩個齒輪嚙合傳動，設原動輪節圓直徑為200mm，轉數為600rpm，從動輪節圓直徑為400mm，試求內接時，兩輪之中心距離為？ (A)300 (B)100 (C)600 (D)200 mm。

632 一對嚙合正齒輪之徑節為10，中心距為2.6in，及速度比為1.6。求出各個齒輪的齒數為？ (A)20，32 (B)22，42 (C)10，20 (D)18，32。

633 一個只在平面運動之剛體則具有幾個自由度？ (A)3 (B)4 (C)5 (D)6。

634 機構的機械利益(mechanical advantage)低於1者表示該機構 (A)費力 (B)費時 (C)省電 (D)省力。

635 一螺旋拉伸彈簧的彈簧常數K為100N/mm，若與另一常數為150N/mm的彈簧串聯，則組合後的總彈簧常數為 (A)100 (B)60 (C)50 (D)200 N/mm。

636 下列三角皮帶中，哪一種截(斷)面所能支撐的強度最高、馬力數最大？ (A)M (B)A (C)D (D)E。

637 兩軸互相平行但不在同一中心線上，二軸之偏心量極微小且連結後二軸之角速度需絕對相等，此時聯結器之最佳選擇為 (A)筒形 (B)撓性盤 (C)歐丹 (D)萬向接頭 聯結器。

638 一軸承之稱呼號碼為 6312ZNR，則此軸承所適用之軸徑為？ (A)63 (B)60 (C)12 (D)312 mm。

639 滑動止推軸承的負荷係平行於軸向，因此除可支持機件的旋轉外，更可阻止機件沿 (A)軸向 (B)徑向 (C)旋轉方向 (D)切線方向 移動。

640 已知 AB 二鏈輪之中心距離為 600mm，兩輪之齒數皆為 30 齒，其鏈條節距為 10mm，則其傳動鏈條之總鏈節數為多少？ (A)100 (B)160 (C)120 (D)150。

641 齒輪、皮帶輪、鏈輪等與軸的連接以 (A)固定螺釘 (B)收縮配合 (C)銷 (D)鍵 最為恰當。

642 環首螺栓係用於 (A)固定機器處 (B)配合緊密處 (C)吊起機器處 (D)負載較小處。

643 二相互嚙合之正齒輪，其 (A)節圓直徑 (B)齒根厚度 (C)徑節(模數) (D)齒高 必相等。

644 單式輪系中，惰輪之功用在於 (A)改變旋轉方向 (B)增加速率 (C)增加傳動效率 (D)增加輪系值。

645 適用於半導體矽晶片切割的加工法為？ (A)WEDM (B)EDM (C)EBM (D)USM。

646 下列何者對滾動軸承的敘述是不正確的？ (A)利用滾動與滑動的運動原理 (B)可承受比滑動軸承更重的負載 (C)有較高的效率 (D)軸承需要用經特殊處理的鋼球。

647 哪一項是對機構的敘述是錯誤的？ (A)機構只是用來傳遞或變換運動之機件組合 (B)各機件之間，必須要有相對之運動 (C)機構不一定要作功 (D)機構就是機器。

648 有一直徑為 200mm 之鋼棒，在車床上加工，其切削速度為 4.5m/sec，若繼續切削至直徑為 100mm 時，則切削速度為多少？ (A)4.5 (B)2.5 (C)2.25 (D)4 m/sec。

649 帶輪 2 之直徑為 50cm，固定在 A 軸上，其轉速為 480rpm，用皮帶與帶輪 4 相連，帶輪 4 之直徑為 100cm，固定在 B 軸上，試求帶輪 4 之轉速為？ (A)300 (B)240 (C)120 (D)960 rpm。

650 下列何者不是使用惰輪的目的？ (A)連接需要較長的中心距 (B)控制輸入與輸出齒輪的方向 (C)增加穩定度 (D)每加入一個惰輪都使最後一個齒輪的旋轉方向改變。

651 某兩個齒輪嚙合傳動，設原動輪節圓直徑為 100mm，轉數為 600rpm，從動輪節圓直徑為 200mm，試求從動輪的轉數為多少 rpm？ (A)300 (B)150 (C)450 (D)200。

652 如圖所示，螺栓固定不動，S 之螺紋導程為 0.2cm，S_1 螺紋導程為 0.4cm，均為右旋螺紋。螺帽 M、N 以相同之轉速和旋轉方向旋轉，則當 A 之距離縮短 1cm 時，螺帽須旋轉多少圈？(A)10 (B)2.5 (C)5 (D)4。

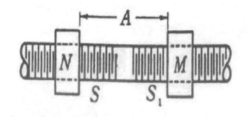

653 鋼鐵之材料規格，如以 CNS 規範中，S125CrWV(TC)代表鉻鎢釩切削用合金工具鋼，其含碳量為？ (A)1.25 (B)0.125 (C)0.0125 (D)0.00125 %。

654 不銹鋼是將鉻加入鐵或鐵鎳合金中，以提高材料之耐蝕性，一般而言，添加鉻之比例在多少以上即可稱為不銹鋼？ (A)1 (B)11 (C)15 (D)20 %。

655 熱固聚合體(Thermosetting polymers)材料，其特性為加熱時不變軟，反而會變硬且更具鋼性，下列材料中，哪一種材料屬於熱固聚合體材料？ (A)鐵弗龍 (B)壓克力 (C)ABS 塑膠 (D)環氧樹脂。

656 熱塑聚合體(Thermoplastic polymers)材料，其特性為加熱時聚合體會變軟，而可以加以變形者，下列材料中，哪一種材料屬於熱塑聚合體材料？ (A)聚酯 (B)壓克力 (C)聚氨酯 (D)環氧樹脂。

657 熱作指的是將金屬材料在再結晶溫度以上進行塑性變形，幾乎沒有例外的，金屬鑄錠一開始皆會經過熱作，主要的三大熱作製程，下列何者不屬於此三大熱作製程？ (A)滾軋 (B)鍛造 (C)退火 (D)抽拉。

658 任何金屬經過冷軋之後都會產生加工硬化的現象，所以製程中必須將材料加以處理，藉以軟化材料，此處理步驟一般稱為 (A)退火 (B)焠火 (C)回火 (D)滲碳。

659 氮化法為鋼鐵材料表面硬化處理的一種方法，氮化法的主要優點為 (A)氮化層非常硬 (B)氮化處理在較低溫度下進行 (C)氮化後無須進行後續的熱處理 (D)以上皆是。

660 表面清洗是材料表面處理之前處理，下列何種表面清洗方法，不能去除材料表面之油性污物？ (A)溶劑洗淨 (B)酸洗淨 (C)鹼劑洗淨 (D)水洗。

661 將鋼料浸入 90℃的磷酸二氫錳溶液 45 分鐘，在工作物表面形成磷酸物薄膜，以做為油漆的底層，叫做 (A)電鍍 (B)磷酸鹽處理 (C)陽極處理 (D)浸鍍。

662 在真空中，使中性或離子化金屬粒子在不經任何化學反應下黏著於工件表面，形成一層保護或功能性薄膜之方法，叫做 (A)物理氣相沉積 (B)化學氣相沉積 (C)陽極處理 (D)電鍍。

663 下列敘述何者有誤？ (A)相同材料，結晶愈細小，材料強度愈大 (B)熱加工後之精度較冷加工佳 (C)晶界可阻礙原子滑動 (D)FCC 單位格子內有 4 顆原子。

664 在碳鋼中添加一種或一種以上的特殊元素來改善碳鋼之性質，以適合特殊目的使用之鋼，一般稱為 (A)合金 (B)低碳 (C)中碳 (D)高碳 鋼。

665 下列何者屬於無屑加工？ (A)放電加工 (B)車削 (C)搪孔 (D)珠擊法。

666 多孔性軸承係以何種方法所製造較佳？ (A)脫蠟法 (B)瀝鑄法 (C)粉末冶金 (D)直接擠製法。

667 熱處理中為消除淬火之殘留應力，並保有相當高之硬度，稱為 (A)低溫回火 (B)高溫回火 (C)正常化處理 (D)退火。

668 機械性質之測試中，衝擊試驗是用來檢測材料的 (A)硬度 (B)韌性 (C)疲勞強度 (D)拉伸強度。

669 下列敘述何者有誤？ (A)BCC 單位格子內有 2 顆原子 (B)低碳鋼自沃斯田鐵高溫狀態爐冷後，會得到肥粒鐵顯微組織 (C)完全退火的冷卻方式為爐冷 (D)差排屬於晶體之面缺陷。

670 下列何者加工法不適合製造齒輪？ (A)刨銑加工 (B)車削加工 (C)粉末冶金 (D)鑄造。

671 將液態金屬注入做好形狀之模子內，以製造各式各樣的零件，這種方法，叫做 (A)鑄造 (B)鍛造 (C)焊接 (D)沖壓。

672 目前可用之鑄造方法中以砂模鑄造為最常用之方法，請問砂模鑄造所使用之模型，其材料為？ (A)鐵 (B)鋁 (C)砂 (D)不鏽鋼。

673 壓鑄法為目前可用之鑄造方法中之一種，請問壓鑄法所使用之模型，其材料為？ (A)木材 (B)鋁 (C)砂 (D)鋼。

674 下列何者為鑄造時常出現之缺陷？ (A)氣孔 (B)偏析 (C)氧化物與夾雜物 (D)以上皆是。

675 以塗有焊藥之焊條為電極，母材為另一電極，利用電極接近時可產生高溫電弧，來加熱焊條及母材，叫做 (A)氣體焊接 (B)塗料金屬弧焊 (C)惰氣鎢弧焊 (D)惰氣金屬弧焊。

676 最先成功使用的熔解焊接的方法之一的是氣體焊接法，氣體焊接法主要的形式是混合氧氣和下列何種氣體，燃燒產生熱能，以熔解材料達到接合之目的？ (A)乙炔 (B)丙炔 (C)丙烷 (D)甲烷。

677 在焊接時我們可使用氣體在焊接區做成保護帷帳，最常用的保護氣體為 (A)氧 (B)氬 (C)氫 (D)氦 氣。

678 將獨立製成的零件永久的組合起來，在製造上是相當重要的一項工作，組合的方式有很多種類，其中將被接合材料的一部份在製程中熔解，並且通常需要使用到與母材相類似成份的填料熔解來完成接合步驟，叫做 (A)鉚接 (B)焊接 (C)黏接 (D)螺栓接合。

679 大多數的熱塑型塑膠都可以使用焊接接合，但完全固化之熱固性塑膠則無法焊接，下列材料中哪一種是無法使用焊接接合？ (A)鐵弗龍(B)壓克力 (C)環氧樹脂 (D)ABS 塑膠。

680 下列何者為焊接時常出現之缺陷？ (A)氣孔 (B)變形或殘留應力 (C)氧化物與熔渣夾雜物 (D)以上皆是。

681 有關焊接之敘述，下列哪一項不正確？(A)母材不熔化之焊接為軟焊及硬焊 (B)軟焊的焊料多為銅與銀 (C)氣焊所用之氣體為氧與乙炔 (D)電阻焊採低電壓高電流方式實施。

682 有關何者不屬於電阻焊接？ (A)摩擦焊 (B)衝擊鉛 (C)點鉛 (D)端壓鉛。

683 有關氣體鎢極電弧焊接之敘述，下列哪一項正確？ (A)俗稱 MIG 法 (B)需使用銲劑 (C)又稱為氬焊 (D)需在強風處施行。

684 利用兩滾輪作為電極，將欲焊接金屬夾在兩個滾子中間，沿一定路線之焊接法為 (A)點鉛 (B)電弧焊 (C)氣焊 (D)縫焊。

685 精密鑄造中，適合製作較大尺寸鑄件的方法為 (A)陶模 (B)壓鑄 (C)石膏模 (D)脫蠟 法。

686 有關壓鑄法之敘述，下列哪一項不正確？ (A)熱室法之壓鑄機與金屬熔化爐在一機器內連結 (B)冷室法適用於低熔點金屬製品 (C)適合大量生產 (D)製品尺寸精確，表面光滑。

687 較佳鑄件冷卻凝固之先後順序為 (A)冒口、冒口頸、鑄肌 (B)冒口頸、冒口、鑄肌 (C)鑄肌、冒口頸、冒口 (D)冒口、鑄肌、冒口頸。

688 消散模無須考慮何種裕度？ (A)變形 (B)拔模 (C)收縮 (D)加工 裕度。

689 若要加工直徑為 100mm 的工件，車床主軸轉速 600RPM，則切削速度為？ (A)188 (B)600 (C)376 (D)100 m/min。

690 CNC 程式常使用之 M 機能中，M30 為何種指令？ (A)主軸正轉 (B)主軸反轉 (C)程式結束 (D)自動換刀。

691 欲以尾座偏置法車削全長 100mm，錐度部分長 40mm，大徑為 35mm，小徑為 33mm，求尾座偏置量為多少 mm? (A)2 (B)2.5 (C)4 (D)5。

692 砂輪磨料中，何種磨料適用於磨削碳化刀具等硬質材料？ (A)A (B)WA (C)C (D)GC。

693 NC 車床的座標軸，在程式設計上係以哪些軸來表示其位置？ (A)X 軸與 Y 軸 (B)Y 軸與 Z 軸 (C)X 軸與 Z 軸 (D)Z 軸。

694 有關深孔鑽頭之敘述何者有誤？ (A)又稱為槍管鑽頭 (B)只具有一個鑽刃 (C)鑽頭較為細長 (D)鑽槽為螺旋狀。

695 齒輪或皮帶輪等之鍵槽，在大量生產時，採用何種工具機加工速度最快？ (A)拉 (B)銑 (C)車 (D)刨 床。

696 不用頂心或夾頭支持工件的磨床為 (A)工具 (B)無心 (C)外圓 (D)平面 磨床。

697 下列何者不是品質管制的目的？ (A)預防不良品的發生 (B)減少生產材料耗費 (C)減少退貨可能性 (D)增加生產速度以便提前交貨。

698 一產品之尺寸標註為 $32^{+0.03}_{-0.02}$，則下列產品何者不合格？ (A)32.05 (B)32.02 (C)31.98 (D)32.01。

699 在現場作檢驗量具和劃線等工作的精測塊規等級為 (A)AA (B)B (C)A (D)C。

700 表面粗糙度量測時，使用中心線平均粗糙度表示法(Ra)的最大缺點為？ (A)一個地方的凹或凸就會影響全部的量測值 (B)非常不同的表面外形(surface profile)可能會有相同的 Ra 值 (C)不易計算 (D)僅取部分資料點無法完整表達表面粗度。

701 下列有關針盤指示器應用之敘述，何者錯誤？ (A)可配合工具機進行固定虎鉗之平行度校調 (B)可配合塊規進行工件高度比較量測 (C)可量測工件表面粗糙度 (D)可配合正弦桿進行工件之錐度檢測。

702 游標卡尺與本尺組合而成，若本尺之 49mm 等分為 49 小格，但在游尺上等分成 50 小格，則此游標卡尺的最小讀數為若干？ (A)0.001 (B)0.01 (C)0.002 (D)0.02 mm。

703 有一孔之尺寸為 30H8 和一軸之尺寸為 30g7 相配合,則此配合為 (A)緊壓配合 (B)精密滑配 (C)餘隙配合(D)干涉配合。

704 在裝配圖中標註 φH7/m6,則屬於軸件的公差等級是 (A)10 (B)6 (C)7 (D)8。

705 螺紋分厘卡是用來測量螺紋的 (A)外徑 (B)節徑 (C)節距 (D)底徑。

706 光學平板用以檢驗 (A)真圓 (B)垂直 (C)長 (D)平面 度。

707 下列對品質管制的意義描述是不合適的? (A)顧客所滿意的品質 (B)不計成本達到最好的品質 (C)達到降低成本及損失 (D)產品都落在某種公差之內。

708 下列何者對全面品質管制的描述是不對的? (A)使生產及服務皆能在最經濟的水準上 (B)使顧客完全滿意的一種有效制度 (C)在缺點的補救而不是缺點的預防 (D)使公司內對品質的提高人人有責。

709 下列何者是品質管制的目的? (A)預防不良品的發生 (B)減少材料浪費 (C)減少不良品 (D)以上皆是。

710 粗糙度表示法中,中心線平均粗糙度的代號是 (A)Rmax (B)Ra (C)Rz (D)RMS。

711 量測四個鋼管的外徑分別為 90mm、85mm、80mm、 88mm。請問其平均差為? (A)4.2 (B)3.25 (C)3.75 (D)3.8 mm。

712 量具對量測值所能顯示出最小讀數的能力稱為 (A)誤差(error) (B)精確度(accuracy) (C)重覆性(repeatability) (D)解析度(resolution)。

713 國際標準制之基本單位中 (A)長度以 cm (B)時間以毫秒 ms (C)電流以 A (D)質量以 g。

714 工件加工時,若工件尺寸公差為 0.1mm,則應該優先考慮選用下列何種精度之量具? (A)1 (B)0.1 (C)0.01 (D)0.001 mm。

715 游標卡尺上,本尺(main scale)最小刻度為 1mm,游尺(vernier scale)上有 21 條刻畫,此游標卡尺之最小讀數為 (A)0.1 (B)0.05 (C)0.004 (D)0.001 mm。

716 現代的測長儀其精度可達 0.1 奈米,其中「奈米」代表下列何項尺寸? (A)10^{-12} (B)10^{-9} (C)10^{-6} (D)10^{-3} m。

717 在硬脆材料上進行切削、去毛邊和清洗操作的加工方法,叫做 (A)磨料噴射切削 (B)超音波加工 (C)水噴射切削 (D)放電加工。

718 放電加工是一種能從任何軟或硬金屬上,將不必要之金屬去除,並得到良好之尺寸控制的加工方法,下列何種材料,不能使用放電加工? (A)鐵 (B)銅 (C)鋼 (D)陶磁。

719 先將電能轉換為光能,再轉換成熱能的一種加工方式,叫做 (A)超音波加工 (B)雷射加工 (C)水噴射切削 (D)放電加工。

720 下列何者為電積成形之優點? (A)生產速率快 (B)成本低 (C)可製造出極薄之零件 (D)外表面之精確度易控制。

721 電鍍常使用為金屬表面之裝飾及護層之用,常用於電鍍之金屬有鎳、鉻、錫、銀、鋅、金等,下列哪種電鍍材料常使用於食品容器? (A)鉻 (B)錫 (C)鋅 (D)金。

722 將工件置於適當的電解液中,以純金屬當陽極,被鍍之工作件當陰極,通電時電解液中之金屬陽離子便會聚集於工件表面,叫做 (A)電鍍 (B)浸鍍 (C)陽極處理 (D)磷酸鹽處理。

723 專門為鋁金屬所發展出來的表面氧化處理方法,可在鋁表面產生氧化作用,而形成堅硬的永久性塗層,叫做 (A)電鍍 (B)浸鍍 (C)陽極處理 (D)磷酸鹽處理。

724 塑膠可以用許多方法製成,其中以注射模製法是生產塑膠較常用的方法,它包括將粉末或顆粒原料加到漏斗中,加熱,和注射入模穴等三個步驟,工業界將此法普遍稱為叫做 (A)鑄造法 (B)擠製法 (C)加熱成形法 (D)射出成形法。

725 化學銑削是把工件浸入化學溶液中,利用腐蝕作用,將工件上不需要的部份去除,化學銑削可應用於飛機引擎零件、熱交換器、壓力容器等,下列哪一項不是此法之優點? (A)沒有殘留應力 (B)加工速度快 (C)不會改變材料之金相組織 (D)工件表面光度良好,不須再做研磨加工。

726 電子加工是利用電能來切削工件的非傳統加工方法,因為它通常都配合電解液來進行加工,所以也叫做 (A)機械 (B)化學 (C)電化學 (D)熱 加工。

727 有關放電加工(EDM)之敘述,下列哪一項不正確? (A)冷卻液是電解液 (B)工件是導電材料 (C)電極也會消耗 (D)電極和工件不接觸。

728 有關電積造型(Electroforming)之敘述,下列哪一項不正確? (A)具導電之模型放置在陰極 (B)陽極與陰極置放在電解槽液中,通以交流電 (C)可製作極薄與分層的金屬零件 (D)金屬離子但正電荷,自陽極流向陰極,積聚於模型上成形。

729 可利用雷射加工的工件材料為 (A)高硬度金屬 (B)鑽石 (C)非金屬硬材料 (D)以上皆可。

730 有關磨料噴射加工(AJM)之敘述,下列哪一項不正確?(A)能加工硬脆材料 (B)磨粒粉可重複使用 (C)可加工非金屬材料 (D)工具和工件不接觸。

機械工程概論

解答 - 選擇題

1. B	2. D	3. B	4. A	5. C	6. C	7. A	8. C	9. D	10. B
11. D	12. A	13. D	14. D	15. D	16. C	17. B	18. C	19. B	20. A
21. D	22. C	23. A	24. B	25. A	26. B	27. B	28. C	29. A	30. D
31. A	32. B	33. A	34. C	35. A	36. D	37. D	38. C	39. C	40. B
41. A	42. C	43. D	44. B	45. C	46. A	47. D	48. B	49. A	50. C
51. D	52. B	53. B	54. C	55. A	56. B	57. A	58. C	59. D	60. D
61. B	62. C	63. A	64. D	65. B	66. D	67. A	68. C	69. D	70. A
71. B	72. A	73. C	74. D	75. C	76. D	77. A	78. C	79. D	80. D
81. D	82. B	83. B	84. C	85. C	86. C	87. D	88. C	89. A	90. B
91. C	92. A	93. C	94. B	95. A	96. B	97. A	98. B	99. B	100. C
101. C	102. C	103. C	104. D	105. B	106. B	107. A	108. A	109. A	110. D
111. C	112. A	113. D	114. A	115. A	116. A	117. D	118. B	119. D	120. C
121. C	122. B	123. B	124. C	125. D	126. A	127. B	128. A	129. C	130. C
131. C	132. C	133. B	134. B	135. A	136. A	137. B	138. C	139. A	140. D
141. B	142. D	143. A	144. A	145. D	146. D	147. C	148. A	149. C	150. A
151. B	152. D	153. D	154. C	155. B	156. A	157. A	158. B	159. B	160. C
161. B	162. B	163. A	164. D	165. C	166. B	167. D	168. C	169. B	170. D
171. B	172. D	173. B	174. C	175. B	176. A	177. A	178. C	179. B	180. D
181. C	182. D	183. C	184. B	185. C	186. B	187. C	188. C	189. D	190. A
191. C	192. D	193. A	194. A	195. A	196. B	197. C	198. C	199. B	200. A
201. C	202. B	203. D	204. C	205. B	206. D	207. D	208. C	209. D	210. B
211. A	212. D	213. C	214. B	215. C	216. B	217. A	218. A	219. C	220. C
221. A	222. B	223. B	224. C	225. C	226. C	227. C	228. B	229. C	230. D
231. C	232. B	233. B	234. D	235. B	236. D	237. C	238. B	239. C	240. B

241. B 242. C 243. A 244. C 245. D 246. B 247. D 248. C 249. C 250. B

251. D 252. C 253. B 254. B 255. A 256. C 257. D 258. C 259. D 260. B

261. D 262. C 263. A 264. C 265. D 266. A 267. C 268. B 269. B 270. A

271. A 272. D 273. B 274. C 275. D 276. B 277. C 278. A 279. D 280. C

281. B 282. C 283. D 284. C 285. C 286. B 287. B 288. C 289. C 290. A

291. A 292. D 293. C 294. C 295. D 296. B 297. D 298. D 299. B 300. A

301. D 302. C 303. B 304. C 305. A 306. D 307. B 308. C 309. D 310. B

311. C 312. A 313. C 314. B 315. D 316. B 317. A 318. C 319. C 320. B

321. D 322. C 323. A 324. B 325. D 326. A 327. D 328. D 329. D 330. C

331. C 332. A 333. C 334. B 335. C 336. B 337. A 338. A 339. B 340. A

341. B 342. D 343. C 344. A 345. C 346. C 347. D 348. C 349. D 350. A

351. B 352. A 353. D 354. D 355. D 356. D 357. B 358. B 359. B 360. B

361. C 362. D 363. A 364. B 365. C 366. B 367. D 368. B 369. D 370. C

371. D 372. D 373. A 374. A 375. A 376. C 377. A 378. B 379. D 380. D

381. D 382. D 383. A 384. A 385. D 386. A 387. D 388. A 389. B 390. B

391. B 392. B 393. D 394. A 395. A 396. B 397. D 398. A 399. B 400. C

401. B 402. D 403. B 404. A 405. D 406. B 407. A 408. B 409. D 410. D

411. D 412. A 413. B 414. D 415. D 416. D 417. B 418. D 419. B 420. A

421. A 422. A 423. C 424. C 425. A 426. B 427. C 428. A 429. D 430. B

431. B 432. C 433. A 434. D 435. B 436. C 437. B 438. A 439. D 440. D

441. B 442. C 443. D 444. A 445. B 446. C 447. C 448. B 449. D 450. D

451. B 452. A 453. D 454. A 455. C 456. D 457. B 458. B 459. C 460. D

461. B 462. D 463. A 464. B 465. D 466. A 467. D 468. A 469. B 470. C

471. D 472. B 473. C 474. A 475. A 476. D 477. C 478. B 479. A 480. C

481. D 482. C 483. B 484. A 485. D 486. A 487. B 488. C 489. D 490. A

491. A 492. D 493. B 494. C 495. C 496. B 497. C 498. B 499. D 500. B

501. C 502. A 503. D 504. D 505. B 506. B 507. A 508. B 509. B 510. C

511. D 512. B 513. A 514. D 515. A 516. D 517. A 518. C 519. B 520. D

521. B 522. D 523. A 524. B 525. C 526. A 527. D 528. B 529. A 530. B

531. D 532. C 533. D 534. A 535. B 536. A 537. B 538. D 539. B 540. D

541. C 542. A 543. B 544. D 545. C 546. D 547. A 548. B 549. C 550. C

551. A 552. D 553. B 554. D 555. B 556. A 557. D 558. C 559. C 560. A

561. D 562. A 563. C 564. C 565. C 566. D 567. A 568. D 569. C 570. D

571. C 572. D 573. C 574. A 575. B 576. B 577. B 578. D 579. A 580. C

581. C 582. B 582. B 584. D 585. C 586. C 587. D 588. A 589. C 590. C

591. A 592. C 593. B 594. A 595. D 596. B 597. A 598. A 599. A 600. B

601. B 602. B 603. C 604. D 605. C 606. B 607. A 608. B 609. B 610. A

611. C 612. D 613. B 614. B 615. A 616. D 617. C 618. B 619. B 620. D

621. C 622. B 623. D 624. A 625. D 626. B 627. D 628. B 629. D 630. C

631. B 632. A 633. A 634. A 635. B 636. D 637. C 638. B 639. A 640. D

641. D 642. C 643. C 644. A 645. C 646. B 647. D 648. C 649. B 650. C

651. A 652. C 653. A 654. B 655. D 656. B 657. C 658. A 659. D 660. D

661. B 662. A 663. B 664. A 665. D 666. C 667. A 668. B 669. D 670. C

671. A 672. C 673. D 674. D 675. B 676. A 677. C 678. B 679. C 680. D

681. B 682. A 683. C 684. D 685. A 686. B 687. C 688. B 689. A 690. C

691. B 692. D 693. C 694. D 695. A 696. B 697. D 698. A 699. D 700. B

701. C 702. D 703. C 704. B 705. B 706. D 707. B 708. C 709. D 710. B

711. B 712. D 713. C 714. C 715. B 716. B 717. A 718. D 719. B 720. C

721. B 722. A 723. C 724. D 725. B 726. C 727. A 728. B 729. D 730. B

詳答摘錄 – 選擇題

1.

R_A：垂直面反作用力，R_B：斜面反作用力

向上 ＝ 向下 $\Rightarrow \dfrac{4}{5}R_B = 100 \Rightarrow R_B = 125$，向右 ＝ 向左 $\Rightarrow R_A = \dfrac{3}{5}R_B = \dfrac{3}{5} \times 125 = 75$

2. 三力平衡用拉密定理

$$\frac{T_{AB}}{\sin 90°} = \frac{T_{BC}}{\sin 120°} = \frac{W}{\sin 150°} = \frac{100}{\sin 150°} \Rightarrow T_{AB} = 200，T_{BC} = 173.2 = 100\sqrt{3}$$

3.

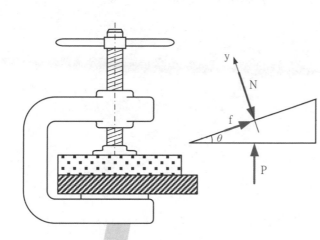

N：作用於螺桿螺紋面之正壓力
f：螺紋間的摩擦力
P：工件作用於 C 型夾螺桿之力
F：扭矩產生之鎖緊作用力
θ：導程角

其中
$f = \mu \times N = 0.3 \times N$

$F = \dfrac{40 \times 10^3}{10} N = 4kN$

$\theta = \tan^{-1} \dfrac{4}{2\pi \times 10} = 3.64°$

由平衡方程

$$\sum F_x = f + P \times \sin\theta - F \times \cos\theta = 0$$
$$\sum F_y = P \times \cos\theta + F \times \sin\theta - N = 0$$

列出
$\begin{cases} 0.3 \times N + P \times \sin 3.64° - 4 \times \cos 3.64° = 0 \\ \quad P \times \cos 3.64° + 4 \times \sin 3.64° - N = 0 \end{cases}$
$\Rightarrow P = 10.8 \text{ kN}$

4. 以滾輪與台階之接觸點為支點，力矩平衡

$$W \times \left(\frac{d}{2} \times \sin 60°\right) = T \times \left(\frac{d}{2} + \frac{d}{2} \times \cos 60°\right)$$

$$\Rightarrow 50 \times \left(\frac{30}{2} \times \frac{\sqrt{3}}{2}\right) = T \times \left(\frac{30}{2} + \frac{30}{2} \times \frac{1}{2}\right) \Rightarrow T = 28.86 > 20$$

5. R_A：A點反作用力，R_B：B點反作用力，以B為支點，順時針力矩 = 逆時針力矩
   $\Rightarrow 600 + 210 \times 2 + R_A \times 8 = 150 \times 4 \Rightarrow R_A = -52.5 = 52.5(\downarrow)$
   向上 = 向下
   $\Rightarrow R_A + R_B + 210 = 150 \Rightarrow -52.5 + R_B + 210 = 150 \Rightarrow R_B = -7.5 = 7.5(\downarrow)$

6.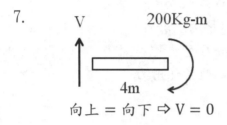

   R_B：B點反作用力
   均佈力大小 $= 20 \times 6 = 120$，集中作用在距離B點右方3m處
   以B為支點，力矩合 $= 0 \Rightarrow M + 120 \times 3 = 0 \Rightarrow M = -360$

7.

   向上 = 向下 $\Rightarrow V = 0$

8. (C)應該是閉合的三角形

9. R_A：A點反作用力($\uparrow$)，R_B：B點反作用力($\leftarrow$)，f_s為最大靜摩擦力($\rightarrow$)
   向上 = 向下 $\Rightarrow R_A = 10 + 45 = 55$，$f_s = R_A \times \mu_s = 55 \times \mu_s$
   向左 = 向右 $\Rightarrow R_B = f_s = 55 \times \mu_s$
   以A為支點，順時針力矩 = 逆時針力矩
   $\Rightarrow 10 \times (1.5 \cos 60°) + 45 \times (3 \cos 60°) = 55 \times \mu_s \times (3 \sin 60°) \Rightarrow \mu_s = 0.5248$

10. f_s為最大靜摩擦力，N是正向力，$f_s = N \times \mu_s = (50 \times \sin 45° + 100) \times 0.2 = 27.07$
    推力 $= 50 \times \cos 45° = 35.355 > f_s$ $\therefore$ 會向左移動
    以木箱的左下角為支點，順時針力矩 $= 100 \times 45 + 50 \sin 45° \times 90 = 7681.98$
    逆時針力矩 $= 50 \cos 45° \times 60 = 2121$，逆 < 順 $\therefore$ 不翻滾

11. 平行斜面之支撐力 = 下滑力 $\Rightarrow F \cos 30° = W \sin 30° = 20 \sin 30° \Rightarrow F = 11.547 \, kg$

12. 將力之作用點移至支點，原力矩用一力偶來代替

13. 力偶之外效應取決於大小、方位與轉動方向

14. P之施力點為支點，與F之施力點不同

15. 當施力線與轉軸(原點在支點之Z軸)相交代表施力在支點上，力臂 = 0，力矩為零

16. 零力桿件為與 60Kgw 接觸之垂直桿件、與左支點接觸之水平桿件、
與右支點接觸之水平桿件

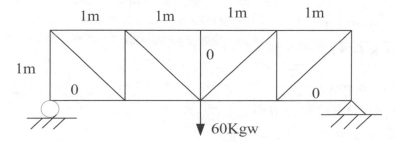

17. 要移動物體需克服最大靜摩擦力 = 正向力 × μ_s
$\Rightarrow P = f_C + f_D = 1000 \times 0.25 + 2500 \times 0.25 = 875$

18. 向右 = 向左 $\Rightarrow F = f_s = 50 \times 0.5 = 25$。以物體之右下角為支點
順時針力矩 = 逆時針力矩 $\Rightarrow F \times H = 50 \times 1 \Rightarrow 25H = 50 \Rightarrow H = 2\,m$

19. 摩擦係數 $\mu = \tan\theta \Rightarrow 0.75 = \tan\theta \Rightarrow \theta = 37°$

20. R_C：C 點反作用力，以 A 為支點
順時針力矩 = 逆時針力矩 $\Rightarrow F_{BD} \times 0.5 = R_C \times 1 \Rightarrow F_{BD} = 2R_C$
以 E 為支點，順時針力矩 = 逆時針力矩 $\Rightarrow F_{BD} \times 1.3 = 300 \times 1.1 + R_C \times 0.8$
$\Rightarrow 2R_C \times 1.3 = 300 \times 1.1 + 0.8R_C \Rightarrow R_C = 183.33$

21. $H = \dfrac{1}{2}gt^2 \Rightarrow 19.62 = \dfrac{1}{2} \times 9.81t^2 \Rightarrow t = 2$
$R = Vt = 8 \times 2 = 16\,m$

22. 若圓盤與地面接觸之點為 O 點，力對 O 點產生之力矩為 M_O，角加速度為 α，半徑為 r
圓心 G 之加速度為 $a = r\alpha \Rightarrow M_O = I_G\alpha + mar = \dfrac{mr^2}{2}\alpha + mr^2\alpha = \dfrac{3mr^2}{2}\alpha$
$\Rightarrow 600 \times 1 = \dfrac{3 \times 100 \times 1^2}{2}\alpha \Rightarrow \alpha = 4$

23. $W = m(g + a) = 60 \times (9.81 + 3) = 768.6\,N$

24. C 點相對於 G 之切線加速度 $a_t = r\alpha$ 向左，但 G 之加速度為 $r\alpha$ 向右
∴ C 點的絕對切線加速度 $a_t = 0$，只剩法線加速度 $a_n = r\omega^2$
∴ C 點之加速度 $= r\omega^2 = 0.25 \times 2^2 = 1$

25. 鐵球在鐵板上由 A 向左移動 2m，假設鐵板由 A 向右移動 S，移動時間為 t
因此鐵球之絕對位移為向左 2 − S，因為初始總動量為零且動量守恆，所以
$40 \times \dfrac{2-S}{t} = 10 \times \dfrac{S}{t} \Rightarrow S = 1.6\,m$

26. 距離只有大小沒有方向

27. $H = V_0t - \dfrac{1}{2}gt^2 \Rightarrow -9.81 = 30\sin 9.4°t - \dfrac{1}{2} \times 9.81t^2 \Rightarrow t^2 - t - 2 = 0$

$\Rightarrow t = \dfrac{1 \pm \sqrt{(-1)^2 - 4 \times 1 \times (-2)}}{2} = \dfrac{1 \pm 3}{2} \Rightarrow t = 2 \text{ 或} -1(\text{不合})$

$S = Vt = 30\cos 9.4° \times 2 = 59.196 \text{ m}$

28. 滑塊 A 受到之外力為 5N(向右)與摩擦力 f(向左)

摩擦力 $f = $ 正向力 $\times$ 摩擦係數 $= 10 \times 0.2 = 2 \text{ N}$

$\Rightarrow F = ma \Rightarrow 5 - 2 = \dfrac{10}{9.81}a \Rightarrow a = 2.943$

29. r_1 是輪轂半徑，r_2 是輪子半徑

輪軸圓心速度 $= r_1\omega = 10 \times 20 = 200(\rightarrow)$

A 相對輪軸圓心之速度 $= r_2\omega = 30 \times 20 = 600(\leftarrow)$

A 的絕對速度 $= 600 - 200 = 400(\leftarrow)$

30. 外力 $= 0$　動量守恆 $\Rightarrow 2 \times 60 = (2 + 10) \times V_2 \Rightarrow V_2 = 10$

減加速度由摩擦力提供，摩擦力 $=$ 正向力 $\times$ 摩擦係數，$F = ma$

$\Rightarrow 12 \times 9.81 \times 0.4 = 12a \Rightarrow a = 3.92$

$V^2 = V_0^2 + 2aS \Rightarrow 0^2 = 10^2 - 2 \times 3.92 \times S \Rightarrow S = 12.755 \text{ m}$

31. $s = t^3 - 6t^2 - 15t + 20$，$V = \dfrac{ds}{dt} = 3t^2 - 12t - 15 = 3(t^2 - 4t - 5) = 3(t - 5)(t + 1)$

$V = 0 \Rightarrow t = 5 \text{ 或} -1(\text{不合})$，$a = \dfrac{dV}{dt} = 6t - 12 = 6 \times 5 - 12 = 18$

32. 加速度為正時，前段速度由 12 增加，加速度為負時，後段速度做漸減，
但前段正加速度較大，速度增加較快，後段負加速度較小，速度減少較慢

33. $V = V_0 + at \Rightarrow \left(\text{將速度轉換為} \dfrac{m}{s} \text{ 再計算}\right) \Rightarrow \dfrac{96}{3.6} = \dfrac{60}{3.6} + a \times 10 \Rightarrow a = 1$

34. $t = 0{\sim}8\sec \Rightarrow a = \dfrac{6}{8}t \Rightarrow V = \dfrac{3}{8}t^2 + c$，$t = 0$，$V = 0 \Rightarrow c = 0$。$t > 8sec \Rightarrow a = 6$

$V = 30 = \dfrac{3}{8}t^2 \Rightarrow t = 8.9 > 8$，$t = 8 \Rightarrow V = \dfrac{3}{8} \times 8^2 = 24$

$V = 30 = V_0 + at = 24 + 6 \times t \Rightarrow t = 1$，所需時間 $= 8 + 1 = 9 \text{ sec}$

35. 位移 $= V - t$ 圖面積 $= \dfrac{(60 + 120) \times 30}{2} = 2700 \text{ m}$

36. 加速度為負代表在做減速運動

37. 自由落體初速為零 $\Rightarrow V^2 = 2gh \Rightarrow h = \dfrac{V^2}{2g}$

$\Rightarrow$ 高度比 = 速度的平方比 = $1^2 : 2^2 : 3^2 = 1 : 4 : 9$

38. 重力加速度 = 9.8

39. 運動方向就是速度方向

40. $a_{總}^2 = a_t^2 + a_n^2 \Rightarrow 5^2 = 3^2 + a_n^2 \Rightarrow a_n = 4$; $a_n = \dfrac{V^2}{R} = \dfrac{V^2}{400} = 4 \Rightarrow V = 40$

41. ω 為角速度，f 是頻率

42. $F = ma = 1 \times 1 = 1 \, N$

43. $\omega = \dfrac{2\pi}{T}$, $V = r\omega = 2R \times \dfrac{2\pi}{T} = \dfrac{4\pi R}{T}$

44. 若速度向下為正，向上為負，初始動能 $= \dfrac{1}{2}mv^2 = \dfrac{1}{2} \times 49 \times 20^2 = 9800 \, J$

抵抗力作負功 $W = FS = -200 \times 9.8 \times 10 = -19600 \, J$

$\Rightarrow$ 外力作功 = 動能變化 + 位能變化

$\Rightarrow -19600 = -9800 - \dfrac{1}{2} \times 49 \times v^2 - 49 \times 9.8 \times 10$

$\Rightarrow v = 14.3$ (向上) $\Rightarrow$ 為 $-14.3 \, m/sec$

45. $72\dfrac{km}{hr} = 20\dfrac{m}{s}$, $V = V_0 + at \Rightarrow 0 = 20 + a \times 2 \Rightarrow a = -10$

$V^2 = V_0^2 + 2aS \Rightarrow 0 = 20^2 + 2 \times (-10) \times S \Rightarrow S = 20$; $20 + 2 = 22 \, m$

46. $\omega = \omega_0 + \alpha t = 2 + 1 \times 2 = 4$ ，切線加速度 $a_t = r\alpha = 2 \times 1 = 2$

法線加速度 $a_n = r\omega^2 = 2 \times 4^2 = 32$

$a_{總} = \sqrt{a_t^2 + a_n^2} = \sqrt{2^2 + 32^2} = \sqrt{1028} = 2\sqrt{257}$

47. 速度 = 位移/時間

48. $V^2 = V_0^2 + 2aS \Rightarrow 0 = 40^2 + 2a \times 800 \Rightarrow a = -1$

$V = V_0 + at \Rightarrow 0 = 40 + (-1) \times t \Rightarrow t = 40 \, sec$

49. $\omega = \dfrac{2\pi}{T} = \dfrac{2\pi}{60} = \dfrac{\pi}{30}$

50. $V^2 = V_0^2 + 2aS \Rightarrow 29.4^2 = 9.8^2 + 2 \times 9.8 \times S \Rightarrow S = 39.2 \, m$

51. $$卡諾效率 = 1 - \frac{T_L}{T_H} = \frac{W_{out}}{Q_{in}} \Rightarrow 1 - \frac{(30 + 273)}{(700 + 273)} = \frac{W_{out}}{1400} \Rightarrow W_{out} = 964 \text{ kJ}$$

52. $$w = \int P dv，P：壓力，v：比容；\Rightarrow w：功$$

53. 單位：內能、功、焓：都是能量(kJ)，熵的單位是能量除以溫度(kJ/k)

54. 若 A 點的力為 F，則滑塊 B 所受的力為 3F
功率 = 力 × 速度 = F × V
功率相同 $\Rightarrow F_A V_A = F_B V_B \Rightarrow F V_A = 3F V_B \Rightarrow V_A = 3V_B；12 = 3V_B \Rightarrow V_B = 4 \text{ m/s}$

55. $F = ma$，a：加速度
甲：$196.2 - 10 \times 9.81 = 10a \Rightarrow a = 9.81$
乙：假設 T 為繩子的張力，$\begin{cases} 20 \times 9.81 - T = 20a \\ T - 10 \times 9.81 = 10a \end{cases} \Rightarrow a = 3.27$
$\Rightarrow$ 甲圖的加速度較大

56. 同一條繩子的拉力都相同，對最左側的滑輪而言，力平衡，向上的力 = 向下的力
$\Rightarrow 2T = mg = (10 + 2) \times 10 \Rightarrow T = 60 \text{ N}$

57. 作用力為 F，水平分量為 F_x，垂直分量為 F_y，T 都是往拉緊的方向
依上題的答案，T = 60 N
向左 = 向右 $\Rightarrow F_x = T \cos 30° = 51.96 \text{ N}$
向上 = 向下 $\Rightarrow F_y = T + T \sin 30° = 90 \text{ N}；F = \sqrt{F_x{}^2 + F_y{}^2} = 103.9 \text{ N}$

58. 若繩子的張力為 T，則滑塊 B 所受的力為 2T，滑塊 A 所受的力為 4T
功率 = 力 × 速度 = F × V
因為功率相同，所以 $F_A V_A = F_B V_B \Rightarrow 4T \times 10 = 2T \times V_B \Rightarrow V_B = 20 \text{ m/s}$

59. 若繩子的張力為 T，$F = ma$，a：加速度
$\begin{cases} 荷重 A：5 \times 9.8 - T = 5a \\ 荷重 B：T - 3 \times 9.8 = 3a \end{cases} \Rightarrow a = 2.45$
$V = V_0 + at = 0 + 2.45 \times 3 = 7.35 \text{ m/s}$

60. (滑輪組省力必費時，荷重受到繩子所造成的拉力愈大，荷重的速度與加速度愈小)
荷重 A 的速度與加速度是荷重 B 的兩倍，若繩子的張力為 T
$F = ma$，a：加速度
$\begin{cases} 荷重 A：10 \times 9.8 - T = 10a \\ 荷重 B：2T - 10 \times 9.8 = 10 \times \dfrac{a}{2} \end{cases} \Rightarrow a = 3.92$
$V_A{}^2 = V_0{}^2 + 2aS = 0 + 2 \times 3.92 \times 2 \Rightarrow V_A = 3.96 \text{ m/s}，V_A = 2V_B \Rightarrow V_B = 1.98 \text{ m/s}$

61. 方塊受到 4P 的拉力，向上的力 = 向下的力 $\Rightarrow 200 = 4P$，$P = 50$

    沒有能量損失 $\Rightarrow$ P 力做的功 = 讓方塊位能增加 $= 200 \times 4 = 800 \, kN - m$

    若 P 力的位移是 S，功 = 力 × 位移 $\Rightarrow 800 = 50 \times S \Rightarrow S = 16 \, m$

62. $108 \, \dfrac{km}{h} = 108 \div 3.6 \, \dfrac{m}{s} = 30 \, \dfrac{m}{s}$，$V = V_0 + at \Rightarrow 30 = 0 + a \times 10 \Rightarrow a = 3$

    $F = ma = 1000 \times 3 = 3000 \, N$，功率 = 力 × 速度 $= 3000 \times 30 = 90000 \, W = 90 \, kW$

63. 有效挽力 F = 緊邊張力 − 鬆邊張力，角速度 $\omega = rpm \times \left(\dfrac{2\pi}{60}\right) = \dfrac{rad}{sec}$，速度 $V = r\omega$

    功率 = 力 × 速度 $= F \times V = F \times r\omega = (20 - 5) \times 0.1 \times \left(\dfrac{1800 \times 2\pi}{60}\right) = 282.74 \, kW$

64. 下滑力 $= W\sin\theta$，正向力 $= W\cos\theta$，摩擦力 = 正向力 × 摩擦係數

    向上的力 = 向下的力

    $\Rightarrow F = $ 下滑力 + 摩擦力 $= 100\sin 30° + 100\cos 30° \times 0.3 = 76 \, N$

    功 = 力 × 位移 $= 76 \times 1 = 76 \, N - m$

65. 彈力位能 $= \dfrac{1}{2}kx^2$，k 是彈簧常數，x 是變形量

    功 = 彈力位能的變化量

    $= \dfrac{1}{2} \times 200 \times (0.3 - 0.2)^2 - \dfrac{1}{2} \times 200 \times (0.3 - 0.25)^2$

    $= 0.75 \, N - m$

66. $L = np$，L 是導程（螺紋旋轉一圈移動的距離），n 是螺紋線數，p 是螺距

    螺距 5 mm 而重物上升 10mm，代表轉了 2 圈，施力的位移 $= 2 \times 2\pi R$

    功 = 力 × 位移 $= F \times 2 \times 2\pi R = FR \times 4\pi =$ 扭矩 $\times 4\pi = 100 \times 4 \times 3.14 = 1256 \, N - m$

67. 牛頓是力的單位，瓦特是功率的單位，卡是熱量的單位

68. 彈力位能 $= \dfrac{1}{2}kx^2$，k 是彈簧常數，x 是變形量

    $k = 4 \, \dfrac{kN}{cm} = \dfrac{4 \times 1000 \, N}{0.01 \, m} = 400000 \, \dfrac{N}{m}$

    位能減少 = 彈力位能增加

    $\Rightarrow 750 \times (3 + x) = \dfrac{1}{2} \times 400000 \times x^2 \Rightarrow 800x^2 - 3x - 9 = 0$

    $\Rightarrow x = \dfrac{3 \pm \sqrt{(-3)^2 - 4 \times 800 \times (-9)}}{2 \times 800} \Rightarrow x = 0.108 \, m = 10.8 \, cm$

69. 角速度 $\omega = rpm \times \left(\dfrac{2\pi}{60}\right) = \dfrac{rad}{sec}$，速度 $V = r\omega$

    功率 = 力 × 速度 $= F \times V = F \times r\omega =$ 扭矩 $\times \omega$

    $\Rightarrow 5 \times 1000 =$ 扭矩 $\times \dfrac{1800 \times 2\pi}{60} \Rightarrow$ 扭矩 $= 26.5 \, N - m$

70. 正向力＝Wcosθ，摩擦力 f＝正向力×摩擦係數。功＝力×位移＝(Wcosθ×μ)×S

71. 位能減少轉成動能，人作功吸收動能

72. 功是平行有效，功＝力×與力平行的位移＝80×1＝80 J

73. 動能是純量，只有大小沒有方向

74. $V = gt$，動能 $E = \frac{1}{2}mV^2 = \frac{1}{2}m(gt)^2$，為凹口向上之拋物線

75. 假設在高 H 處，因為能量守恆，總能量＝位能＋動能＝mgH

　　所以位能 $= mgH -$ 動能 $= mgH - \frac{1}{2}m(gt)^2$，為凹口向下之拋物線

76. $h = \frac{1}{2}gt^2$，功 $W = 力 \times 位移 = mgh = mg \times \frac{1}{2}gt^2$，為凹口向上之拋物線

77. 功是平行有效，功 $=$ 與位移平行的力 $\times$ 位移 $= \left(50 \times \frac{3}{5}\right) \times 5 = 150$ J

78. $108 \dfrac{km}{hr} = 108 \div 3.6 \dfrac{m}{s} = 30 \dfrac{m}{s}$，$72 \dfrac{km}{hr} = 72 \div 3.6 \dfrac{m}{s} = 20 \dfrac{m}{s}$

　　動能 $= \frac{1}{2}mV^2$，動能增加 $= \frac{1}{2} \times 1000 \times (30^2 - 20^2) = 250000$ J $= 250$ kJ

79. (滑輪組省力必費時，物塊受到繩子所造成的拉力愈大，物塊的位移、速度與加速度愈小)

　　物塊 A 的位移、速度與加速度是物塊 B 的兩倍

　　摩擦力 $=$ 正向力 $\times$ 摩擦係數，若繩子的張力為 T，物塊 B 的加速度為 a

　　⇨ 物塊 B 所受的力為 $2T(\uparrow)$，物塊 A 所受的力為 $T(\rightarrow)$

　　$F = ma$

　　$\begin{cases} 物塊\,B：42 - 2T = \left(\dfrac{42}{9.8}\right) \times a \\[2mm] 物塊\,A：T - 20 \times 0.3 = \left(\dfrac{20}{9.8}\right) \times 2a \end{cases}$ ⇨ $a = 2.41$，$V_A = 2 = 2V_B$ ⇨ $V_B = 1$

　　物塊 B：$V^2 = V_0^2 + 2aS$ ⇨ $1^2 = 0 + 2 \times 2.41 \times S$ ⇨ $S = 0.2075$ m

80. 下滑力 $= mg\sin\theta$，正向力 $= mg\cos\theta$，摩擦力 $=$ 正向力 $\times$ 摩擦係數，$F = ma$

　　$mg\sin\theta - mg\cos\theta \times 0.3 = 10a$ ⇨ $10 \times 10 \times \dfrac{5}{13} - 10 \times 10 \times \dfrac{12}{13} \times 0.3 = 10a$ ⇨ $a = 1.077$

　　$V^2 = V_0^2 + 2aS = 5^2 + 2 \times 1.077 \times 8$ ⇨ $V = 6.498$ m/s

81. 應力 $= \dfrac{力\,(N)}{面積\,(m^2)}$

82.
實心圓軸之扭矩 $T = \tau \times \dfrac{\pi d^3}{16} = (80 \times 10^6) \times \dfrac{\pi \times 0.065^3}{16} = 4313.8\,N-m$

83.
$$拉應力 = \frac{拉力}{截面積}$$

84.
$$M = \frac{wx^2}{2}$$

85.
軸向負載：$\tau = \dfrac{1}{2}\sigma \sin 2\theta$，$\theta = 45°$

$\Rightarrow \tau_{max} = \dfrac{1}{2}\sigma = \dfrac{1}{2} \times \dfrac{60000}{3.14 \times 12.5^2} = 61.1\,MPa(\dfrac{N}{mm^2})$

86.
$\tau = G\gamma$，$\sigma = E\varepsilon$，$MPa(\dfrac{N}{mm^2})$，$GPa(\dfrac{kN}{mm^2})$

87.
雙軸向應力：正交應力 $\sigma_n = \dfrac{1}{2}\left(\sigma_x + \sigma_y\right) + \dfrac{1}{2}\left(\sigma_x - \sigma_y\right)\cos 2\theta$

剪應力 $\tau = \dfrac{1}{2}\left(\sigma_x - \sigma_y\right)\sin 2\theta$

主平面$\left(主應力 \sigma_1 與 \sigma_2 作用的平面\right)$：$\theta = 0° \Rightarrow \sigma_n$有最大值$\left(稱為 \sigma_1\right) = \sigma_x$，$\tau = 0$

$\theta = 90° \Rightarrow \sigma_n$有最小值$\left(稱為 \sigma_2\right) = \sigma_y$，$\tau = 0$

$\theta = 45°$ 產生$\tau_{max} = \dfrac{1}{2}\left(\sigma_1 - \sigma_2\right) = \dfrac{1}{2}\left(\sigma_x - \sigma_y\right)$，$\sigma_n = \dfrac{1}{2}\left(\sigma_1 + \sigma_2\right) = \dfrac{1}{2}\left(\sigma_x + \sigma_y\right)$

89.
圓軸受扭矩作用造成之剪應力 $\tau = \dfrac{TR}{J}$

扭轉角 $\varphi = \dfrac{TL}{GJ}$，T：扭矩，R：半徑

實心圓軸：$J = \dfrac{\pi D^4}{32}$，空心圓軸：$J = \dfrac{\pi(D^4 - d^4)}{32} = \dfrac{\pi[D^4 - (0.6D)^4]}{32} = \dfrac{0.8704\pi D^4}{32}$

空心圓軸之 J 小於實心圓軸 $\Rightarrow$ 空心圓軸具有較大之扭轉角與剪應力

90.
在考慮桿自重所產生之總變形量時，應將其自重置於其形心位置(即桿長中點)

將掛重與自重(利用等效集中力計算)之總變形量線性疊加：

$\delta = \dfrac{W(L/2)}{EA} + \dfrac{20 \times L}{EA} = \dfrac{0.3465 \times 75 \times 10^3}{200 \times 30} + \dfrac{20 \times 150 \times 10^3}{200 \times 30} = 504.3\,mm$

75 m

150 m

W

20 kN

91. 矩形樑之最大剪應力 $\tau_{max} = \dfrac{3}{2}\tau_{平均} = \dfrac{3V}{2A}$

92. 樑承受之彎曲應力 $\sigma = \dfrac{My}{I}$

在樑的上下兩端有最大彎曲應力 $\therefore y = \dfrac{高}{2} = 0.06\,m$

矩形樑之 $I = \dfrac{bh^3}{12} = \dfrac{0.08 \times 0.12^3}{12} = 1.152 \times 10^{-5}$

$\sigma = \dfrac{My}{I} = \dfrac{(19.2 \times 1000) \times 0.06}{1.152 \times 10^{-5}} = 100000000 = 100\,MPa$

93. 扭轉就是剪割作用

95. 應力$(MPa) = \dfrac{力(N)}{面積(mm^2)}$，$\sigma = \dfrac{P}{A} = \dfrac{100 \times 1000}{(10 \times 10)^2} = 10\,MPa$

96. 單軸向負載：$\tau = \dfrac{1}{2}\sigma\sin 2\theta$，$\theta = 45° \Rightarrow \tau_{max} = \dfrac{1}{2}\sigma = \dfrac{1}{2}\dfrac{P}{A} = \dfrac{P}{2A}$

97. 圓棒受扭矩作用造成之剪應力 $\tau = \dfrac{TR}{J}$，T：扭矩，R：半徑，τ 與 R 成正比

98. 剪力由正變負之點(B 點)彎曲力矩最大

99.

R_A：A 點反作用力

以 C 為支點，順時針力矩 = 逆時針力矩 $\Rightarrow R_A \times L = P \times b \Rightarrow R_A = \dfrac{Pb}{L}$

以 B 為支點，順時針力矩 = 逆時針力矩 $\Rightarrow R_A \times a = M \Rightarrow M = \dfrac{Pab}{L}$

100.

主應力的最大值 $\sigma_1 = \dfrac{(\sigma_x + \sigma_y)}{2} + \sqrt{\left(\dfrac{\sigma_x - \sigma_y}{2}\right)^2 + \tau_{xy}^2}$

主應力的最小值 $\sigma_2 = \dfrac{(\sigma_x + \sigma_y)}{2} - \sqrt{\left(\dfrac{\sigma_x - \sigma_y}{2}\right)^2 + \tau_{xy}^2}$

主應力的最大值 $\sigma_1 = \dfrac{(10 + 2)}{2} + \sqrt{\left(\dfrac{10 - 2}{2}\right)^2 + 3^2} = 6 + 5 = 11\,MPa$

102. 原先 X 軸應變 $\varepsilon_x = \dfrac{\sigma}{E}(1 - 2\mu) = \dfrac{\sigma}{E}(1 - 2 \times 0.3) = 0.4\dfrac{\sigma}{E}$

之後 X 軸應變 $\varepsilon_x = \dfrac{\sigma}{E}(1 - 2\mu) = \dfrac{\sigma}{1.5E}(1 - 2 \times 0.1) = 0.533\dfrac{\sigma}{E}$，$\dfrac{之後}{原來} = \dfrac{0.533}{0.4} = 1.3325$

103. 直徑 12 in = 1 ft，$HP = \dfrac{F \times \pi DN}{33000} \Rightarrow 10\pi = \dfrac{F \times \pi \times 1 \times 3300}{33000} \Rightarrow F = 100 \text{ lb}$

$\sigma = \dfrac{F}{A} = \dfrac{100}{\left(\frac{1}{2} \div 2\right) \times 2} = 200 \text{ lb/in}^2$

104. 雙軸向應力：$\varepsilon_y = \dfrac{\sigma_y}{E} - \dfrac{\sigma_x}{E} \times \mu = \dfrac{-80}{(200 \times 1000)} - \dfrac{100}{(200 \times 1000)} \times 0.2 = -5 \times 10^{-4}$

105. $\sigma = \dfrac{P}{A} = \dfrac{200000}{5} = 40000$，單軸向應力：$\varepsilon = \dfrac{\sigma}{E} = \dfrac{40000}{2 \times 10^6} = 0.02$

106. A：比例限，B：降伏點，D：極限強度，E：破壞點

降伏點之後開始塑性變形

107. $\sigma_z = 0$，$\sigma_x = -\sigma_y$，體積應變 $\varepsilon_v = \dfrac{1 - 2\mu}{E}(\sigma_x + \sigma_y + \sigma_z) = 0$

108. 剪應力 $\tau = \dfrac{1}{2}(\sigma_x - \sigma_y)\sin 2\theta$。$\theta = 45°$ 產生 $\tau_{max} = \dfrac{1}{2}(\sigma_x - \sigma_y) = \dfrac{1}{2}(500 - 300) = 100$

109.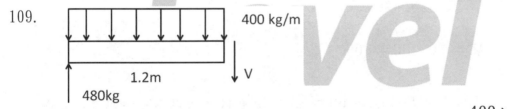

因為是均佈載重，簡支樑兩端支點各承受一半的總載重 $= \dfrac{400 \times 2.4}{2} = 480 \text{ kg}$

對樑之中點取自由體圖，向上之力 = 向下之力 $\Rightarrow 480 = 400 \times 1.2 + V \Rightarrow V = 0$

剪應力 $= \dfrac{V}{A} = \dfrac{0}{A} = 0$

110. N 是機件數（固定機件只能算 1 個），P 是對偶數

$P = 7$；$N = 6$，$\dfrac{3}{2}N - 2 = \dfrac{3}{2} \times 6 - 2 = 7$

$P = \dfrac{3}{2}N - 2 \Rightarrow$ 是拘束鏈，自由度 = 1

111. 若 $\overline{AB}$ 為逆時針迴轉，當 $\overline{AB}$ 與 $\overline{BE}$ 垂直時，D 之行進方向會轉為相反方向

此時三角形 ABE 為直角三角形，因為 $\overline{AB} = 15$，$\overline{AE} = 30$，所以角 BAE = 60°

退回行程為 $\overline{AB}$ 迴轉 120°（60° × 2 = 120°），切削行程為 $\overline{AB}$ 迴轉 240°（360° − 120° = 240°）

$\Rightarrow$ 切削時間：退回時間 = 240° : 120° = 2 : 1

112. $N_1D_1 = N_2D_2$，N 是轉數，D 是直徑
$\Rightarrow 300D_1 = 1200D_2 \Rightarrow D_1 = 4D_2$
$\Rightarrow r_1 = 4r_2$，$r_1 + r_2 = 30 \Rightarrow r_1 = 24$ cm $= 0.24$ m，$r_2 = 6$ cm
角速度 $\omega(\frac{rad}{sec}) = rpm \times (\frac{2\pi}{60})$，$V = r_1\omega_1 = 0.24 \times 300 \times \frac{2\pi}{60} = 2.4\pi$ m/sec

113. 滑塊在最右邊：兩軸心直線距離為 $b + a = 30 + 10 = 40$
兩軸心之水平距離 $= \sqrt{40^2 - 5^2} = 39.686$
滑塊在最左邊：兩軸心直線距離為 $b - a = 30 - 10 = 20$
兩軸心之水平距離 $= \sqrt{20^2 - 5^2} = 19.365$
$S = 39.686 - 19.365 = 20.321$

114. 功率 $=$ 力 $\times$ 速度 $= F \times V = F \times r\omega = T\omega$
功率相同 $\Rightarrow T_2\omega_2 = T_4\omega_4$

115. $\omega_1 = 0$（因為固定），令 3 為末輪，e 為負值
$e = \frac{N_{末} - N_{臂}}{N_{首} - N_{臂}} = -\frac{T_{首}}{T_{末}}$（N 是轉數，T 是齒數）
$\Rightarrow \frac{\omega_3 - \omega_4}{\omega_1 - \omega_4} = -\frac{N_1}{N_3} \Rightarrow \frac{1.5\omega_4 - \omega_4}{0 - \omega_4} = -0.5 = -\frac{N_1}{N_3} = -\frac{N_1}{100} \Rightarrow N_1 = 50$
$R_1 + 2R_2 = R_3 \Rightarrow D_1 + 2D_2 = D_3 \Rightarrow D_2 = \frac{D_3 - D_1}{2}$
嚙合齒輪模數相同 $\Rightarrow$ 模數 $= \frac{D}{N}$，N 與 D 成正比 $\Rightarrow N_2 = \frac{N_3 - N_1}{2} = \frac{100 - 50}{2} = 25$

116. $\begin{cases} AB + BC = 100 \\ BC - AB = 60 \end{cases} \Rightarrow AB = 20$，$BC = 80$

117. 四連桿之條件：$l_1 < l_2 + l_3 + l_4 \Rightarrow$ 因為 $60 > 25 + 20 + 10$，所以不可能組成四連桿

118. 角速度 $\omega = rpm \times (\frac{2\pi}{60}) = \frac{rad}{sec}$，$\omega = \frac{2\pi}{T} \Rightarrow 240 \times \frac{2\pi}{60} = \frac{2\pi}{T} \Rightarrow T = 0.25$

119. 高對：兩個機件的接觸方式是線或點接觸：齒輪(線接觸)或滾珠軸承(點接觸)

120. (A)(B)(D)均為面接觸(低對)，(C)為線接觸(高對)

126. 兩相嚙合齒輪之模數、徑節與周節相同
模數 $M = \frac{D}{T}$，徑節 $P_d = \frac{T}{D}$(英制，齒/吋)，周節 $P_c = \frac{\pi D}{T} = \pi M$，$M \times P_d = 25.4$

130. 角速度 $\omega = rpm \times (\frac{2\pi}{60}) = \frac{rad}{sec}$，速度 $V = r\omega$
功率 $=$ 力 $\times$ 速度 $= F \times V = F \times r\omega =$ 扭矩 $\times \omega = 2 \times 9.8 \times 50 \times \frac{2\pi}{60} = 102.625$ w

131. 下滑力 = mgsinθ，下滑力 = 推力

$\Rightarrow 250 \times 9.8 \times \sin\theta = 50 \times 9.8 \Rightarrow \sin\theta = \dfrac{1}{5} \Rightarrow \sin\theta = \dfrac{1.25}{L} = \dfrac{1}{5} \Rightarrow L = 6.25$

132. 速比 $= \dfrac{N_1}{N_2} = \dfrac{\dfrac{0.9}{360}}{\dfrac{0.002}{8}} = \dfrac{10}{1}$ ，減速比 $= \dfrac{1}{速比} = \dfrac{1}{10}$

134. 夾角愈大，角速比愈大

136. $L = np$，L 是導程(螺紋旋轉一圈移動的距離)，n 是螺紋線數，p 是螺距

$\tan\theta = \dfrac{L}{\pi D} = \dfrac{3p}{\pi D}$

138. 鏈輪節圓直徑 $D = \dfrac{P}{\sin\left(\dfrac{180}{T}\right)}$ ，P 是鏈節長度，T 是齒數

$D = \dfrac{P}{\sin(\dfrac{180}{T})} = \dfrac{2}{\sin(\dfrac{180}{120})} = \dfrac{2}{\sin 1.5°} = 76.92$

140. 模數 $M = \dfrac{D}{T} \Rightarrow 3 = \dfrac{D_1}{80} = \dfrac{D_2}{120} \Rightarrow D_1 = 240，D_2 = 360 \Rightarrow R_1 + R_2 = \dfrac{(240 + 360)}{2} = 300$

211. $V = \dfrac{\pi DN}{1000}$ ，V：切削速度$\left(\dfrac{m}{min}\right)$，D：直徑(mm)，N：轉速(rpm)

$V = \dfrac{\pi \times 20 \times 500}{1000} = 31.4 \ (m/min) = 0.523 \ m/s$

221. $V = \dfrac{\pi DN}{1000}$ ，若 V 不變 $\Rightarrow$ D 與 N 成反比，D 變一半則 N 變兩倍

224. M8 × 1.25 $\Rightarrow$ 螺距 = 1.25，因為單線螺紋 $\Rightarrow$ 導程 = 螺距 = 1.25

F = 轉速 × 導程 = 200 × 1.25 = 250 mm/min

230. 直徑減少量 = 進刀量 × 2 $\Rightarrow \dfrac{13}{250} \times 5 \times 2 = 0.52$ mm

234. $V = \dfrac{\pi DN}{1000}$ ，V：切削速度$\left(\dfrac{m}{min}\right)$，D：直徑(mm)，N：轉速(rpm)

$75 = \dfrac{\pi \times 80 \times N}{1000} \Rightarrow N = 298.4$ rpm

235. $V = \dfrac{\pi DN}{1000}$ ，V：切削速度$\left(\dfrac{m}{min}\right)$，D：直徑(mm)，N：轉速(rpm)

$30 = \dfrac{\pi \times 20 \times N}{1000} \Rightarrow N = 477.46$ rpm

238.

$$進刀量 = \frac{直徑減少量}{2} \Rightarrow 進刀量 = \frac{10 \times \frac{1}{10}}{2} = 0.5 \text{ mm}$$

241. $13 + 0.05 \times 9 = 13.45$

249.

$$錐度 = \frac{D-d}{L} \Rightarrow \frac{1}{20} = \frac{25-20}{L} \Rightarrow L = 100 \text{ mm}$$

250. $5.5 + 28 \times 0.01 = 5.78 \text{ mm}$

251.

$$直徑變化 = 10 \times \frac{1}{10} = 1，量表的變化是半徑值 = 1 \div 2 = 0.5 \text{ mm}$$

262. $塊規高度 = 200 \times \sin 30° = 100 \text{ mm}$

266.

$$游標原理：精度 = \frac{主尺每格長度}{N \text{ 等分}}，主尺每格長度 = \frac{所取長度}{(N-1) \text{ 等分}}$$

$$(A)精度 = \frac{\frac{12}{(25-1)}}{25} = 0.02 \qquad (B)精度 = \frac{\frac{19}{(20-1)}}{20} = 0.05$$

$$(C)精度 = \frac{\frac{24}{(25-1)}}{25} = 0.04 \qquad (D)精度 = \frac{\frac{39}{(20-1)}}{20} = 0.1$$

291. 力偶 = 力 × 與力垂直之距離 = 距離 × 與距離垂直之力

力偶 $= 50 \times 0.8 = 40 \text{ N} - \text{m}(順時針)$

292. 力矩：逆時針為正，順時針為負

$80 \times 0.6 + 50 \times 1.2 - 50 \times 1.6 = 28 \text{ N} - \text{m}(逆時針)$

293. 力的正負：x 方向 $\Rightarrow$ 右正左負，y 方向 $\Rightarrow$ 上正下負

合力 $F_R = -80 \text{ i} + (50 - 50 - 80) \text{ j} = -80 \text{ i} - 80 \text{ j}$

合力大小 $= \sqrt{(-80)^2 + (-80)^2} = 113.137 \text{ N}$

298. $A \cdot B = (6, 5, -3) \cdot (3, -2, 5) = 6 \times 3 + 5 \times (-2) + (-3) \times 5 = -7$

299.

$$\begin{vmatrix} i & j & k \\ 6 & 5 & -3 \\ 3 & -2 & 5 \end{vmatrix} = \begin{vmatrix} 5 & -3 \\ -2 & 5 \end{vmatrix} i - \begin{vmatrix} 6 & -3 \\ 3 & 5 \end{vmatrix} j + \begin{vmatrix} 6 & 5 \\ 3 & -2 \end{vmatrix} k = 19 \text{ i} - 39 j + (-27) k$$

300.

$$r \times F = \begin{vmatrix} i & j & k \\ 5 & -3 & 7 \\ 3 & 6 & -2 \end{vmatrix} = -36 i + 31 j + 39 k$$

302. $600 \times \sin 30° = 300 \text{ N}(\downarrow)$

303. 力矩是垂直有效，與力臂 3m 垂直的力為 $600 \times \sin 30° = 300$
$\Rightarrow$ 力矩 $= r \times F = 3 \times 300 = 900\,\text{N}-\text{m}(\text{順時針})$

304. F_R 是合力，F_1、F_2、F_R 可畫成一封閉三角形

F_R 對應的角度 $= \dfrac{(360 - 2\theta)}{2} = 180 - \theta$

$$F_R = \sqrt{F_1{}^2 + F_2{}^2 - 2F_1 \times F_2 \times \cos(180 - \theta)}$$

$$= \sqrt{F_1{}^2 + F_2{}^2 + 2F_1F_2\cos\theta}\quad (因為 \cos(180 - \theta) = -\cos\theta)$$

305. 力的正負：x 方向 $\Rightarrow$ 右正左負，y 方向 $\Rightarrow$ 上正下負

$$F_R = \left(20 \times \frac{4}{5} + 26 \times \frac{12}{13}\right)i + \left(20 \times \frac{3}{5} - 26 \times \frac{5}{13}\right)j = 40\,i + 2\,j$$

$$F_R = \sqrt{F_x{}^2 + F_y{}^2} = \sqrt{40^2 + 2^2} = 40.05$$

306. (D)D 點沒有畫 2400 N 的力

307. 力 $= -52 \times \dfrac{12}{13}i + \left(-52 \times \dfrac{5}{13}\right)j = -48\,i - 20\,j$，力矩是垂直有效

$\Rightarrow$ 與力臂 100 mm 垂直的力為 20N $\Rightarrow$ 力矩 $= r \times F = 0.1 \times 20 = 2\,\text{N}-\text{m}(\text{順時針})$
$\Rightarrow$ 與力臂 150 mm 垂直的力為 48N $\Rightarrow$ 力矩 $= r \times F = 0.15 \times 48 = 7.2\,\text{N}-\text{m}(\text{順時針})$
合力矩 $= 2 + 7.2 = 9.2\,\text{N}\quad\text{m}(\text{順時針})$

308. 力偶 $=$ 力 $\times$ 與力垂直之距離 $= 25 \times 0.6 = 15\,\text{N}-\text{m}(\text{逆時針})$

309. 力矩：逆時針為正，順時針為負
力矩 $= r \times F = 100 \times 1800 - 55 \times 680 = 142600\,\text{kg} \cdot \text{cm}$

310. 力 $=$ 摩擦力 $f =$ 正向力 $\times$ 摩擦係數 $= (40.8 \times 9.8) \times 0.2 = 79.968\,\text{N}$

311. 外力 $\geq$ 最大靜摩擦力 $\Rightarrow$ 物體才會移動

312. 向上 $=$ 向下 $\Rightarrow T_{BO}\sin\theta = W \Rightarrow T_{BO} = \dfrac{W}{\sin\theta}$
向左 $=$ 向右 $\Rightarrow T_{AO} = T_{BO}\cos\theta = \dfrac{W\cos\theta}{\sin\theta}$

313. (A)G 只有往下的梯子重
(B)A 沒有畫牆壁的反作用力
(D)B 沒有畫地面的正向力

314. 力矩：逆時針為正，順時針為負
力矩 $= r \times F = 0.16 \times 200 - 0.3 \times P = 20 \Rightarrow P = 40$

315. $$80 = \left(100 \times \frac{4}{5}\right) \times t \Rightarrow t = 1 \sec$$
$$s = V_0 t + \frac{1}{2} a t^2 = \left(100 \times \frac{3}{5}\right) \times 1 - \frac{1}{2} \times 10 \times 1^2 = 55 \, m$$

316. $$V^2 = 2gh = 2 \times 10 \times 5 \Rightarrow V = 10 \, m/s$$

317. $$72 \, \frac{km}{h} = 72 \div 3.6 \, \frac{m}{s} = 20 \, \frac{m}{s} \, , \, 36 \, \frac{km}{h} = 10 \, \frac{m}{s}$$
$$V^2 = V_0^2 + 2aS \Rightarrow 20^2 = 10^2 + 2a \times 150 \Rightarrow a = 1 \, m/s^2$$

318. A 點相對於圓心之切線加速度$a_t = r\alpha$ 向左，但圓心之加速度為 $r\alpha$ 向右
∴ A 點的絕對切線加速度$a_t = 0$，只剩法線加速度$a_n = r\omega^2$
∴ A 點之加速度 $= r\omega^2 = 0.25 \times 2^2 = 1$

319. $$\frac{km}{h} \div 3.6 = \frac{m}{s}$$
$$V = V_0 + at \Rightarrow \frac{72}{3.6} = \frac{36}{3.6} + a \times 10 \Rightarrow a = 1 \, m/s^2$$

320. 角速度 $\omega = rpm \times \left(\frac{2\pi}{60}\right) = \frac{rad}{sec}$ ，速度 $V = r\omega = 0.1 \times 600 \times \frac{2\pi}{60} = 6.28 \, m/s$

321. 切線加速度$a_t = r\alpha = 0.1 \times 3 = 0.3$ ，法線加速度$a_n = r\omega^2 = 0.1 \times 2^2 = 0.4$
$$a_總 = \sqrt{a_t^2 + a_n^2} = \sqrt{0.3^2 + 0.4^2} = 0.5$$

322. r_1 是輪轂半徑，r_2 是輪子半徑
輪軸圓心速度 $= r_1\omega = 0.1 \times 10 = 1(\rightarrow)$
A 相對輪軸圓心之速度 $= r_2\omega = 0.2 \times 10 = 2(\rightarrow)$
A 的絕對速度 $= 2 + 1 = 3 \, m/s(\rightarrow)$

323. $$H = \frac{1}{2} gt^2 \Rightarrow 20 = \frac{1}{2} \times 10 \times t^2 \Rightarrow t = 2 \sec \, , \, 50 = ut = u \times 2 \Rightarrow u = 25 \, m/s$$

324. $$40 = \frac{1}{2} \times 10 \times t^2 \Rightarrow t = \sqrt{8} \sec \, , \, s = ut = 25 \times \sqrt{8} = 70.7 \, m$$

325. 位移 $=$ 末位置 $-$ 初位置 $= 0$

326. $s = -4i + 4j + 7i = 3i + 4j$ ，s 的大小 $= \sqrt{3^2 + 4^2} = 5$

327. 位能相同，到達底端的動能也會相同 $\Rightarrow$ 末速相同

328. 觀察者要給被觀察者負於自己的速度，觀察者速度 $= -12i$ ，最後結果的速度為 $-5j$，
被觀察者的速度 $+ 12i = -5j$
$\Rightarrow$ 被觀察者的速度 $= -12i - 5j$ ，大小為 $\sqrt{(-12)^2 + (-5)^2} = 13$

329. 轉一圈移動 $\pi D \Rightarrow V = \pi D \times rpm \Rightarrow rpm = \dfrac{V}{\pi D}$

330. $V = V_0 + at$

往上拋：$0 = V_0 - gt \Rightarrow t = \dfrac{V_0}{g}$

落下：$V_0 = 0 + gt \Rightarrow t = \dfrac{V_0}{g}$，總時間 $= \dfrac{2V_0}{g}$

331. $60\dfrac{cm}{s^2} = 0.6\dfrac{m}{s^2}$，$s = V_0 t + \dfrac{1}{2}at^2 \Rightarrow 100 = V_0 \times 10 + \dfrac{1}{2} \times 0.6 \times 10^2 \Rightarrow V_0 = 7\ m/s$

332. $V^2 = V_0^2 + 2aS \Rightarrow 0^2 = 20^2 + 2a \times 400 \Rightarrow a = -0.5\ m/s^2$

333. $s = V_0 t + \dfrac{1}{2}at^2 = \dfrac{1}{2} \times g\sin 30° \times t^2$

$t = 1 \Rightarrow s_1 = 2.45$，$t = 3 \Rightarrow s_3 = 22.05$，$s_3 - s_1 = 19.6\ m$

334. $s = V_0 t + \dfrac{1}{2}at^2 \Rightarrow 0 = V_0\sin\theta\, t - \dfrac{1}{2}gt^2 \Rightarrow$ 全部飛行時間 $t = \dfrac{2V_0\sin\theta}{g}$

水平射程 $= V_0\cos\theta \times \dfrac{2V_0\sin\theta}{g}$

$V^2 = V_0^2 + 2aS \Rightarrow 0^2 = (V_0\sin\theta)^2 - 2gh \Rightarrow$ 最大高度 $h = \dfrac{(V_0\sin\theta)^2}{2g}$

水平射程 $=$ 最大高度

$\Rightarrow V_0\cos\theta \times \dfrac{2V_0\sin\theta}{g} = \dfrac{(V_0\sin\theta)^2}{2g} \Rightarrow 4\cos\theta = \sin\theta \Rightarrow 4 = \dfrac{\sin\theta}{\cos\theta} = \tan\theta$

335. $45° \Rightarrow v_x = v_y = gt$，$h = \dfrac{1}{2}gt^2 \Rightarrow t = \sqrt{\dfrac{2h}{g}}$，水平位移 $= v_x t = gt \times t = gt^2 = g \times \dfrac{2h}{g} = 2h$

336. 簡諧運動是等速率圓周運動的投影：
位移 $= r\cos\theta$（方向是從圓心往外）
速度 $= r\omega\cos\theta$
加速度 $= r\omega^2\cos\theta$（方向是指向圓心）
兩端：速度為 0，加速度最大
中心：位移與加速度為 0，速度最大

337. 等速率圓周運動：
角加速度 $\alpha = 0 \Rightarrow$ 切線加速度 $a_t = r\alpha = 0$，只有改變方向的法線加速度 $a_n = r\omega^2$

338. 法線加速度 $a_n = r\omega^2$，切線加速度 $a_t = r\alpha$

339. 加速度 $= r\omega^2\cos\theta$（方向是指向圓心），θ 改變，加速度也會改變

340.

有效張力 = 緊邊張力 − 鬆邊張力

公制馬力 $= \dfrac{FV}{75}$，F 的單位是(kg)，V 的單位是$\left(\dfrac{m}{s}\right)$

$V = R\omega$，$\omega = rpm \times \left(\dfrac{2\pi}{60}\right) = \dfrac{rad}{sec}$

馬力 $= \dfrac{(175 - 100) \times 1 \times 60 \times \dfrac{2\pi}{60}}{75} = 2\pi$

341.

效率 $= \dfrac{輸出功}{輸入功} = \dfrac{100 \times 0.6}{50 \times 2} = 60\%$，效益 $= \dfrac{抗力}{施力} = \dfrac{100}{50} = 2$

342.

$W = 8P$，效益 $= \dfrac{抗力}{施力} = \dfrac{W}{P} = \dfrac{8P}{P} = 8$

343.

$W = 6F$，效益 $= \dfrac{抗力}{施力} = \dfrac{W}{F} = \dfrac{6F}{F} = 6$

344.

$W = 4F$，實際效益 = 無摩擦效益 × 機械效率

$\Rightarrow \dfrac{抗力}{施力} = \dfrac{4F}{F} \times 0.8 = 3.2 \Rightarrow \dfrac{抗力}{施力} = \dfrac{1600}{F} = 3.2 \Rightarrow F = 500 \text{ N}$

345.

定滑輪：$F = W$，效益 $= \dfrac{抗力}{施力} = \dfrac{W}{F} = \dfrac{F}{F} = 1$

346.

$\mu_s = \tan\theta = \tan 45° = 1$

347.

動能 $= \dfrac{1}{2}mv^2 \Rightarrow \dfrac{1}{2}m_1 \times 4^2 = \dfrac{1}{2}m_2 \times 5^2 \Rightarrow \dfrac{m_1}{m_2} = \dfrac{25}{16}$

348.

功率(公制馬力) $= \dfrac{FV}{75}$，F 的單位是(kg)，V 的單位是$\left(\dfrac{m}{s}\right)$

3000 公升 $= 3m^3 = 3 \times 1000 \text{ kg} = 3000 \text{ kg}$

功率(公制馬力) $= \dfrac{FV}{75} = \dfrac{3000 \times 75}{75} = 3000$ 公制馬力。

349.

動能 $= \dfrac{1}{2}mv^2 \Rightarrow 4^2 = 16$

350.

功 = 力 × 位移 $\Rightarrow$ 位移 = 0 則功 = 0

351.

功 = 力 × 位移 $= (100 \times 0.3) \times 10 = 300 \text{ N} - \text{m}$

352.

彈力位能 $= \dfrac{1}{2}kx^2$，k 是彈簧常數，x 是變形量

功 = 彈力位能的變化量 $= \dfrac{1}{2} \times 1000 \times [(0.3 - 0.1)^2 - (0.2 - 0.1)^2] = 15$

353. 功率 = 力 × 速度 $\Rightarrow 3 \times 2 = 6$

354. (A) 費時就省力
(B) 省時就費力
(D) 有摩擦效率會小於 100%

355. 總效率 = 個別效率相乘 = $0.9 \times 0.9 \times 0.95 = 0.7695$

356. 功率 = 力 × 速度 = $1000 \times 5 = 5000 \text{ W} = 5 \text{ kW}$

357. (A) 靜止 $\Rightarrow$ 摩擦力 = 外力
(C) 摩擦力只與正向力與摩擦係數有關
(D) 摩擦力之方向與外力相反

358. $F = kx \Rightarrow 500 = k \times 2 \Rightarrow k = 250 \dfrac{N}{cm}$，彈力位能 $= \dfrac{1}{2}kx^2 = \dfrac{1}{2} \times 250 \times 2^2 = 500 \text{ cm} - N$

359. 彈力位能 $= \dfrac{1}{2}kx^2$，k 是彈簧常數，x 是變形量 $\Rightarrow U = \dfrac{1}{2}k\delta^2$

360. OB 長 $\dfrac{L}{2}$，B 點承受之外力為 2P，$\delta = \dfrac{PL}{EA} = \dfrac{2P \times \dfrac{L}{2}}{EA} = \dfrac{PL}{EA}$

361. 功率 = 力 × 速度 = $1000 \times 10 = 10000 \text{ W} = 10 \text{ kW}$

362. 機械是將輸入的能量轉換為輸出功

363. F = 下滑力 $= W\sin\theta = 100 \times \dfrac{3}{5} = 60 \text{ kgW}$

365. 應力(MPa) $= \dfrac{力(N)}{面積(mm^2)} = \dfrac{240 \times 1000}{\pi(65^2 - 45^2)} = 34.72 \text{ MPa}$

367. 正交應力 $\sigma_n = \sigma\cos^2\theta = \dfrac{F}{\dfrac{\pi d^2}{4}}\cos^2\theta = \dfrac{4F}{\pi d^2}\cos^2\theta$

368. 單軸向負載：$\tau = \dfrac{1}{2}\sigma\sin 2\theta$，$\theta = 45° \Rightarrow \tau_{max} = \dfrac{1}{2}\sigma$

369. 應力(MPa) $= \dfrac{力(N)}{面積(mm^2)} = \dfrac{8 \times 1000}{(150 \times 160 - 2 \times 70 \times 140)} = 1.818 \text{ MPa}$

370. 單軸向負載：$\tau = \frac{1}{2}\sigma\sin 2\theta$，$\theta = 45° \Rightarrow \tau = \frac{1}{2}\sigma$

正交應力 $\sigma_n = \sigma\cos^2\theta = \sigma \times (\frac{\sqrt{2}}{2})^2 = \frac{1}{2}\sigma$

371. 剪應力(MPa)$\tau = \dfrac{力(N)}{與力平行的面積(mm^2)} = \dfrac{125 \times 1000}{\pi \times 20 \times 6.5} = 306\ MPa$

373. 承受最大外力為30kN，正交應力(MPa)$\sigma = \dfrac{力(N)}{與力垂直的面積(mm^2)}$

$= \dfrac{30 \times 1000}{35 \times 10}$

$= 85.7\ MPa$

374. C_x：C點反作用力之x分量，C_y：C點反作用力之y分量

向上 = 向下 $\Rightarrow C_y = 15 + 15 = 30(\uparrow)$

以 A 為支點，順時針力矩 = 逆時針力矩

$\Rightarrow 15 \times 75 + 15 \times 125 = 20 \times 200 + C_x \times 200 \Rightarrow C_x = -5 = 5(\leftarrow)$

$\Rightarrow C = -5\,i + 30\,j$，C 的大小 $= \sqrt{(-5)^2 + 30^2} = 30.4\ kN$

剪應力(MPa)$\tau = \dfrac{力(N)}{與力平行的面積(mm^2)} \Rightarrow 55 = \dfrac{30.4 \times 1000}{2 \times \frac{\pi D^2}{4}} \Rightarrow D = 18.758\ mm$

375. 單軸向負載：$\tau = \frac{1}{2}\sigma\sin 2\theta = \frac{1}{2} \times \dfrac{50 \times 1000}{20 \times 20} \times \sin 2\theta = 62.5\sin 2\theta$

376. 安全應力 $= \dfrac{降伏應力}{安全係數} = \dfrac{240}{1.6} = \dfrac{20 \times 1000}{\frac{\pi(D^2 - 15^2)}{4}} \Rightarrow D = 19.869\ mm$

377. 剪應力(MPa)$\tau = \dfrac{力(N)}{與力平行的面積(mm^2)} = \dfrac{20 \times 1000}{\pi \times 40 \times 厚度} = 35 \Rightarrow 厚度 = 4.547\ mm$

378. (B)牛頓是力的單位

379. $F = 16 + 2 - 12 = 6\ kN$

381. $F = kx$

383. 容許應力 $= \dfrac{強度值}{安全係數} = \dfrac{600}{3} = 200$

384
$$正交應力(MPa)σ = \frac{力(N)}{與力垂直的面積(mm^2)} = \frac{21000}{70 \times 30} = 10 \text{ MPa}$$

385. 面接觸是低對

398. N 是機件數(固定機件只能算 1 個)，P 是對偶數，$N = 5 \Rightarrow \frac{3}{2}N - 2 = 5.5$，$P = 6$
$\Rightarrow P > \frac{3}{2}N - 2 \Rightarrow$ 固定鏈(自由度 = 0)

399. $N = 6 \Rightarrow \frac{3}{2}N - 2 = 7$，$P = 7 \Rightarrow P = \frac{3}{2}N - 2 \Rightarrow$ 拘束鏈(自由度 = 1)

401. $N_1D_1 = N_2D_2$，N 是轉數，D 是直徑 $\Rightarrow 300D_1 = 600D_2$，$D_1 = 2D_2$
$\Rightarrow R_1 = 2R_2$，$R_1 + R_2 = 30 \Rightarrow R_1 = 20$，$R_2 = 10$
速度 $V = r\omega = 0.2 \times 300 \times \frac{2\pi}{60} = 2\pi$

402. $\begin{cases} AB + BC = 80 + 30 = 110 \\ BC - AB = 80 \end{cases} \Rightarrow AB = 15$，$BC = 95$

403. $\omega = \frac{2\pi}{T} \Rightarrow 240 \times \frac{2\pi}{60} = \frac{2\pi}{T} \Rightarrow T = 0.25$

405. 四連桿機構之條件：最長桿之長度 < 其他三根連桿長度之和
因為 $60 > 10 + 20 + 25$，所以不能構成四連桿機構

410. 英制：數字愈大，精度愈高
公制：數字愈小，精度愈高

412. $N_1D_1 = N_2D_2$，N 是轉數，D 是直徑 $\Rightarrow 400 \times 380 = N_2 \times 1520 \Rightarrow N_2 = 100 \text{ rpm}$

413. 手柄旋轉一圈作的功＝重物上升(一個導程的高度)增加的位能
力×圓周長＝重量×導程
$\Rightarrow$ 力 $\times 2 \times \pi \times 500 = 800 \times 9.8 \times 10 \Rightarrow$ 力 $= 24.955 \text{ N} = 2.546 \text{ kgf}$

420. 鏈輪節圓直徑 $D = \dfrac{P}{\sin\left(\frac{180}{T}\right)}$，P 是鏈節長度，T 是齒數
$$D = \frac{P}{\sin(\frac{180}{T})} = \frac{2}{\sin(\frac{180}{60})} = \frac{2}{\sin 3°} = 38.46$$

421. $L = np$，L 是導程(螺紋旋轉一圈移動的距離)，n 是螺紋線數，p 是螺距
$$\tan\theta = \frac{導程}{圓周長} = \frac{2P}{\pi D}$$

423. 節徑 = 外徑 − 2 倍齒頂高，已知模數 = 齒頂高，故節圓直徑為 180 − 10 = 170

$$模數 = \frac{節圓直徑}{齒數} \Rightarrow M = \frac{D}{T} \Rightarrow 5 = \frac{180 - 5 \times 2}{T} \Rightarrow T = \frac{170}{5} = 34$$

426. 速比 $= \dfrac{N_1}{N_2} = \dfrac{\frac{0.9}{360}}{\frac{0.004}{8}} = 5$，減速比 $= \dfrac{1}{速比} = \dfrac{1}{5}$

442. 由鐵碳平衡圖，沃斯田鐵最大含碳量在 E 點，約為 2%

波來鐵含碳量：0.77%，肥粒鐵含碳量：0.02%

⇨ 含碳量 = 50% × 0.77% + 50% × 0.02% = 0.395%

449. $q = k\dfrac{dT}{dx} = 370 \times \dfrac{350 - 50}{0.02} = 5550000\ \text{W} = 5.55\ \text{MW}$

501. $V = \dfrac{\pi DN}{1000}$，V：切削速度 $\left(\dfrac{m}{min}\right)$，D：直徑(mm)，N：轉速(rpm)

$110 = \dfrac{\pi \times 50 \times N}{1000} \Rightarrow N = 700.28\ \text{rpm}$

524. $V = \dfrac{\pi DN}{1000}$，V：切削速度 $\left(\dfrac{m}{min}\right)$，D：直徑(mm)，N：轉速(rpm)

$80 = \dfrac{\pi \times 60 \times N}{1000} \Rightarrow N = 424.4\ \text{rpm}$

527. 16UNC ⇨ 每吋 16 牙，如果螺紋數是導桿牙數的倍數 ⇨ 無限次吻合

530. $V = \dfrac{LN}{600}$

V：切削速度 $\left(\dfrac{m}{min}\right)$，L：衝程長度 = 工作物長 + 20 mm，N：每分鐘衝程次數(rpm)

$20 = \dfrac{(100 + 20) \times N}{600} \Rightarrow N = 100\ \text{rpm}$

532. 錐度 $= \dfrac{D - d}{L} = \dfrac{500 - 300}{1000} = 0.2$

534. 尾座偏置量 $S = \dfrac{TL}{2}$，T：錐度，L：工件全部長度，錐度 $= \dfrac{D - d}{L}$

$S = \dfrac{TL}{2} = \dfrac{\frac{40 - 20}{100} \times (30 + 100 + 20)}{2} = 15$

535. $\sin\theta = \dfrac{80 - 30}{100} = 0.5 \Rightarrow \theta = 30°$

537.
$$平均 = \frac{85 + 75 + 79 + 87}{4} = 81.5$$
$$平均差 = \frac{|85 - 81.5| + |75 - 81.5| + |79 - 81.5| + |87 - 81.5|}{4} = 4.5$$

578. 圓心速度 $= R\omega(\rightarrow)$，接觸點相對圓心之速度 $= R\omega(\leftarrow)$
$\Rightarrow$ 與地面之接觸點之絕對速度為 0

579. $V = \pi DN$，V：速度 $\left(\dfrac{m}{min}\right)$，$D$：直徑(m)，$N$：轉速(rpm)
$225 = \pi \times 1.5 \times N \Rightarrow N = 47.75 \, rpm$

580. 法線加速度 $a_n = r\omega^2$

581. 位移 $=$ 末位置 $-$ 初位置 $\Rightarrow$ 位移 $= 0$

582. 距離 $=$ 軌跡的總和 $= 2 + 7 + 0.5 = 9.5$

583. $$速度 = \frac{位移}{時間} = \frac{15}{12} = 1.25$$

584. $V = V_0 + at \Rightarrow 40 = 0 + a \times 5 \Rightarrow a = 8$

585. $V \times 10 \times 0.25 = 6 \Rightarrow V = 2.4 \, m/s$

586. 往上：
$v^2 = v_0^2 + 2aS \Rightarrow 0 = 24^2 + 2a \times 150 \Rightarrow a = 1.92 \, m/s^2$
$v = v_0 + at \Rightarrow 0 = 24 - 1.92t \Rightarrow t = 12.5 \, sec$
往下：
$$s = v_0 t + \frac{1}{2}at^2 = 0 + \frac{1}{2} \times 1.92 \times 16^2 = 245.76 \, m$$

587. 動能 $=$ 位能 $\Rightarrow \dfrac{1}{2}mV^2 = mgh \Rightarrow V = \sqrt{2gh} = \sqrt{2 \times 9.81 \times 100} = 44.3$
$V^2 = V_0^2 + 2aS \Rightarrow 5^2 = 44.3^2 - 2 \times 25 \times S \Rightarrow S = 38.75 \, m$

588. 降落傘會減速，所以最大速度是在打開傘的瞬間 $\Rightarrow V = gt = 9.81 \times 6 = 58.86$

589. (C)ft $-$ lb 是功的單位

590. 重力位能轉換成彈力位能 $\Rightarrow mgh = \dfrac{1}{2}kx^2$
$\Rightarrow 200 \times (1.5 + x) = \dfrac{1}{2} \times 200 \times x^2 \Rightarrow 300 + 200x = 100x^2$
$\Rightarrow x^2 - 2x - 3 = 0 \Rightarrow (x - 3)(x + 1) = 0 \Rightarrow x = 3$

591. $W = 16F$，效益 $M = \dfrac{抗力}{施力} = \dfrac{W}{F} = \dfrac{16F}{F} = 16$

592. 效益 $M = \dfrac{抗力}{施力}$，$M > 1 \Rightarrow$ 施力 $<$ 抗力 $\Rightarrow$ 省力

593. 有摩擦造成能量損耗 $\Rightarrow$ 輸出功 $<$ 輸入功 $\Rightarrow$ 效率 $= \dfrac{輸出功}{輸入功} < 1$

594. 功 $=$ 位能增加 $= 300 \times (10 \times \sin 30°) = 1500\,J$
     功率 $=$ 功 $\div$ 時間 $= 1500 \div 60 = 25\,W$

595. $W = \dfrac{1}{2}kx^2$，$\dfrac{1}{2}k(3x)^2 = 9W \Rightarrow 9W - W = 8\,W$

596. 總效率 $=$ 個別效率相乘 $= 0.8 \times 0.9 = 0.72$

597. 無摩擦 $\Rightarrow$ 位能全轉換為動能 $\Rightarrow$ 高度相同則動能相同 $\Rightarrow$ 末速度相同

598. 最高點速度為 0，$V^2 = V_0^2 + 2aS \Rightarrow 0 = 19.6^2 - 2 \times 9.8 \times h \Rightarrow h = 19.6$

599. 安全應力 $= \dfrac{降伏應力}{安全係數} = \dfrac{270}{3} = 90$

     正交應力$(MPa)\sigma = \dfrac{力(N)}{與力垂直的面積(mm^2)} \Rightarrow 90 = \dfrac{20 \times 1000}{\dfrac{\pi D^2}{4}} \Rightarrow D = 16.82\,mm$

600. $\delta = \dfrac{FL}{EA} = \dfrac{5000 \times 0.075}{42 \times 10^9 \times \dfrac{\pi \times 20^2 \times 10^{-6}}{4}} = 0.02842\,mm$

601. 正交應力$(MPa)\sigma = \dfrac{力(N)}{與力垂直的面積(mm^2)} = \dfrac{200 \times 9.8}{\dfrac{\pi \times 5^2}{4}} = 99.82\,MPa$

602. $\varepsilon = \dfrac{\delta}{l} = \dfrac{0.048}{30} = 0.0016$

607. 容許應力 $= \dfrac{強度}{安全係數} = \dfrac{800}{4} = 200$

610. 正交應力$(MPa)\sigma = \dfrac{力(N)}{與力垂直的面積(mm^2)} = \dfrac{240 \times 1000}{\dfrac{\pi(130^2 - 90^2)}{4}} = 34.72\,MPa$

611. 直徑 80mm ⇨ 半徑 40mm = 4cm，長度 40 m = 4000cm
　　圓桿重量 = 截面積 × 長度 × 密度
　　　　　　 = $\pi \times 4^2 \times 4000 \times 7.7 = 1548177g = 1548.177kg = 15172.13N$
　　$\sigma = \dfrac{F}{A} = \dfrac{15 \times 1000 + 15172.13}{\pi \times 40^2} = 6.0 \text{ MPa}$

612. $\delta = \dfrac{PL}{EA} = \dfrac{620 \times (1.2 \times 1000)}{200 \times \dfrac{\pi(150^2 - 110^2)}{4}} = 0.455 \text{ mm}$

613. $\delta = \dfrac{PL}{EA} = \dfrac{(100 \times 9.8) \times (10 \times 1000)}{206 \times 1000 \times \dfrac{\pi \times 5^2}{4}} = 2.423 \text{ mm}$

614. 容許應力 $= \dfrac{強度}{安全係數} = \dfrac{270}{2} = 135$

615. σ_1：最大應力 $= 700$，σ_2：最小應力 $= 100$
　　$\theta = 45°$ 產生 $\tau_{max} = \dfrac{1}{2}(\sigma_1 - \sigma_2) = \dfrac{1}{2} \times (700 - 100) = 300 \text{ kPa}$

616. 正交應力(MPa)$\sigma = \dfrac{力(N)}{與力垂直的面積(mm^2)} = \dfrac{21000}{700 \times 300} = 0.1 \text{ MPa}$

631. 中心距 $= R - r = 200 - 100 = 100 \text{ mm}$

632. $N_1D_1 = N_2D_2$，N 是轉數，D 是直徑
　　$\Rightarrow$ 速度比 $= \dfrac{N_1}{N_2} = \dfrac{D_2}{D_1} = 1.6 \Rightarrow D_2 = 1.6D_1$
　　$\begin{cases} r_2 = 1.6r_1 \\ r_1 + r_2 = 2.6 \end{cases} \Rightarrow r_1 = 1，r_2 = 1.6 \Rightarrow D_1 = 2，D_2 = 3.2$
　　徑節 $P_d = \dfrac{T}{D} = 10 = \dfrac{T_1}{2} = \dfrac{T_2}{3.2} \Rightarrow T_1 = 20，T_2 = 32$

635. $\dfrac{1}{K} = \dfrac{1}{100} + \dfrac{1}{150} \Rightarrow K = 60$

636. V 形皮帶又稱三角皮帶，斷面成梯形，夾角為 40 度，槽角要小於 40 度
　　規格有 M、A、B、C、D、E，E 級斷面積與傳動馬力最大

638. 代號 04~96 ⇨ 內徑＝代號數字 × 5，內徑＝12 × 5 = 60 mm

640. $\dfrac{(600 + 600)}{10} + 15 + 15 = 150$

648. $V = \dfrac{\pi DN}{1000}$，V：切削速度 $\left(\dfrac{m}{min}\right)$，D：直徑(mm)，N：轉速(rpm)

$4.5 = \dfrac{\pi \times 200 \times N}{1000} \Rightarrow N = 7.166$，$V = \dfrac{\pi DN}{1000} = \dfrac{\pi \times 100 \times 7.166}{1000} = 2.25$

649. $N_1 D_1 = N_2 D_2$，N 是轉數，D 是直徑 $\Rightarrow 480 \times 50 = N_2 \times 100 \Rightarrow N_2 = 240$

651. $N_1 D_1 = N_2 D_2$，N 是轉數，D 是直徑 $\Rightarrow 600 \times 100 = N_2 \times 200 \Rightarrow N_2 = 300$

652. $1 = N \times (0.4 - 0.2) \Rightarrow N = 5$

689. $V = \dfrac{\pi DN}{1000}$，V：切削速度 $\left(\dfrac{m}{min}\right)$，D：直徑(mm)，N：轉速(rpm)

$V = \dfrac{\pi \times 100 \times 600}{1000} = 188.5$

691. 尾座偏置量 $S = \dfrac{TL}{2}$，T：錐度，L：工件全部長度。錐度 $= \dfrac{D-d}{L}$

$S = \dfrac{TL}{2} = \dfrac{\dfrac{35-33}{40} \times 100}{2} = 2.5$

711. 平均 $= \dfrac{90 + 85 + 80 + 88}{4} = 85.75$

平均差 $= \dfrac{|90 - 85.75| + |85 - 85.75| + |80 - 85.75| + |88 - 85.75|}{4} = 3.25$

715. 21 條刻畫：20 格，最小讀數 $= \dfrac{1}{20} = 0.05$ mm

Level 1

題庫在命題編輯過程難免有疏漏，為求完美，歡迎大家一起來找碴！
若您發覺題庫的題目或答案有誤，歡迎向台灣智慧自動化與機器人協會投書反應；
第一位跟協會反應並經審查通過者，將可獲得**50元/題**的等值禮券。
協會 e-mail:exam@tairoa.org.tw

TAIBOA

電工概論

選擇題

1　西元 1642 年，世界上第一台自動進位的加法器為下列何者所發明？ (A)巴貝奇(Charles Babbage) (B)艾肯(Howard Aiken) (C)何禮樂(Herman Hollerith) (D)巴斯卡(Blaise Pascal)。

2　世界上第一部通用型電子計算機(ENIAC) 所採用的基本元件為何？ (A)超大型積體電路 (B)積體電路 (C)真空管 (D)電晶體。

3　下列何者是由聯合國與麻省理工學院(MIT)主導推動的 100 美元以內的筆記型電腦，給開發中國家兒童使用，降低知識鴻溝，又稱百元電腦？ (A)PDA(Personal Digital Assistant) (B)OLPC(One Laptop Per Child) (C)UMPC(Ultra-Mobile PC) (D)EPC(Embedded PC)。

4　下列何者為人工智慧語言？ (A)FORTRAN (B)LISP (C)COBOL (D)C。

5　下列何項不屬於人工智慧範疇？ (A)機器人 (B)專家系統 (C)虛擬實境 (D)自然語言。

6　IBM 開發的深藍電腦(Deep Blue)曾在 1997 年 5 月擊敗國際象棋冠軍卡斯巴羅夫，請問深藍電腦屬於哪一類型的電腦？ (A)微電腦 (B)迷你電腦 (C)小型主機 (D)超級電腦。

7　透過使用電腦軟體，將產品開發構想從無形轉為有形，在電腦螢幕上顯示產品之圖像。請問這是電腦自動化應用領域的哪一種應用？ (A)CAM (B)CAI (C)CAE (D)CAD。

8　下列有關記憶體儲存容量單位換算，何者不正確？ (A)1Byte=1024Bits (B)1KB=1024Bytes (C)1MB=1024KB (D)1GB=1024MB。

9　電腦儲存容量若以 TB(Tera Byte) 表示，1TB 等於多少 Bytes？ (A)2^{50} (B)2^{40} (C)2^{30} (D)2^{20}。

10　有一微電腦，在記憶體位置上可以儲存一個 8 位元資料，若記憶體位址範圍由 0000 到 FFFF，則記憶位址有多少位元組？ (A)1 (B)16 (C)64 (D)128 KB。

11　可同時支援英文、拉丁文、中文、韓文、日文等文數字符號表示法的編碼系統為何？ (A)ASCII (B)BCD (C)EBCDIC (D)Unicode 碼。

12　十進位數字 256 減去二進位數字 10001101 後的結果為何？ (A)十進位的正數 114 (B)二進位的 01110011 (C)十進位的負數 26 (D)二進位的 01110010。

13　假設有一電腦採用奇同位檢查碼方式傳送 ASCII 碼，請問下列何者傳送的資料有誤？ (A)10000010 (B)10100111 (C)1100111 (D)10110110。

14　下列資料單位大小，何者最大？ (A)GB (B)TB (C)MB (D)KB。

15　電腦系統，一個位元組(byte)等於？ (A)16 (B)32 (C)8 (D)4 個位元(bits)。

16 A 的 ASCII Code 為十進位 65，請問 Q 的十進位 ASCII Code 為多少？ (A)80 (B)90 (C)81 (D)79。

17 32x32 的點陣中文字型，請問在記憶體中佔用多少位元組(byte)？ (A)128 (B)1024 (C)256 (D)512。

18 二進位數字 1000101_2，2 的補數為？ (A)0111010 (B)0111001 (C)0111111 (D)0111011。

19 人工智慧是哪一代電腦特色？ (A)第五 (B)第四 (C)第三 (D)第二 代。

20 電腦輔助教學的英文簡稱是？ (A)CAD (B)CAI (C)CCD (D)CAM。

21 下列計量電腦速度的時間單位，何者不正確？ (A)$1ms = 10^3 \mu s$ (B)$1\mu s = 10^{-3} ms$ (C)$1\mu s = 10^3 ns$ (D)$1\mu s = 10^3 ms$。

22 下列哪一種技術，屬於工廠製造過程，用以提昇產品品質及產量？ (A)CAD (B)CAI (C)CAL (D)CAM。

23 美國國家資料交換標準碼佔用幾個 bit？ (A)5 (B)16 (C)7 (D)8。

24 下列何種編碼系統可以表示最多字元？ (A)ASCII (B)EBCDIC (C)UniCode (D)CRC。

25 使用 56Kbps 的數據機傳送 7000 個 Big-5 碼中文字，需多少時間？ (A)1 (B)2 (C)3 (D)4 秒。

26 1101011 的二進位數字之十進位表示？ (A)105 (B)106 (C)107 (D)108。

27 $(345)_{10}$ 這個十進位數字之 BCD 碼為何？ (A)001101001101 (B)001101010011 (C)001101000011 (D)001101000101。

28 A=010101，和 B=111110，請問 A 與 B 之漢明距離？ (A)2 (B)3 (C)4 (D)5。

29 雷射印表機的列印速度單位為何？ (A)TPS (B)DPI (C)BPS (D)PPM。

30 磁碟每一面都是由很多同心圓圈組成，這些圓圈稱為什麼？ (A)磁區(Sector) (B)磁軌(Track) (C)磁頭(Head) (D)磁柱(Cylinder)。

31 電腦基本架構中有數個主要的組成單元，其中負責判斷 AND、OR、NOT 等運算的是？ (A)輸入 (B)輸出 (C)算術與邏輯 (D)控制 單元。

32 下列何者是屬於雙向傳輸的匯流排類型？ (A)記憶 (B)位址 (C)資料 (D)運算 匯流排。

33 一般所謂 32 位元或 64 位元微處理機是基於下列何者而稱呼的？ (A)資料匯流排 (B)位址匯流排 (C)控制匯流排 (D)暫存器。

34 假設某 CPU 之處理速度為 600MIPS(Million Instructions Per Second)，且執行一個指令平均花費 4 個時脈週，試問此 CPU 之最低工作頻率為何？ (A)125MHZ (B)600MHZ (C)1.2GHZ (D)2.4GHZ。

35 CPU 的速度為 5MIPS 時，則執行一個指令的平均時間為何？ (A)5ms (B)5μs (C)0.2μs (D)0.2ns。

36 CPU 至下列何者存取資料的速度為最快？ (A)快取記憶體 (B)暫存器 (C)主記憶體(RAM) (D)輔助記憶體。

37 電腦的主記憶體為 1GB，卻可以執行 1.2GB 的程式，則該電腦可能使用何種方法？ (A)虛擬記憶體 (B)快取記憶體 (C)聯結記憶體 (D)唯讀記憶體。

38 顯示器尺寸是計算螢幕的？ (A)水平寬度 (B)垂直高度 (C)對角線長度 (D)深度。

39 個人電腦要支援隨插即用(Plug and Play)架構，與下列何種元件無關？ (A)BIOS (B)作業系統 (C)裝置及驅動程式 (D)應用程式。

40 RS232C 採用何種方式傳輸資料？ (A)串 (B)並 (C)並串 (D)串並 聯。

41 下列哪一個連接埠可串接最多的週邊配備？ (A)IEEE 1394 (B)LPT1 (C)USB (D)COM2。

42 1200 × 2400 掃描器是指規格為？ (A)1200mm × 2400 mm (B)1200dpi × 2400dpi (C)1200bps × 2400bps (D)1200 色 × 2400 色。

43 目前市面上單面雙層的 DVD 光碟片，最高儲存容量可達 (A)4.7 (B)8.5 (C)9.4 (D)17 GB。

44 當電源關閉時，下列何者的內容會消失？ (A)磁帶 (B)磁碟 (C)ROM (D)RAM。

45 下列何者不是硬碟介面？ (A)SCSI (B)SCSI-II (C)IDE (D)RS232。

46 印表機是利用下列何種單位表示其列印品質？ (A)PPM (B)DPI (C)BPS (D)BSA。

47 螢幕重新顯示之速度，稱為？ (A)像素 (B)圖像 (C)直線 (D)掃描 速度。

48 USB 2.0 最高傳輸速度為？ (A)1.5 (B)12 (C)480 (D)1100 Mbps。

49 MIPS 代表下列何者？ (A)CPU 處理速度 (B)硬碟速度 (C)網路卡速度 (D)螢幕解析度。

50 以 RISC CPU 和 CISC CPU 比較下列何者為對？ (A)程式執行較快 (B)指令數較少 (C)指令長度較短 (D)以上皆是。

51 下列何者不是 CPU 之暫存器(Register)？ (A)指令 (B)位址(C)資料 (D)聲音 暫存器。

52　若 CPU 擁有 32 條位址線(address line)，請問最大之記憶體定址為何？ (A)1 (B)2 (C)3 (D)4 Gbyte。

53　一般來說，下列何種記憶體在資料之存取速度最快？ (A)RAM (B)Register (C)Cache Memory (D)ROM。

54　滑鼠是屬於下列何種設備？ (A)輸入 (B)輸出 (C)儲存 (D)處理 設備。

55　假設有一圖形顯示卡其解析度 800 x 600，可同時顯示 256 色，則此顯示卡之緩衝記憶體至少需多少？ (A)256KBytes (B)512Kbytes (C)768KBytes (D)1MBytes。

56　下列印表機，何者最適合用來列印一式多聯之單據？ (A)撞擊式 (B)噴墨式 (C)雷射 (D)熱感式 印表機。

57　下列何者不是常見的基本輸入輸出處理方式？ (A)Buffering (B)DMA (C)Interrupt (D)Polling。

58　下列何者介面傳輸速度最小？ (A)USB (B)IEEE 1394 (C)SCSI (D)COM。

59　用來監督管理電腦所有資源的軟體為？ (A)作業 (B)I/O (C)檔案 (D)資訊 系統。

60　下列哪種作業系統可多人上機使用？ (A)Dos (B)Window 95 (C)Unix (D)以上皆是。

61　下列哪種系統不需即時處理？ (A)戶口普查 (B)機票訂位 (C)核電場監控 (D)雷達偵測 系統。

62　下列哪種作業系統不適合安裝在掌上型裝置(例如：PDA)？ (A)Linux (B)Window XP (C)Window CE (D)Palm。

63　下列何種 UNIX 指令用來顯示檔案內容？ (A)mkdir (B)rm (C)cat (D)cp。

64　下列何者是文書處理軟體？ (A)Word (B)PowerPoint (C)Excel (D)Access。

65　依著作權法之規定，電腦程式的著作權為多少年？ (A)15 (B)35 (C)25 (D)50 年。

66　下列何者是 Linux 作業系統之優點？ (A)多人多工 (B)多重開機 (C)免費開放軟體 (D)以上皆是。

67　下列何者作業系統不支援網路功能？ (A)MS-DOS (B)Linux (C)Win98 (D)WinXP。

68　打開電腦電源，下列何者最先執行？ (A)應用程式 (B)作業系統 (C)資源管理程式 (D)以上皆是。

69　下列何者不是作業系統？ (A)Unix (B)Linux (C)PowerPoint (D)Windows NT。

70　若要在檔案總管中選擇不連續檔案，應同時按下下列哪一鍵？ (A)Ctrl (B)Shift (C)Alt (D)Space。

71　在 Windows 中刪除檔案，被刪除之檔案會先放在下列哪一項中？ (A)資料夾 (B)剪貼簿 (C)資源回收筒 (D)以上皆是。

72　下列何種 Office 軟體，適合做為簡報之用途？ (A)Word (B)PowerPoint (C)Excel (D)Access。

73　在 Windows 作業系統中，連續快按滑鼠左鍵兩下，其所代表之意義？ (A)啟動 (B)選取 (C)複製 (D)刪除。

74　下列有關作業系統的敘述，何者不正確？ (A)MS-DOS 為單人單工作業系統 (B)Windows 98 為單人多工作業系統 (C)UNIX 為多人單工作業系統 (D)Linux 為多人多工作業系統。

75　在 Windows 中，可同時上網又能處理文書資料，同時打電動遊戲又可聽音樂 CD，這是因為使用以下何種作業方式？ (A)分散作業 (B)多工作業 (C)網路作業 (D)批次作業。

76　下列何種作業系統有公開的原始程式碼？ (A)Windows XP (B)Linux (C)Unix (D)Window CE。

77　下列何者是一種專為 PDA、嵌入式系統與 Internet 家電市場所設計的，以 Windows 為基礎的模組化作業系統？ (A)Windows CE (B)Windows XP (C)Windows Vista (D)Windows ME。

78　UNIX 作業系統中，若使用 FTP 傳輸軟體傳輸一個 JPEG 影像檔到 Windows 作業系統，則應使用下列何種傳輸模式？ (A)ASCII (B)Binary (C)Debug (D)Idle。

79　若有一個大小為 4.7GB 的檔案，可以存放在哪一個檔案系統中？ (A)FAT (B)FAT 16 (C)FAT 32 (D)NTFS。

80　下列哪一種檔案格式是一種壓縮檔的格式？ (A)BMP (B)DOC (C)MP3 (D)PPT。

81　Windows 使用的長檔名不能包含？ (A)空白 (B)＊ (C)& (D)＄。

82　在 Windows 作業系統中，下列哪一項功能可以讓使用者刪除磁碟中不需要保存的暫存檔或資料？ (A)清理磁碟 (B)磁碟掃描 (C)磁碟重組 (D)磁碟壓縮。

83　在 Windows 中，要複製一個檔案至剪貼簿中，可使用哪一組快速鍵？(A)Ctrl+X (B)Ctrl+V (C)Ctrl+A (D)Ctrl+C。

84　下列何者不是常見的影像編輯軟體？ (A)Acrobat Reader (B)PhotoShop (C)PhotoImpact (D)CorelDraw。

85 在 Windows 中鍵入 "File?.doc" 搜尋條件時，以下哪一檔案不會被搜尋到？ (A)Filea.doc (B)File1.doc (C)File1a.doc (D)Files.doc。

86 一份文件若有 30 頁，則在列印時輸入「1, 9-13, 8, 25-30」共會印出幾頁？ (A)5 (B)13 (C)30 (D)輸入錯誤, 無法列印。

87 假設在 Excel 試算表中，儲存格 A1、A2、A3、A4 已存有四筆相異數值資料。下列何者運算結果與「=AVARAGE(A1：A4)」相同？ (A)「=MAX(A1：A4)」 (B)「=MIN(A1：A4)」 (C)「=A1+A2+A3+A4」 (D)「=SUM(A1：A4)／4」。

88 下列何者為電腦低階語言？ (A)組合 (B)C (C)Basic (D)JAVA 語言。

89 在 Visual Basic 程式語言中，為了避免破壞結構化設計單一出口及單一入口之特性，應避免使用下列指令？ (A)MsgBox (B)Select Case (C)Do…LOOP (D)GOTO。

90 關於組合語言，下列敘述何者為是？ (A)低階語言 (B)需編譯方能執行 (C)隨機械種類而不同 (D)以上皆是。

91 下列哪種語言具有物件導向的相關特性？ (A)COBOL (B)Fortran (C)Visual C++ (D)以上皆是。

92 CPU 可直接執行之電腦語言？ (A)Basic (B)Fortran (C)C (D)機械 語言。

93 在物件導向程式語言中，子類別會分享父類別所定義之結構與行為，下列何種敘述最能描述此種特性？ (A)封裝(encapsulation) (B)繼承(inheritance) (C)多型(polymorphism) (D)委派(delegation)。

94 下列哪一項不是程式語言執行前會使用到的軟體？ (A)組譯器(Assembler) (B)編譯器(Compiler) (C)直譯器(Interpreter) (D)瀏覽器(Browser)。

95 程式中執行符號運算時，下列何者最優先執行？ (A)減 (B)乘 (C)加 (D)括 號。

96 下列程式片段執行後 X 之結果為何？ (A)12 (B)15 (C)18 (D)21 。
```
X=0；
For(i=0；i<5；i++)
X=X+3；
```

97 下列何者是演算法須滿足之條件？ (A)簡潔 (B)步驟有限 (C)明確且準確 (D)以上皆是。

98 開發程式時，流程圖之作用？ (A)描述問題解決步驟 (B)規劃解決方案 (C)撰寫程式 (D)分析問題。

99 下列何者是演算法速度最慢？ (A)merge (B)quick (C)heap (D)bubble sort。

100 有 N 筆資料，若以氣泡排序法排序，最多需多少次才能完成排序工作？ (A)N (B)2N (C)N(N-1)/2 (D)$\log_2 N$。

101 下列何者資料結構不是線形結構？ (A)陣列(Array) (B)堆疊(Stack) (C)佇列(Queue) (D)樹(Tree)。

102 C 宣告 int A[3][3] 後，A 陣列可存放多少筆資料？ (A)3 (B)6 (C)9 (D)16。

103 程式設計師通常不使用機器語言來撰寫程式，其原因是 (A)機器語言可讀性差 (B)機器語言須經編譯才能執行 (C)機器語言執行速度慢 (D)機器語言指令功能少。

104 下列何者屬於直譯式語言？ (A)C++ (B)Pascal (C)BASIC (D)Delphi。

105 就發展大型應用程式而言，下列程式語言何者最不適合？ (A)C++ (B)Java (C)PASCAL (D)組合語言。

106 在流程圖中，通常以下列何者來表示決策或判斷的符號？ (A)▭ (B)◇ (C)⬡ (D)▱ 。

107 頻率為 25 赫(週/秒)之交流發電機，若有 8 極則該機每分鐘轉速為 (A)375 (B)750 (C)900 (D)1800。

108 在設計程式時，若要重複執行程式的某個部份，則採用下列何種結構最為合適？ (A)循序 (B)選擇 (C)迴圈 (D)樹狀 結構。

109 程式設計以條件敘述為真，則其程式碼就被執行；敘述為假，則其程式碼就不執行，此種控制結構稱為？ (A)迴圈 (B)循序 (C)重複 (D)選擇 結構。

110 在 BASIC 程式語言中，當變數 var1 宣告成下列哪一種資料型態時，所需的記憶體最多？ (A)Integer (B)Double (C)Boolean (D)Single。

111 在 BASIC 語言中，一整數變數佔用 2 位元組的記憶體，則此變數可表示的數值範圍為？ (A)-32768～+32768 (B)-32768～+32767 (C)-32767～+32767 (D)-65535～+65535。

112 下列有關算術運算子的優先順序依序為？ (A)^ + / Mod (B)* ^ \ Mod (C)^ * \ + (D)^ \ * +。

113 執行下列 BASIC 程式片段後，請問變數 ANS 的值為何？ (A)3.5 (B)5 (C)5.5 (D)6。
Dim ANS As Integer
ANS=17 Mod 2*3+2^(-1)

114 若 A=-1：B=0：C=1，則下列邏輯運算的結果，何者為真？ (A)A<B Or C<B (B)A>B And C>B (C)(B-C)＝(B-A) (D)(A-B) ＜＞ (B-C)。

115　下列 Visual Basic 程式片段執行後,會在螢幕上出現幾個＊號？　(A)16 (B)27 (C)34 (D)50。

```
For I=16 To 1 Step -5
For K=1 To I
Print "＊"
Next K
Next I
```

116　利用氣泡排序法,將以下數列資料 20, 40, 10, 50, 30 依遞減順序排列,請問在第一次循環結束後,此數列應為？　(A)20, 40, 50, 30, 10 (B)10, 20, 30, 40, 50 (C)20, 30, 40, 50, 10 (D)40, 20, 50, 30, 10。

117　利用循序搜尋法在 25 筆已排序資料中尋找指定資料（假設該筆資料存在）,最少需要比較幾次,才能找到指定資料？　(A)1 (B)5 (C)25 (D)26。

118　下列何者的傳輸速率最快？　(A)802.11 (B)802.11a (C)802.11b (D)802.15。

119　下列何者不是,藍芽的特點？　(A)低功率 (B)低成本 (C)長距離 (D)無線傳輸。

120　下列哪個 IP 位址是保留不用的？　(A)12.0.0.1 (B)127.0.0.1 (C)140.112.30.5 (D)198.137.240.10。

121　下列何者不是影像動畫處理軟體？　(A)Access (B)Photoshop (C)Flash (D)CorelDraw。

122　下列哪個網域名稱代表政府機關？　(A)gov (B)edu (C)com (D)org。

123　假設主機的 IP 位址為 152.40.5.77,遮罩為 255.255.255.252,那麼主機的網路編號為何？　(A)152.40.5.72 (B)152.40.5.64 (C)152.40.5.70 (D)152.40.5.76。

124　IP 位址由哪個機構負責配置？　(A)ICANN (B)InterNIC (C)IRTF (D)IAB。

125　全球資訊網使用哪一種通訊協定？　(A)XML (B)TCP/IP (C)HTTP (D)HTML。

126　Telnet 的通訊埠編號為何？　(A)80 (B)70 (C)53 (D)23。

127　下列哪個通訊協定負責傳送電子郵件？　(A)FTP (B)SNMP (C)POP (D)SMTP。

128　下列哪個 URL 的寫法錯誤？　(A)http://www.iim.nctu.edu.tw (B)ftp://nctuccca.edu.tw (C)telnet：//bbs.csie.nctu.edu.tw/~username (D)gopher：//gopher.ntu.edu.tw。

129　下列有關電腦病毒的敘述何者為非？　(A)是一種電腦程式 (B)有開機型、檔案型、混合型等 (C)蠕蟲具有自我複製能力 (D)只要安裝防毒軟體並更新病毒碼,就一定不會中毒。

130 下列敘述何者錯誤？ (A)公開金鑰加密又稱為非對稱式金鑰加密，使用不同金鑰做加密及解密 (B)秘密金鑰加密又稱為對稱式金鑰加密，使用相同金鑰做加密及解密 (C)公開金鑰加密不可以應用至數位簽章 (D)PGP 可以確保 E-mail 的安全性。

131 下列何者會自我複製並在電腦網路中爬行，從一部電腦爬到另外一部電腦？ (A)電腦蠕蟲 (B)特洛依木馬 (C)美女拳病毒 (D)黑色星期五。

132 下列哪種備份方式的還原速度最快？ (A)差異 (B)完整 (C)漸增 (D)漸減 備份。

133 下列關於電腦病毒的敘述何者為非？ (A)電腦即使沒有上網也有可能感染病毒 (B)被感染的檔案一定是可執行檔 (C)有些病毒會潛伏著到某些日期或時間才發作 (D)有些病毒會蒐集您電腦上的資料。

134 下列何種檔案不會感染巨集病毒？ (A)Word 文件 (B)純文字檔 (C)Excel 試算表 (D)Access 資料庫。

135 下列關於電子商務概念的敘述何者為非？ (A)所謂數位簽章就是將手寫筆跡數位化 (B)加密方法大多採用 DES 或 RSA 演算法 (C)認證中心是整個電子商務的核心 (D)金鑰有公開金鑰和私有金鑰兩種。

136 下列關於電腦病毒的敘述何者為非？ (A)具有可啟動性、感染性、複製性、寄居性 (B)傳染途徑可以經由磁片及網路 (C)感染目標有 booting sector、file allocation table、execution file、ASCII text file (D)有開機型、檔案型、巨集型等。

137 在災害復原方案中，下列哪個方案是最後才要執行的方案？ (A)緊急 (B)復原 (C)測試 (D)備份 方案。

138 下列哪一選項，最適合用來描述「利用網路與媒體來突破空間的限制，將系統化設計的教材傳遞給學習者的教學過程」的概念？ (A)遠距 (B)校外 (C)模擬 (D)電腦 教學。

139 在 Internet 用來轉換主機名稱(Host)和 IP 的伺服器(Server)是？ (A)Domain Name Server (B)File Server (C)WWW Server (D)FTP Server。

140 所謂網路拓樸是指網路間電腦的連接方式，下列何者網路連接方式在資料的保密性就變得較困難？ (A)星狀(star) (B)環狀(Ring) (C)網狀(Mesh) (D)樹狀(Tree)。

141 下列敘述，何者錯誤？ (A)56kbps 的數據機，表示其傳輸速率為每秒鐘 56kbytes (B)DPI(Dots Per Inch)為印表機之列印密度(解析度)單位 (C)PPM(Pages Per Minute)為印表機之列印速率單位 (D)3MIPS 表示一秒鐘可處理 3 百萬個指令。

142 下列哪一個命令主要用來測試網路的連線狀況？ (A)mail (B)ping (C)ftp (D)telnet。

143 下列何者是資料傳輸速率的單位？ (A)MHz (B)DPI (C)BPS (D)BPI。

144　使用 100 BaseT 連接線材及設備的網路，理論上其資料傳輸可達到多快的速度？
　　(A)100Mbps　(B)100Kbps　(C)100KB/Sec　(D)100MB/Sec。

145　下列對封包的敘述，何者錯誤？　(A)是能夠在網路上面進行傳輸的最小檔案　(B)具發送端
　　節點地址　(C)具接收端節點地址　(D)具兩個節點之間需要傳送的數據。

146　如果用 255.255.255.248 網路遮罩來區隔網域，每個子網域最多有幾個 IP 位址？　(A)1 (B)4
　　(C)16 (D)8 個。

147　目前 IP 位址(IPv4)之長度為下列何者？　(A)16 (B)32 (C)64 (D)128 位元。

148　在網際網路傳輸頻寬中，若要達到 T3 的頻寬需要幾條 T1 的線？　(A)3 (B)28 (C)13 (D)42 。

149　開放式系統互連(OSI)的參考模式中的通訊協定中，一個封包如果在丟失的情況下，要等待
　　多久會被重新發送，這是由以下哪一層協定決定？　(A)傳輸層(Transport)(B)資料鏈結層
　　(DataLink) (C)實體層(Physical) (D)網路層(Network)。

150　當電腦被植入特洛伊木馬類的程式時，可能會出現下列何種狀況？　(A)電腦中的檔案被更
　　改或刪除　(B)使用者的帳號密碼被竊取　(C)使用者在電腦及網路上的活動被監視　(D)以上
　　皆是。

151　目前國內統籌網域名稱註冊及 IP 位址發放的機構為？　(A)中華電信　(B)資策會　(C)TWNIC
　　(D)TWCERT 。

152　帶病毒的程式在執行時，病毒會被載入主記憶體內以進行破壞，此種病毒稱？　(A)開機型
　　(B)混合型　(C)網路型　(D)檔案型　病毒。

153　URL 的表示法為：http://www.chsh.chc.edu.tw/index.htm，其中 http:// 為？　(A)路徑
　　名稱　(B)傳輸協定　(C)網站位址　(D)檔案名稱。

154　關於網路 IP 的敘述，下列何者錯誤？　(A)由四個 0 至 255 的整數及三個「.」所組成
　　(B)由 32 位元（bits）所組成　(C)每台電腦至少有一組 IP 做為網路上辨識之用，可以重覆
　　(D)IP 為網際網路通訊協定 Internet Protocol 之縮寫。

155　下列何者不是防毒程式的功用？　(A)隨時監測電腦運作　(B)開機後會常駐在主記憶體中
　　(C)提供掃毒及解毒的功能　(D)檢查記憶體、顯示卡及硬碟中是否有病毒存在。

156　製作網頁所使用的語言為？　(A)C (B)HTML (C)VB (D)PAS-CAL 。

157　某電子郵件(E-mail)之位址為 dj@ms29.hinet.net，由此可知？　(A)IP 位址是 dj (B)使用
　　者名稱是 dj@ms29 (C)IP 位址是 ms29.hinet.net (D)使用者名稱是 ms29。

158 辦公室自動化不包含何種功能？ (A)音訊處理 (B)影像處理 (C)資料處理 (D)電腦輔助製造。

159 CAD 是指？ (A)人工智慧 (B)電腦自動化 (C)電腦輔助設計 (D)電腦輔助製造。

160 使用電腦以達到自動化之目的，依照類型區分，可分為辦公室自動化、工程設計自動化、及工廠自動化，下列何者不屬於工廠自動化的範疇？ (A)自動倉儲系統 (B)自動檢驗系統 (C)電視會議 (D)無人搬運車。

161 「彈性製造系統」的英文簡稱是？ (A)CPU (B)CAI (C)FMS (D)CCD。

162 近年來電腦病毒頗為肆虐，它是經由系統啟動或執行程式所感染；通常病毒入侵後，立即隱藏在哪裡？ (A)RAM (B)ROM (C)PROM (D)EPROM。

163 在 MS-DOS 環境下欲偵測病毒並掃除之，可使用下列何種指令？ (A)SCANDISK (B)MWAY (C)MSAV (D)VSAFE 。

164 目前在個人電腦上因拷貝之風盛行，使得電腦病毒極為流行，請問預防方法為何？ (A)購買任何能除去病毒之電腦軟體 (B)購買合法軟體，勿私自進行不合法之拷貝 (C)聘請電腦專家來負責 (D)只要拷貝軟體時，先行檢查是否染有毒即可。

165 在保護智慧財產權的各項法律中，下列何者其取得保護的方法可不須經過審查核准或註冊即產生效力？ (A)專利法 (B)著作權法 (C)商標法 (D)積體電路佈局保護法。

166 一般所謂的"綠色電腦"是指？ (A)電腦螢幕是綠色的 (B)電腦週邊設備是綠色的 (C)中古電腦 (D)具有節省能源、低污染等環保特徵的電腦。

167 日前調查局破獲地下光碟複製工廠，係違反下列何者有關智慧財產權之法律？ (A)著作權法 (B)專利法 (C)商標法 (D)營業秘密法。

168 下列四組專有名詞對照，何者錯誤？ (A)電子郵件：E-Mail (B)廣域網路：LAN (C)辦公室自動化：OA (D)電子佈告欄：BBS。

169 視訊會議是屬於下列何項的一種功能？ (A)HA (B)FA (C)OA (D)以上皆非。

170 尊重軟體智慧財產權，下列敘述何者正確？ (A)一套軟體僅能安裝在一台電腦內 (B)同一公司內可自行複製多份軟體放在不同電腦 (C)使用複製版的用戶，需付版權費給購買原版軟體者 (D)可自由複製。

171 網路系統中資料保護的第一道措施為？ (A)使用者密碼 (B)目錄名稱 (C)使用者帳號 (D)檔案屬性。

172 下列何者是網路安全之原則？ (A)密碼寫在紙上 (B)密碼中最好包含字母及非字母字元 (C)用你名字或帳號當作密碼 (D)用你個人的資料當作密碼。

173 UPS 的主要功能為？ (A)消除靜電 (B)傳送資料 (C)防止電源中斷 (D)備份資料。

174 下列哪種通訊媒體其傳輸速度快、通訊量大且不易受干擾？ (A)同軸電纜 (B)光纖 (C)雙絞線 (D)單線。

175 「電腦整合製造」的英文簡寫為？ (A)CAM (B)CIM (C)CAI (D)CAD。

176 目前(台視、中視、華視)三家電視台的電視廣播節目之資料通訊傳輸模式為？ (A)全雙工 (B)半雙工 (C)單工 (D)全雙工和半雙工 傳輸。

177 TANet 意指？ (A)網際網路 (B)電子郵件 (C)全球資訊網路 (D)台灣學術網路。

178 關於通訊多媒體 MP3 技術，下列何者錯誤？ (A)聲音品質佳 (B)影像品質佳 (C)屬於多媒體壓縮技術的應用範圍 (D)非經許可，不可任意轉拷。

179 下列哪一項電腦應用，可以減少企業空間成本，也可以節省員工通勤時間？ (A)辦公室自動化(Office Automation) (B)家庭自動化(Home Automation) (C)工廠自動化(Factory Automation) (D)SOHO(Small Office Home Office)。

180 美國 911 事件中，許多金融機構中的電腦損毀，但是可以很快恢復運作，是由於其採取？ (A)遠端即時同步備份 (B)遠端監視 (C)遠端遙控 (D)遠端安裝。

181 熱門遊戲機 Wii 透過特殊感應技術，讓使用者可以有如真實運動般地進行網球、保齡球、拳擊…等遊戲，這可算是哪一方面的應用？ (A)VOD (B)AI (C)GPS (D)VR。

182 請問下列何者其使用的電腦類型最有可能是微電腦？ (A)照相手機中的多媒體處理晶片 (B)銀行金融管理中心的全國聯合徵信資料庫 (C)中央氣象局用以分析、預測氣候的電腦 (D)大華在開學時買了一台筆記型電腦。

183 許多產品都強調其使用奈米材料與相關技術，請問奈米(nanometer)指的是？ (A)10^{-12} (B)10^{-9} (C)10^{9} (D)10^{6} 公尺。

184 在網路犯罪中有所謂 Dos(denial of service)攻擊，這指的是？ (A)大量散發垃圾廣告郵件 (B)冒充知名網站或公司寄出電子郵件，騙取使用者帳號密碼 (C)擷取傳輸過程中的封包以取得機密資訊 (D)針對特定主機不斷且持續發出大量封包以佔據其頻寬。

185 下列有關藍芽(Bluetooth)技術的敘述，何者正確？ (A)使用紅外線傳輸 (B)有傳輸夾角的限制 (C)可充當短距離無線傳輸媒介 (D)為虛擬實境的主要裝置

186 下列何者為經常使用在翻譯機、電子錶、行動電話上的特殊用途電腦？ (A)高階電腦(high-end computer) (B)迷你電腦(minicomputer) (C)微電腦(microcomputer) (D)嵌入式電腦(embedded computer)。

187 下列哪一項可視為個人在網路上的身分證？ (A)銀行的晶片提款卡 (B)自然人憑證 (C)健保 IC 卡 (D)公車儲值卡。

188 爸爸打算透過網路 ATM 與晶片金融卡進行網路轉帳,則他應先添購哪一設備？ (A)MP4 播放器 (B)PDA (C)讀卡機 (D)POS 系統。

189 下列電子元件：1.電晶體 2.超大型積體電路 3.積體電路 4.真空管,若依據電腦發展的演進過程排列,其正確的排序為？ (A)4, 3, 1, 2 (B)4, 1, 3, 2 (C)1, 2, 3, 4 (D)2, 3, 4, 1。

190 若要清除記憶在電腦中的網頁密碼,應在 IE 的哪一選項中進行設定？ (A)我的最愛/組織我的最愛 (B)檢視/隱私權報告 (C)工具/網際網路選項/在瀏覽歷程記錄按刪除(D)工具/快顯封鎖程式/關閉快顯封鎖程式。

191 下列何者稱為人工智慧？ (A)OA (B)AI (C)HA (D)IC。

192 下列關於科技應用的敘述何者正確？ (A)MP3 是一種高壓縮比的影片檔案格式,藉此可以用更小的容量儲存 DVD 影片 (B)GPS 又稱個人數位助理,是一種透過衛星定位提供導航服務的設備 (C)飛機駕駛、火車操作等高危險性教育訓練可透過 VR 系統來模擬真實狀況,提升訓練效果 (D)在工廠自動化領域中,CAI、CAD、CAM 等都是常見的應用項目。

193 下列何者不是電腦系統中安裝 UPS 設備的主要作用？ (A)提供緊急電力 (B)穩壓 (C)散熱 (D)防止突波衝擊。

194 有關自動化之敘述,下列何者錯誤？ (A)自動化的 3A,指的是辦公室自動化、家庭自動化及工廠自動化 (B)辦公室自動化的意義是辦公室內的一群人,使用自動化設備來提高生產力 (C)辦公室自動化簡稱 QA (D)文書處理、音訊處理、影像處理及通訊網路皆是辦公室自動化的範疇。

195 下列哪一種電腦病毒會破壞硬碟的檔案分割表(partition table)？ (A)木馬程式 (B)檔案型病毒 (C)巨集型病毒 (D)開機型病毒。

196 下列敘述何者錯誤？ (A)設定電子郵件軟體時,內送郵件伺服器指的是 POP3 伺服器 (B)噴墨印表機會以 R(紅)、G(綠)、B(藍)三色墨水列印形成影像 (C)印表機在電腦硬體基本架構中,是屬於輸出單元的設備 (D)SD 卡、Memory Stick 卡都是常見的數位相機記憶卡規格。

197 市面上廣被使用的個人電腦內主機板上,用來存放系統開機及正常運轉時所需的初始值(如日期、時間、軟硬碟機型態及種類)之儲存體是屬於下列哪一項？ (A)CMOS(互補金屬氧化半導體) (B)DRAM(動態記憶體) (C)EPROM(可抹除程式化唯讀記憶體) (D)PROM(可程式化唯讀記憶體)。

198 某印表機廠商強調其產品擁有 12PPM 的特性,請問該廠商指的是特色是？ (A)列印品質 (B)列印速度 (C)節省耗材 (D)彩色列印。

199 假設相片的解析度為 300DPI，若要拍攝 3 英吋 × 4 英吋的照片而不失真，則數位相機的解析度需為多少畫素？ (A)3600 (B)36 萬 (C)90 萬 (D)108 萬。

200 某一硬碟機有 16 個讀寫頭，每面有 19328 個磁軌，每個磁軌有 64 個磁區，每個磁區有 512Bytes，請問此硬碟機的總容量約為多少？ (A)9.4 (B)8.5 (C)6.5 (D)4.3 GB。

201 下列關於微處理器的敘述何者正確？ (A)完成一個指令的過程稱為執行週期 (B)64 位元微處理器表示每秒能處理的資料量為 64 位元 (C)雙核心技術指的是同一主機板上安裝二個微處理器 (D)一般情形下，標示為 3.0GHz 的微處理器運算速度比 800MHz 快。

202 若一個磁碟的轉速為每分鐘 5400 轉，則其旋轉延遲時間平均約為？ (A)2.8 (B)5.6 (C)11.1 (D)22.2 ms。

203 將軟體程式利用硬體電路方式儲存於 ROM、PROM 或 EPROM 中，此種「微程式規劃 (Micro-programming)」技術，我們稱之為？ (A)硬體 (B)軟電路 (C)軟體 (D)韌體。

204 個人電腦系統硬體的相關設定，如硬碟容量、開機裝置(Boot Device)的優先順序等資訊，是儲存於主機板上的哪個裝置？ (A)BIOS ROM (B)Cache memory (C)CMOS (D)CPU。

205 某記憶體映對 I/O(Memory Mapped I/O)的微處理機，有 16 條位址線，8 條資料線，此系統需 4kBytes 的 I/O 空間，則可規劃的最大記憶體空間為？ (A)4 (B)68 (C)64 (D)60 kBytes。

206 下列敘述何者不正確？ (A)赫茲(Hz)是衡量微處理器速度的單位 (B)硬碟機的轉速所指的是資料的讀寫速度 (C)數據機的速度是以每秒傳輸的位元數(bps)為單位 (D)40 倍速的光碟機其資料的最大傳輸速度是每秒 6000KB。

207 為了符合網路朝向視訊、語音、資料傳輸三者整合的時代，下列何種連線方式最不適用？ (A)非對稱數位用戶迴路(ADSL) (B)56K 數據機(Modem)撥接 (C)纜線數據機(Cable Modem) (D)專線 T1 固接。

208 下列關於文書處理軟體 Word 中「頁首／頁尾」功能的敘述，何者正確？ (A)只能加入文字，不能加入圖片 (B)除「頁碼」外，還可以顯示「頁數」 (C)「頁碼」只能放在頁首的右方或頁尾的右方 (D)不能同時顯示「日期」及「時間」。

209 在 Word 中，若欲在文件中執行 Excel 試算表時，可利用『插入』功能表內之哪一選項來完成之？ (A)符號 (B)圖片 (C)檔案 (D)物件。

210 在 Word 軟體中，當要進行層級的調整時，最好使用哪一種檢視模式？ (A)標準 (B)整頁 (C)Web 版面配置 (D)主控文件。

211 假設在 Windows XP 的 D 硬碟中只有五個檔案,檔名分別為 kk、kac.123、akc.123、kdk.123 及 aa.kkk,對 D 硬碟使用尋找所有檔案的功能,在功能為搜尋檔案的【名稱】欄位中輸入 「?k*」,執行後會找到幾個符合條件的檔案? (A)1 (B)2 (C)3 (D)4 個。

212 在 Windows 的作業系統中,對於檔案的管理是採用何種結構? (A)環狀 (B)樹狀 (C)網狀 (D)線狀。

213 管理「使用者帳號」、「密碼」與「使用權限」等功能,是屬於作業系統的哪一項功能? (A)輸入管理 (B)系統保護 (C)效能監督 (D)記憶體管理。

214 將類似資料收集起來於固定時間一起處理的作業方式稱為? (A)連線 (B)批次 (C)即時 (D)分時 處理。

215 並列式作業系統(Parallel OS)的動作原理為? (A)可同時執行多個程序(Process) (B)具備多 CPU 並列處理,可加快作業的速度 (C)透過網路將多台電腦連接,可達到資源共享的目的 (D)當資料輸入時,便立即回應處理。

216 下列何種作業系統以開放原始碼(Open Source) 著稱? (A)MS-DOS (B)OS/2 (C)Linux (D)Mac OS X。

217 Intel 公司的 64 位元 Core 2 Quad CPU,不外加擴充電路且不受晶片組、作業系統的限制下,它可定址的記憶體最大容量為何多少? (A)232 x 8 (B)232 x 32 (C)264 x 8 (D)264 x 64 Bits。

218 在微電腦系統中,CPU、I/O 裝置與記憶體間之資料傳送,是經由系統匯流排傳送,下列何者不是系統匯流排? (A)位址 (B)資料 (C)通用 (D)控制 匯流排。

219 單晶片微算機通常是指在一個 IC 晶片中,包含有中央處理器(CPU)、記憶體(Memory)及 (A)輸入/輸出介面 (B)比較器 (C)乘法器 (D)編碼器。

220 一般啟動微電腦的基本輸入/輸出系統(BIOS) 程式位於? (A)隨機存取記憶體 (B)唯讀記憶體 (C)快閃記憶體 (D)韌體。

221 某微處理機執行速度為 5MIPS,執行一億個指令共需多少時間? (A)2 (B)4 (C)20 (D)40 秒。

222 下列哪兩個指令在執行後,其旗標暫存器(status flags)的狀態一定相同? (A)SBB AX, BX 與 CMP AX, BX (B)MOV AX, BX 與 ADD AX, 00H (C)ADD AX, BX 與 CMP AX, BX (D)SUB AX, BX 與 CMP AX, BX 。

223 微處理機 80x86 執行下一次指令的位址,由下列何者決定? (A)DS：SI (B)SS：IP (C)CS：IP (D)ES：SI。

224 若要定址到實際位址 320 C0H，下列選項何者有誤？ (A)CS=2B4DH，IP=6BF0H (B)CS=300AH，IP=2020H (C)CS=3000H，IP=20C0H (D)CS=2ABCH，IP=8500H。

225 個人微電腦中，Pentium 200 CPU 所使用的系統時脈週期應為？ (A)5 (B)10 (C)15 (D)20 ns。

226 關於隨機存取記憶體 RAM，下列敘述何者為錯誤？ (A)靜態 RAM 每隔一段時間必須更新 (Refresh)記憶體內容 (B)動態(Dynamic)RAM 是利用電容作記憶 (C)靜態(Static)RAM 利用正反器記憶體 (D)靜態 RAM 為 MOSFET 結構。

227 某一微電腦具有 32 條位址線及 8 條資料線，若不外加電路，則它的 CPU 可直接存取之記憶體位址空間最大可達？ (A)16 MB (B)256 MB (C)1 GB (D)4 GB。

228 交流發電機轉子上的滑環其功用為 (A)將直流電引進磁場線圈 (B)將直流電引至發電機輸出線頭 (C)將交流電引進磁場線圈 (D)將定子線圈的電變成交流電。

229 IP 位址與網域名稱轉換的伺服器稱為？ (A)DNS (B)URL (C)Proxy (D)Cache 伺服器。

230 關於電腦通訊網路傳輸技術，下列何者錯誤？ (A)RS-232 為串列傳輸，速度比較緩慢 (B)ADSL 是一種寬頻(broadband)通訊技術，適用於目前公眾電話網路 (C)ISDN 為整合服務數位網路，受限於傳輸速度，故無法傳送影像 (D)CDMA 為展頻通訊，它具有寬頻通訊技術的特點。

231 下列何項為交流發電之優點？ (A)低速發電性能良好 (B)耐高速運轉 (C)電刷較不易磨耗 (D)以上皆是。

232 下列何者錯誤？ (A)DPI：印表機的解析度 (B)PPM：雷射列表機的列印速度 (C)CPS：串列埠的傳輸速度 (D)DDR2 400：記憶體的容量。

233 具有熱插拔特性的界面為？ (A)PCI (B)ISA (C)AGP (D)USB 界面。

234 電子地圖最常與下列何種無線傳輸方式配合，進行交通工具導航？ (A)藍芽 (B)GPS (C)紅外線傳輸 (D)超音波。

235 網路線上的使用者與遠端的伺服主機連線進行檔案傳輸，所使用的協定為？ (A)X.25 (B)SNA (C)FTP (D)TCP/IP。

236 Intel 8051 單晶片的開機重置電路，下列何者正確？ (A)Vcc 與 Reset 接腳間連接電容，Reset 與接地間連接電阻，重置開關與電阻串聯 (B)Vcc 與 Reset 接腳間連接電容，Reset 與接地間連接電阻，重置開關與電容並聯 (C)Vcc 與 Reset 接腳間連接電阻，Reset 與接地間連接電容，重置開關與電容串聯 (D)Vcc 與 Reset 接腳間連接電阻，Reset 與接地間連接電容，重置開關與電阻並聯

237 電路中，有 2 安培的電流流過一個 10 歐姆的電阻，試求電阻消耗的電功率為若干？ (A)20 (B)40 (C)60 (D)80 W。

238 有 3 個電阻並聯的電路，其電阻值分別為 5 歐姆、10 歐姆、20 歐姆，如果流經 10 歐姆電阻的電流為 2 安培，則此電路總電流為若干安培？ (A)3 (B)5 (C)7 (D)9。

239 交流電的頻率為 60Hz，則其角頻率為若干弧度/秒？ (A)60 (B)220 (C)377 (D)480。

240 於 220V 的交流電源上，110V／5W 的燈泡與 110V／100W 的燈泡？ (A)可串接 (B)可並接 (C)不可串接或並接 (D)串接或並接均可 使用。

241 兩相同之電阻並聯後，由一理想電壓源供電，此兩電阻共消耗 240W 的功率，若將此兩電阻改為串聯，則此兩電阻共消耗多少功率？ (A)60 (B)120 (C)240 (D)480 W。

242 有一交流電壓為 $v(t)=110\sin(377t)V$，若以伏特計量測時，其指示應為若干伏特？ (A)377 (B)110 (C)155 (D)77.8。

243 有關磁力線的敘述，下列何者錯誤？ (A)磁鐵內部磁力線是由 N 極至 S 極 (B)磁力線形成一封閉曲線 (C)磁力線不相交 (D)磁力線具有伸縮特性。

244 有關電場與磁場之敘述，下列何者錯誤？ (A)磁場強度的單位是韋伯 (B)單位點電荷所受到的靜電力稱為電場強度 (C)電力線由正電荷出發，進入負電荷，不是封閉曲線 (D)電力線越密，則電場強度越強。

245 有關電場與磁場之敘述，下列何者正確？ (A)磁通量隨時間變化時，會產生電場 (B)導線周圍一定有磁場 (C)馬蹄形電磁鐵兩極間，一定有電場 (D)將磁鐵鋸為很多小段，可使其中一段只帶 S 極。

246 一線圈的電感量與？ (A)匝數 (B)匝數的平方 (C)線圈的長度 (D)線圈的長度的平方 成正比。

247 有一 100mH 的線圈，在 0.1 秒內，線性地由 0A 上升到 3A，則此線圈感應的電壓為？ (A)0.3 (B)3 (C)30 (D)300 V。

248 有一 800 匝的線圈，當 4A 的電流通過時，產生 5×10^{-2} 韋伯的磁通量，試求線圈的自感量為若干？ (A)20 (B)15 (C)10 (D)5 H。

249 兩線圈的電感量為 100mH 與 400mH，其耦合係數為 0.75，則互感量 M 為若干？ (A)150 (B)200 (C)250 (D)300 mH。

250 有兩平行導線，若其電流方向相同，則兩導線間會產生何種作用力？ (A)相吸 (B)相斥 (C)無作用 (D)視電流大小而定。

251 有一導線長 60 公分,通以 4 安培之電流,置於 $10'$ $|'$ 的均勻磁場中,若此導體與磁場夾角為 30 度,則導體受力若干牛頓? (A)6 (B)8 (C)10 (D)12。

252 有一 500 匝之線圈,通過的磁通在 2 秒內,由 1.0 韋伯降至 0.6 韋伯,則此線圈的感應電動勢為若干伏特? (A)100 (B)125 (C)250 (D)500。

253 根據楞次定律,當線圈的磁通增加時,對於線圈感應電流變化之敘述,下列何者正確? (A)產生同方向之磁場以阻止磁通之減少 (B)產生同方向之磁場以阻止磁通之增加 (C)產生反方向之磁場以阻止磁通之減少 (D)產生反向之磁場以阻止磁通之增加。

254 有一線圈其匝數為 1000 匝,其電感量為 16H,若欲將自感量減為 4H,則匝數應減為多少匝? (A)100 (B)125 (C)250 (D)500。

255 有一導體於 $2'$ $|'$ 的均勻磁場中運動,導體長度 50 公分,運動速度 $10\,m/s$,運動方向垂直於磁場,則感應電動勢為若干伏特? (A)2 (B)6 (C)10 (D)12。

256 一馬達供應 53N-m 的轉矩給負載,如果馬達轉速為 1800rpm,則供應給負載的功率為多少瓦特? (A)12000 (B)9990 (C)6776 (D)7000 W。

257 一靜止飛輪,其轉動慣量為 $5\,kg \cdot m^2$,以 $15\,N \cdot m$ 的轉矩供應給此飛輪,則 5 秒後飛輪轉速為何?(A)15 (B)1.57 (C)143.24 (D)14.32 $\frac{rev}{min}$。

258 如圖所示為一繞有線圈的鐵心,若鐵心中之磁通為 $\varphi = 0.05\ \sin 377t$,線圈為 100 匝,則產生線圈兩端的感應電壓為何(伏特)? (A)50 sin377t (B)1885 cos377t (C)50 cos377t (D)1885 cos(377t+90°)。

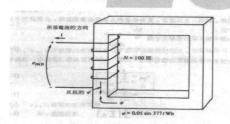

259 如圖所示為一流有電流的導體放在一磁場中,磁通密度為 0.25 $'|'$,方向指向紙內。如果導體長度為 1m,且由上端向下端流有 0.5A 的電流,求導體所受力的大小和方向? (A)1.25N 向左 (B)1.25N 向右 (C)0.125N 向左 (D)0.125N 向右。

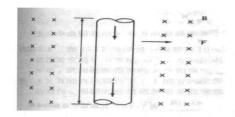

260 電磁感應產生的感應電動勢的方向,總是企圖使它的感應電流所產生的磁場方向對抗原來磁場的變化,此一重要定律稱為 (A)歐姆 (B)克希荷夫電流 (C)楞次 (D)安培 定律。

261 將額定 200V,100W 電熱器,接給 100V 之電源,則其產生之功率為若干? (A)25 (B)50 (C)100 (D)20 W。

262 將 110V,110W 及 110V,60W 之燈泡各一個串聯後接於 110V 之電源上,試求兩燈泡消耗之總功率? (A)170 (B)110 (C)38.82 (D)65.63 W。

263 在相同外接電壓下,將一未知電阻 R_x 與 10Ω 電阻分別串聯及並聯,測知其消耗功率之比為 $1:4$,試求 R_x 值為若干 Ω? (A)20 (B)40 (C)25 (D)10。

264 如圖所示,S打開時 b、c 間之電壓為 S關閉時之 2 倍,試求 R 為若干 Ω? (A)15 (B)25 (C)18 (D)12。

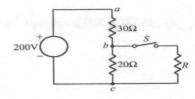

265 試求如圖中所示之 V_{ab}? (A)80 (B)60 (C)50 (D)85 V。

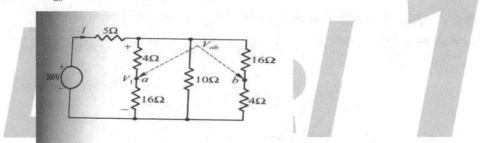

266 如圖中,若 $I = 5A$,試求 I_2? (A)1 (B)2 (C)3 (D)4 A。

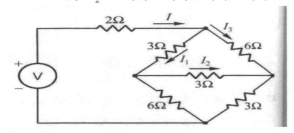

267 如圖所示為一電橋電路,求 R_{AB}? (A)15 (B)20 (C)16 (D)10 Ω。

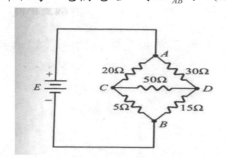

175

268 如圖所示，求輸出至 R 之最大功率？ (A)500 (B)350 (C)375 (D)400 W。

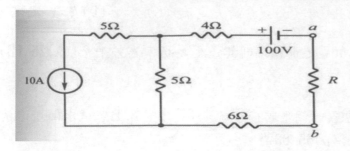

269 如圖中，若 $I_1 = 4A$，$N_1 = 200$ 匝，$N_2 = 300$ 匝，$l = 0.5m$，$A = 0.1m^2$，若在磁路中產生 $\phi = 10^{-2}Wb$ 時，求 I_2？ (A)0.5 (B)2 (C)10 (D)1 A。

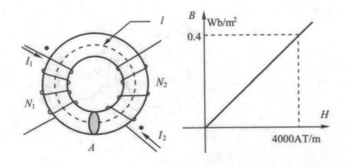

270 如圖所示之線圈 $N = 200$，電流 $I = 3A$，鐵心導磁係數 $\mu = 5 \times 10^{-5} \dfrac{Wb}{Am}$，磁路平均長度 $l = 2m$，截面積 $A = 0.008\,m^2$，求其磁通 ϕ？ (A)60×10^{-6} (B)120×10^{-6} (C)100×10^{-6} (D)200×10^{-6} Wb。

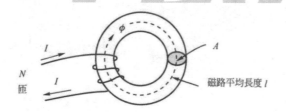

271 能將電能轉換成機械能的電工機械是？ (A)發電機 (B)電動機 (C)變壓器 (D)變流器。

272 能將機械能轉換成電能的電工機械是？ (A)發電機 (B)電動機 (C)變壓器 (D)變流器。

273 電動機的額定轉速是指電動機在？ (A)無載時 (B)半載時 (C)滿載時 (D)輕載時。

274 由法拉第感應定律，通過線圈的磁通量維持固定大小，則線圈兩端電壓？ (A)為定值 (B)成線性變化 (C)成非線性變化 (D)為零。

275 直流發電機中，決定導體的感應電流、運動、磁通等三方向之關係的是 (A)佛萊明左手定則 (B)佛萊明右手定則 (C)楞次定律 (D)安培右手定則。

276 佛萊明左手定則中，食指代表？ (A)導體運動方向 (B)電流方向 (C)磁通方向 (D)以上皆非。

277 有一部 4 極直流發電機，電樞總導體為 600 根，電樞的並聯路徑為 4，電樞每分鐘轉速為 2000 轉，每磁極的磁通量為 $6×10^{-3}$ 韋伯，試問產生之電動勢為若干伏特？ (A)60 (B)100 (C)120 (D)150。

278 若將直流發電機之轉速增大為原來的 2 倍，而每極磁通量減少為原來的 0.5 倍，則其所生的電動勢？ (A)與原來的一樣 (B)為原來的 0.5 倍 (C)為原來的 2 倍 (D)為原來的 4 倍。

279 有一部 4 極直流電動機，電樞導體為 320 根，電樞繞組採用單式疊繞，電樞輸入電流為 90 安培，每磁極的磁通量為 $3×10^{-3}$ 韋伯，試問此電動機所產生的轉矩為若干牛頓-公尺？ (A)275 (B)13.8 (C)138 (D)27.5。

280 有一部電動機，其電樞電流為 50 安培，可產生 80 牛頓-公尺之轉矩，若其磁通量降低為原來的 60%，且電流增至 75 安培，則此電動機所產生的新轉矩為若干牛頓-公尺？ (A)32 (B)48 (C)72 (D)120。

281 某一電動機的轉矩為 3.82 牛頓-公尺，轉速為 1500rpm，則電動機的功率為多少瓦特？ (A)100 (B)200 (C)300 (D)600。

282 某四極直流發電機，其應電勢由正最大值變化到負最大值，需旋轉？ (A)2 (B)1 (C)1/2 (D)1/4 轉。

283 某一電動機之電樞電流為 60 安培，產生 90 牛頓-米之轉矩，若磁場強度降低為原來的 80%，則電樞電流要增加若干安培，才能產生 120 牛頓-米之新轉矩？ (A)90 (B)100 (C)110 (D)120 安培。

284 有一串激電動機之電流為 25 安培，產生 90 牛頓-米之轉矩，若磁通未達飽和狀態，試求當電流升高至 30 安培時之轉矩為若干牛頓-米？ (A)129.6 (B)108 (C)75 (D)62.5。

285 有一串激電動機之電流為 25 安培，產生 90 牛頓-米之轉矩，當電流升高至 50 安培時，磁通量為 25 安培時的 1.6 倍，試求此時之轉矩為若干牛頓-米？ (A)288 (B)144 (C)72 (D)36。

286 某一直流發電機，當電樞電流為 10 安培，其端電壓為 110 伏特，而當電樞電流為 30 安培，其端電壓為 105 伏特，忽視電樞反應之影響，此發電機之電樞電路電阻為若干歐姆？ (A)1 (B)0.5 (C)0.25 (D)0.12。

287 有一 4 極直流電機，雙分疊繞，有 4 組電刷，電樞上有 72 個線圈，每一圈 12 匝，每一磁極磁通為 0.04 韋伯，轉速為 400rpm，試求此電動機有若干電流通路？ (A)1 (B)2 (C)4 (D)8。

288 有一 4 極直流發電機，雙分疊繞，有 4 組電刷，電樞上有 72 個線圈，每一圈 12 匝，每一磁極磁通為 0.04 韋伯，轉速為 400rpm，試求此電動機之感應電壓為若干伏特？ (A)230 (B)200 (C)170 (D)140。

289 有一變壓器之一次側繞組為 3450 匝，二次側繞組為 115 匝，若二次側輸出電壓為 100 伏特，則一次側輸入電壓應為若干伏特？ (A)3000 (B)3300 (C)2700 (D)3600。

290 有一 2000V / 200V 之單相變壓器，一次側加 2400V 電源，二次側加 100 歐姆電阻性負載，其功率為若干瓦特？ (A)288 (B)576 (C)864 (D)1296。

291 如圖所示為電磁電譯，其電流與磁鏈之關係式為 $i = \lambda^2 + 2\lambda(1-x)^2$，$x < 1$，若電樞所受的力為 λ 的函數，求電樞所受之力？ (A)$\lambda(1-x)^2$ (B)$\lambda^2(1-2x)$ (C)$2\lambda^2 x$ (D)$2\lambda^2(1-x)$。

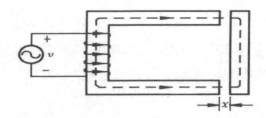

292 一致動器之磁鏈與電流之關係可大略表示為 $\lambda = \frac{0.08}{g} i^{1/2}$，$0 < i < 5A$，$0.02m < g < 0.1m$，式中 g 為空氣隙的長度，若電流維持在 4A，g=0.06m 時，求施於致動器的力？ (A)98.1 (B)-87 (C)-118.51 (D)110.5 牛頓。

293 一非線性的磁性系統可由下列來描述 $\lambda(1,x) = (0.1 + cx^{-1})i^2$ 當有一很小的位移 dx 發生時，則力之方程式為何？ (A)$f = \frac{1ci^3}{2x}$ (B)$\frac{1ci^3}{3x}$ (C)$-\frac{1ci^3}{3x^2}$ (D)$\frac{1ci}{6x^2}$。

294 如圖為一垂直升起接觸器的致動器，若在一極短的時間 dt，電樞有微量的位移，由電源送入的能量為 dW_e，供給磁場的能量為 dW_f，機械能的能量為 dW_m，則能量間之關係，下列何者正確？ (A)$dW_e = dW_m - dW_f$ (B)$dW_m = dW_e - dW_f$ (C)$dW_f = dW_e + dW_m$ (D)$dW_m = dW_e + dW_f$。

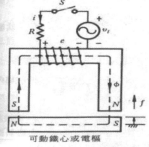

可動鐵心或電樞

295 如圖為一垂直升起磁性系統，其鐵心面積為 $5 \times 5 cm^2$，線圈之匝數為 432 匝且電阻為 6Ω，忽略鐵心的磁阻及氣隙場磁通的邊緣效應，設加於線圈的電源為 DC120V，氣隙最初長度為 5mm，求存儲之場能？ (A)11.726 (B)14.5 (C)17.5 (D)24.12 焦耳。

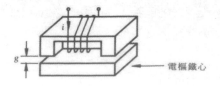

電樞鐵心

296 如圖所示之垂直升起磁性系統,其鐵心面積為 $5\times5cm^2$,線圈之匝數為 432 匝且電阻為 6Ω,忽略鐵心的磁阻及氣隙場磁通的邊緣效應,設加於線圈的電源為 DC120V,氣隙最初長度為 5mm,求電樞所受的力為? (A)-1245.1 (B)-2345.2 (C)1117.2 (D)2143.2 Nt。

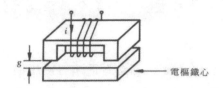

297 設 Pin 表示電機之輸入功率,Pout 表示電機之輸出功率,Ploss 表示損失功率,η 表示效率,則下列何者正確?
(A)$\eta = \dfrac{Pout}{Pout + Ploss}$ (B)$\eta = \dfrac{Pout}{Pin}$ (C)$\eta = \dfrac{Pin - Ploss}{Pin}$ (D)以上皆是。

298 電機機械之損失可分為哪二大類? (A)電氣損失及旋轉損失 (B)銅損及鐵損 (C)摩擦損失及渦流損失 (D)磁滯損失及渦流損失。

299 電機機械之電氣損失(銅損)是什麼原因造成的? (A)鐵芯之構造 (B)鐵芯之材料 (C)線圈之粗細 (D)電流流過線圈。

300 電機機械之旋轉損失(又稱雜散損失)包含哪二項? (A)摩擦損及渦流損 (B)機械損失及鐵芯損 (C)摩擦損及磁滯損 (D)銅損及鐵芯損。

301 關於電機機械之鐵芯損失,下列敘述何者正確? (A)鐵芯損失是旋轉速度之函數 (B)鐵芯損失是磁通之函數 (C)鐵芯損失是旋轉速度及磁通之函數 (D)以上皆非。

302 電機機械之鐵芯多由許多鐵芯片堆疊而成,其目的是在降低? (A)渦流 (B)磁滯 (C)機械 (D)摩擦 損失。

303 一 240 伏特,5 馬力直流並激馬達額定負載時之轉速為 1100rpm,電樞電路之電阻是 0.4Ω,磁場電路之電阻為 240Ω,若額定線電流是 20A,滿載時之旋轉損失為多少? (A)685.6 (B)746 (C)540.5 (D)480 W。

304 一 5 馬力,240 伏特直流並激馬達,電樞迴路電阻為 0.4Ω,磁場迴路為 240Ω,若額定線電流為 20A,滿載時之效率為多少? (A)85 (B)91.7 (C)70.5 (D)77.7 % 。

305 一 240 伏特直流並激馬達於轉速為1200rpm 時自電源汲取 55A 之電流,其旋轉損失為406.4W,磁場迴路電阻為120Ω,電樞電阻為0.4Ω,計算馬達之額定輸出扭矩及效率? (A)80 $N \cdot m$, 81.2% (B)95 $N \cdot m$, 91% (C)89 $N \cdot m$, 84.8% (D)98 $N \cdot m$, 93.4%。

306 由碳粉與石墨混壓而成,可將發電機之電流輸送到負載電路的組件是? (A)電樞 (B)磁極 (C)換向片 (D)電刷。

307 主磁極上的磁場繞組,其作用是產生電機所需的? (A)電動勢 (B)轉矩 (C)磁通 (D)功率。

308 有一 4 極電機，功率為 120kW，電壓為 200V，求電樞繞組為雙分疊繞時，每一導體之電流為若干安培？ (A)75 (B)60 (C)45 (D)30。

309 有一 4 極電機，電樞為 20 槽，繞組採雙層繞，單式疊繞，若是全節距繞，其線圈節距為若干槽？ (A)20 (B)10 (C)5 (D)4。

310 有一分激式直流發電機，其為 4 極，轉速為 1800rpm，電樞導體有 1200 根，每極磁通量為 3×10^{-3} 韋伯，電樞繞組之並聯路徑數為 4，電樞電阻為 0.02 歐姆，若電樞電流為 200 安培，試求此發電機之端電壓為若干伏特？ (A)108 (B)106 (C)104 (D)102。

311 有一分激式直流發電機，其應電勢為 50 伏特，滿載端電壓為 40 伏特，試求此發電機之電壓調整率為？ (A)10 (B)15 (C)20 (D)25 %。

312 有一 160 伏特之分激電動機，其分激場電阻為 40 歐姆，電樞電阻為 0.5 歐姆，滿載時線電流為 60 安培，電刷壓降為 3 伏特，轉速為 1800rpm，若不考慮電樞反應，則滿載時之反電勢為若干伏特？ (A)129 (B)119 (C)109 (D)99。

313 下列何者不是改良換向的方法？ (A)設中間極 (B)延長換向時間 (C)減少電刷線圈自感與互感 (D)減少電刷之接觸電阻。

314 下列哪一種直流發電機在無負載時不能建立電壓？ (A)分激 (B)他激 (C)串激 (D)複激式。

315 分激式發電機的外部特性，在負載增加時，端電壓會下降，下列何者為其原因？ (A)電樞內阻引起壓降 (B)電樞反應之去磁效應引起壓降 (C)激磁電流減少引起壓降 (D)以上皆是。

316 若將直流他激式發電機的電樞反轉，則會產生何現象？ (A)建立極性相同的電壓 (B)建立極性相反的電壓 (C)電壓不能建立 (D)以上皆非。

317 有 A、B 兩部複激式直流發電機並聯運轉，若 A 發電機的容量為 200kW，B 發電機的容量為 100kW，A 發電機的串激場電阻為 0.1 歐姆，則 B 發電機的串激場電阻應為若干歐姆？ (A)0.1 (B)0.2 (C)0.3 (D)0.4。

318 有一直流分激電動機，其電流為 25 安培時，轉速為 800rpm，若其負載轉矩變為 2 倍，則其電流應變為若干安培？ (A)12.5 (B)25 (C)50 (D)75。

319 電動機的起動電流甚大，然而正常運轉時，電流卻降低甚多，這是因為建立了什麼？ (A)反電勢 (B)反轉矩 (C)電樞繞組壓降 (D)磁場繞組壓降。

320　直流分激電動機的電壓為 110 伏特,電樞電流為 60 安培,電樞電阻為 0.1 歐姆,磁通量為 3×10^3 韋伯,轉速為 1000rpm。若將磁通量減少 20%,但轉矩不變,則轉速變為若干 rpm? (A)846 (B)1052 (C)1232 (D)1468。

321　有一部串激電動機,其電流為 12 安培時,轉矩為 5 公斤-米,今欲使轉矩增加到 20 公斤-米,則電流應增為若干安培? (A)6 (B)12 (C)24 (D)48。

322　電機的轉速越高,其機械損失將? (A)越大 (B)越小 (C)不變 (D)不一定。

323　有一 10 馬力,220 伏特之直流分激電動機,滿載時線電流為 50 安培,轉速為 1800rpm,試求滿載時電動機總損失為若干瓦? (A)500 (B)1100 (C)2900 (D)3540。

324　電動發電機的功用為何? (A)將直流電變為交流電 (B)將交流電變為直流電 (C)將直流電由低壓變成高壓 (D)將交流電由低壓變成高壓。

325　有一電動發電機,發電機導體數 1000 根,電動機導體數 500 根,且均為疊繞,若輸入電壓為 60 伏特,輸入電流為 12 安培,則輸出電壓與電流分別為若干? (A)120V、12A (B)120V、6A (C)60V、24A (D)60V、12A。

326　外鐵式變壓器結構較適合應用於何種負載? (A)低電壓、低電流 (B)低電壓,高電流 (C)高電壓,高電流 (D)高電壓,低電流。

327　下列何者非變壓器具有的功能? (A)相位變換 (B)電路隔離 (C)功率放大 (D)阻抗匹配。

328　理想的昇壓變壓器一次/二次圈比為 a,則一次/二次功率比為何? (A)a 的平方 (B)(1/a) 的平方 (C)1 (D)0。

329　工廠使用之三相 △-△ 型變壓器,若其中一組變壓器故障,改以 V-V 方式供電,其可輸出功率為原來額定功率的若干倍? (A)0.667 (B)0.866 (C)0.577 (D)1.732。

330　60Hz 之變壓器,操作於 50Hz 之電源,其加入變壓器之電壓額定需? (A)提高六分之一 (B)減少六分之一 (C)提高 20% (D)不變。

331　供應系統量測儀錶所需之電流取樣,常須使用比流器(Current Transformer),其二次側之限制為? (A)不可以開路 (B)不可以短路 (C)不可以接電流錶 (D)以上均可。

332　某變壓器滿載時電壓輸出為 50V,無載時輸出為 100V,則此變壓器之電壓調整率為? (A)100 (B)50 (C)25 (D)10 %。

333　使用之三相變壓器並聯運轉,以共同分擔負載,下列各組中何者不可並聯運轉? (A)(Y-Y) ‖ (Y-Y) (B)(△-△) ‖ (Y-Y) (C)(△-△) ‖ (△-△) (D)(△-△) ‖ (△-Y)。

334 變壓器之開路及短路試驗主要可以測量得到？ (A)開路試驗可以測量得到鐵心損失及鐵心參數 (B)短路試驗可以測量得到鐵心損失及鐵心參數 (C)開路試驗可以測量得到銅損及等效電阻、電抗 (D)短路試驗可以測量得到絕緣耐壓強度。

335 某變壓器在 90%滿載下達到最佳效率，且開路試驗得到此變壓器無載之鐵心損失為 81W，則其滿載銅損應為？ (A)90 (B)100 (C)110 (D)120 W。

336 單相變壓器 6600/110V 共 3 台以 Y-Y 連接時，線間電壓為？ (A)11400/190V (B)19800/190V (C)11400/220V (D)19800/330V。

337 某單相負載電路利用 1000／5 之比流器測量線路電流，若一次側貫穿匝數為 2 匝，且二次側量到 2A，則線路之電流為？ (A)400 (B)200 (C)600 (D)800 A。

338 變壓器額定 100KVA，當功因為 1 且額定負載為 50%時，達到最高效率為 90%，則此變壓器之鐵心損失為？ (A)2.78 (B)5.96 (C)9.67 (D)10.8 KW。

339 變壓器額定 20KVA，8000/240V，60Hz，開路試驗時，一次側加入 8000V，量到電流 I_{oc} 為 0.214A 且 P_{oc} 為 400W，則此變壓器開路試驗時之功率因數為？ (A)0.85 落後 (B)0.234 落後 (C)0.95 落後 (D)0.128 超前。

340 變壓器額定 20KVA，8000/240V，60Hz，短路試驗時，一次側加入 489V，量到電流 I_{sc} 為 2.5A 且 P_{sc} 為 240W，則此變壓器開路試驗時之功率因數為？ (A)0.196 落後 (B)0.234 落後 (C)0.95 落後 (D)0.821 超前。

341 額定 20KVA，8000/800V，60Hz，單相雙繞組變壓器，若將其接為 8.8KV/8KV 之自耦降壓變壓器，其額定視在功率為？ (A)220 (B)200 (C)120 (D)60 KVA。

342 額定 20KVA，8000/800V，60Hz，等效串聯阻抗為 0.02+j0.06p.u. 之單相雙繞組變壓器，若將其接為 8.8KV/8KV 之自耦降壓變壓器，其等效串聯阻抗變為？ (A)0.22+j0.66 (B)0.002+j0.006 (C)0.2+j0.6 (D)2+j6 p.u.。

343 某變壓器，其圈比為 100/1，低壓負載 5 歐姆，則由高壓側視其等效阻抗變為？ (A)50 (B)50K (C)50M (D)50T 歐姆。

344 控制用變壓器，除了有一般繞在鐵心的信號輸入輸出線圈端外，還有一組繞在鐵心之控制線圈，當控制線圈通過電流使鐵心進入飽和時信號輸入輸出間呈現？ (A)斷路 (B)短路 (C)功率放大 (D)相位超前。

345 理想變壓器，一次二次線圈的匝數各為 N_1 及 N_2 設 $N_1 > N_2$，則下列敘述何者正確？ (A)此變壓器對直流電或交流電均可適用 (B)二次線圈輸出的功率比一次線圈輸入的功率高 (C)二次線圈輸出的交流電頻率比一次線圈輸入的頻率低 (D)若一次線圈輸入的交流電壓為 V_1，二次輸出的交流電壓為 $(N_2/N_1)*V_1$。

346 變壓器基本原理是建立在？ (A)歐姆定律 (B)庫侖定律 (C)佛來銘左右手定律 (D)法拉第磁感應定律及楞次定律。

347 理想變壓器所具備之條件，下列何者錯誤？ (A)導磁係數為零 (B)無漏磁 (C)無銅損 (D)無鐵損。

348 有一單相變壓器受磁通量變化而產生感應電動勢的線圈為？ (A)一次繞組 (B)原線圈 (C)主線圈 (D)二次繞組。

349 單相理想變壓器，加上120V，60Hz 之交流電源，如鐵心內之磁通量 ϕm =0.005韋伯，試求一次側線圈之匝數？ (A)80 (B)90 (C)100 (D)110 匝。

350 變壓器之感應電動勢與線圈之匝數的關係為下列何者？ (A)成正比 (B)成反比 (C)平方成正比 (D)平方成反比。

351 有一單相變壓器，輸出容量10KVA，在額定電壓時，鐵損為120W，額定電流時，銅損為180W，此單相變壓器以供給一負載(功因=80%)，試求1/2負載時之效率？ (A)96 (B)97.4 (C)98 (D)98.6 %。

352 三具均為10KVA、11000／220V、60Hz 之單相變壓器，擬接成11000／380V 以供給三相負載，試問其接線方法為？ (A)△-Y (B)Y-△ (C)△-△ (D)Y-Y。

353 某變壓器之電壓調整率為1.21%，其無載輸出電壓為110V，試求滿載輸出電壓為何？ (A)106.8 (B)107.5 (C)108.7 (D)109.1 V。

354 有一變壓器，無載時一次繞組感應電動勢為200V，鐵損為48W，功因為0.2，試求鐵損電流 I_C 與磁化電流 $I\phi$ 各為何？ (A)0.98A，0.24A (B)1.2A，1.176A (C)0.24A，1.176A (D)0.27A，0.98A。

355 有一揚聲器欲由電路中獲得最大功率，其內阻應為200Ω，當使用變壓器後，若揚聲器內阻為8Ω時，恰可得最大功率，設 N_1＝50 匝，則 N_2 為？ (A)8 (B)10 (C)12 (D)14 匝。

356 對於理想變壓器，下列公式何者正確？ (A)$E_1/E_2=I_1/I_2=N_1/N_2$ (B)$E_1/E_2=I_1/I_2=N_2/N_1$ (C)$E_1/E_2=I_2/I_1=N_1/N_2$ (D)$E_2/E_1=I_1/I_2=N_1/N_2$。

357 三具單相變壓器接成△-△供電，若其中一具發生故障，仍可以用下列何種接法繼續供電？ (A)△-Y (B)Y-△ (C)Y-Y (D)V-V。

358 有一 10KVA 變壓器，其滿載銅損為400W，鐵損為100W，若在一日運轉中，12 小時為滿載，功率因數為1，12 小時為無載，則全日效率約為多少？ (A)86.3 (B)90.3 (C)94.3 (D)98.3 %。

359 某一變壓器一次側線圈繞阻電阻為1Ω，二次側線圈繞阻電阻為0.01Ω，若匝數比為 N_1/N_2=10，則換算成二次側等效電路之等效繞阻電阻為？ (A)1 (B)0.02 (C)2 (D)0.01 Ω。

360 變壓器的銅損與下列何者成正比？ (A)電源電壓 (B)電源電壓的平方 (C)負載電流的平方 (D)負載電流。

361 變壓器一、二次側電壓有相角差，主要是由哪一個因素造成？ (A)線圈電阻 (B)漏磁 (C)鐵損 (D)絕緣。

362 一具 300V/30V、10KVA、400Hz、600 匝/60 匝之變壓器，使用於 60Hz 之電源，且只能保持相同的容許磁通密度，則在 60Hz 時所允許加於高壓側的最高電壓為？ (A)45 (B)90 (C)180 (D)360 V。

363 一般電力變壓器在最高效率運轉時，其條件為何？ (A)銅損等於鐵損 (B)銅損大於鐵損 (C)銅損小於鐵損 (D)效率與銅損及鐵損無關。

364 有關變壓器的短路試驗，以下哪一項是正確的？ (A)高壓線圈短路 (B)低壓線圈短路 (C)高壓、低壓線圈之任一均可短路 (D)以上皆非。

365 有一理想變壓器，其第一線圈有 10 匝，第二線圈有 100 匝，如在第二線圈接一負載，其阻抗為：Z_L=100+j100Ω，則從第一線圈端看進去的等效阻抗應為？ (A)Z_1=10000+j10000Ω (B)Z_1=10+j10Ω (C)Z_1=1+j1Ω (D)Z_1=1000+j1000Ω。

366 在單相感應電動機中，下列何者啟動轉矩最小？ (A)永久電容式 (B)蔽極式 (C)雙值電容式 (D)起動電容式 電動機。

367 單相蔽極式電動機中，若將蔽極線圈拆除，則此電動機？ (A)無法正常啟動運轉 (B)仍可正常啟動運轉 (C)能夠啟動運轉但轉向相反 (D)啟動轉矩增加。

368 若在 110V，1/8HP 電容起動式電動機中，使用 80μf 之啟動電容器，則 220V，1/8HP 電容起動式電動機應使用？ (A)60 (B)40 (C)20 (D)10 μf。

369 電容啟動式電動機使用之起動電容是？ (A)濾波用電容 (B)直流電解電容 (C)雙極性電容 (D)可長時間連續使用。

370 某 3/4 馬力、110V、60Hz、4 極之單相分相式感應電動機，已知其額定轉速為 1720rpm，若在額定運轉所量測得到的輸入電流為 8 安培、輸入功因為 0.8 落後，則此電動機的運轉效率為？ (A)0.65 (B)0.7 (C)0.8 (D)0.85。

371 某 1/2 馬力感應電動機，已知其額定轉速為 1760rpm，則此電動機在額定轉速下的輸出轉矩為？ (A)2.0 (B)3.1 (C)4.2 (D)5.3 牛頓－米。

372 三相感應電動機採用 Y-Δ 變換啟動的目的為？ (A)降低啟動電流 (B)減少啟動時間 (C)增加啟動電流 (D)增加啟動轉矩。

373　三相感應電動機的的端電壓為定值時，若將一次的定子線圈由原來的△接線改為Y接線，該電動機的最大轉矩變成原來的？ (A)1/3 (B)1/$\sqrt{3}$ (C)3 (D)$\sqrt{3}$ 倍。

374　6極、60Hz 之繞線型感應電動機，若在滿載時的轉速為1152rpm，又二次側每相之電阻為4Ω，欲使轉速降為960rpm，則應插入外部電阻值為？ (A)6 (B)12 (C)14 (D)16 Ω。

375　三相感應電動機之無載試驗中，會造成瓦特表反轉係由於？ (A)電壓低 (B)電流低 (C)功因太高 (D)功因太低 因素所造成。

376　三相感應電動機之堵轉試驗，其目的是為了測量？ (A)鐵損與漏磁電抗 (B)銅損與漏磁電抗 (C)鐵損與銅損 (D)鐵損與激磁電流。

377　三相四極感應電動機，定子電源為60Hz，若以外力使其轉子以600rpm 的速度反磁場方向旋轉，則其轉差率為？ (A)0.67 (B)1.0 (C)1.33 (D)1.67。

378　三相四極感應電動機，定子電源為60Hz，若以外力使其轉子以600rpm 的速度反磁場方向旋轉，該轉子的感應電勢頻率為？ (A)40 (B)60 (C)80 (D)100 Hz。

379　某額定為60Hz、六極的感應電動機，若其轉子電流的頻率為0.95Hz，則其轉子的轉速為？ (A)1181 (B)1141 (C)951 (D)1051 rpm。

380　感應電動機的轉差率隨？ (A)負載增加而增加 (B)負載增加而減少 (C)與負載無關 (D)與負載的增加或減少而不一。

381　三相感應電動機於正常運轉時，其總輸入功率為2000瓦，轉差率為0.08，若定子的銅損為150瓦、轉子的摩擦及風損為30瓦，則該電動機的運轉效率為？ (A)0.68 (B)0.75 (C)0.84 (D)0.93。

382　三相感應電動機，端子電壓為200伏、電流為50安、功因為0.85、效率為0.86，則該電動機的輸出為？ (A)11.8 (B)12.7 (C)13.8 (D)15.2 仟瓦。

383　三相鼠籠式感應電動機起動時，若電源電壓下降10%，則該電動機的起動轉矩約減少？ (A)10 (B)20 (C)30 (D)35 %。

384　4極、200V、20仟瓦、50Hz 三相感應電動機，若改在 200V、60Hz 電源電壓使用時，其轉速變為原來的？ (A)10.833 (B)1 (C)1.2 (D)1.414 倍。

385　三相感應電動機，若頻率保持固定，電壓減少時，則？ (A)磁通密度變小 (B)磁通密度變大 (C)轉矩變大 (D)以上皆非。

386　感應電動機之定子鐵心均採用薄矽鋼片疊製而成，其目的主要在減少？ (A)銅損 (B)磁滯損 (C)渦流損 (D)雜散損。

387 有關三相感應電動機構造之敘述，下列何者不正確？ (A)主要是由定子及轉子兩部份所構成 (B)定子上有三相線圈 (C)轉子為鼠籠式或繞線式 (D)電刷應適當移位至磁中性面。

388 某六極60Hz之三相感應電動機，其速率為1150rpm，試求其轉子頻率？ (A)25 (B)2.5 (C)35 (D)3.5 Hz。

389 某六極60Hz之三相感應電動機，當速率為1100rpm時，可得最大轉矩，若每相轉子電阻為0.4Ω，試求轉子靜止時，每相感抗為若干？ (A)2 (B)3.2 (C)4.8 (D)6 Ω。

390 某15馬力，220V，60Hz，四極感應電動機，滿載速率為1740rpm，試求在二分之一滿載時之速率為若干？ (A)1850 (B)1800 (C)1770 (D)1700 rpm。

391 某台三相感應電動機運轉中，若頻率不變，二次電路電阻不變，其電源電壓降低10%，則其轉矩降低為多少%？ (A)85 (B)91 (C)95 (D)81。

392 單相感應電動機依啟動轉矩大小順序自左至右排列應為？ (A)推斥式、分相式、電容式 (B)分相式、推斥式、電容式 (C)電容式、分相式、推斥式 (D)推斥式、電容式、分相式。

393 電容式啟動之單相感應電動機，啟動時之運轉線圈與啟動線圈之電流相位差最好為？ (A)60° (B)90° (C)120° (D)180°。

394 對於三相感應電動機之最大轉矩的特性，下列敘述何者正確？ (A)最大轉矩與線路電壓的平方成正比 (B)最大轉矩與轉子電阻無關 (C)最大轉矩與定子電阻、電抗及轉子電抗成反比 (D)以上皆是。

395 在單相感應電動機中，啟動特性及運轉特性最佳的是下列哪一種電動機？ (A)蔽極式 (B)分相式 (C)電容啟動式 (D)雙電容式 感應電動機。

396 某三相繞線型轉子感應電動機為6極，60Hz，220V，10Hp，換算至定子的每相阻抗如下：$R_a=R_2=0.075\Omega$ $X_a=X_2=0.25\Omega$ 欲在轉差率為1/2時，獲得最大轉矩，則轉子繞組上應外加多少的等值電阻？ (A)0.43 (B)0.18 (C)0.05 (D)0.58 Ω。

397 某三相感應電動機，在全壓啟動時，其線路電流為120A，啟動轉矩為150Nt-m，今欲以降壓自耦變壓器來啟動，在啟動時所加的電壓為線路電壓的80%，試求：(1)電源側的啟動電流為何？ (2)電動機側的啟動轉矩為何？ (A)86A，96Nt-m (B)76.8A，86Nt-m (C)76.8A，96Nt-m (D)86A，78Nt-m。

398 有一台6極，230V，60Hz，2Hp之Y連接三相繞線型感應電動機，其轉子在額定電壓及頻率下，其轉差率為0.04，則其轉子之角速度為多少？ (A)100.39 (B)120.58 (C)180.87 (D)241.16 弳度/秒(rad/s)。

399 有一台6極,220V,60Hz,11KW,80A之三相鼠籠式誘導感應電動機,此電動機滿載時之轉差率為6%,全壓啟動轉矩為額定轉矩的120%,全壓啟動電流為額定電流的500%,試求Y－△啟動時之啟動轉矩及啟動電流? (A)37.24Nt-m,133.33A (B)41.36Nt-m,121.75A (C)57.15Nt-m,109.21A (D)62.74Nt-m,100.82A。

400 對於三相感應電動機採用Y－△啟動法,主要的理由為何? (A)降低啟動電流 (B)增加啟動轉矩 (C)改善功率因數 (D)適用於重負載啟動。

401 三相感應電動機,若轉子達到同步速率時,在轉子繞組上會如何? (A)產生最大轉矩 (B)產生最大電流 (C)不能感應電勢 (D)感應最大電勢。

402 在正常的工作下,三相感應電動機負載與轉差率的關係為何? (A)負載增加,轉差率變大 (B)負載增加,轉差率變小 (C)負載減小,轉差率變大 (D)負載變動不會影響轉差率。

403 某台三相感應電動機,採用Y－△啟動時,啟動電流為90A,若改採全壓啟動,則啟動電流為何? (A)30 (B)120 (C)270 (D)360 A。

404 有關三相感應電動機在額定電壓時之敘述,下列何者不正確? (A)轉差率S=0時,轉子之轉矩為0 (B)轉差率S=1時,轉子之轉矩不為0 (C)轉差率S<0時,為發電機作用區 (D)轉差率S>1時,為發電機作用區。

405 有一部220V,60Hz之三相感應電動機,當其接上電源時之滿載轉速為1710rpm,試求電動機之極數及滿載轉差率各為多少? (A)極數為4,滿載轉差率為0.04 (B)極數為6,滿載轉差率為0.05 (C)極數為6,滿載轉差率為0.04 (D)極數為4,滿載轉差率為0.05。

406 同步發電機做開路及短路試驗之主要目的為測量? (A)同步阻抗 (B)磁場強度 (C)耐壓強度 (D)耐溫程度。

407 已知某三相Y接同步發電機的額定容量為6.25仟伏安、額定線電壓為220伏、每相阻抗為8.4歐姆。若以其額定容量與電壓做為基準值,則其每相電抗的標么值為? (A)0.626 (B)1.085 (C)1.987 (D)2.365。

408 已知某發電機的次暫態電抗X"為0.25p.u.;其係依據該發電機的額定值18KV、500MVA計算所得到的。如果將計算的基值改為20KV、200MVA,則該發電機的次暫態電抗X"為? (A)0.0810 (B)0.0405 (C)0.235 (D)0.472 p.u.。

409 對於同步發電機的敘述,下列敘述何者為正確? (A)凸極型轉子磁極阻力較小,不適於高速旋轉 (B)凸極型轉子磁極阻力較大,不適於高速旋轉 (C)凸極型之轉子轉軸較長,適於高速旋轉 (D)凸極型轉子之轉子轉軸較短,適於高速旋轉。

410 二台同步發電機的並聯運轉,調整激磁電流的目的為? (A)改變實功率的分配 (B)改變虛功率的分配 (C)改變輸出頻率 (D)改變轉軸的轉速。

411 交流發電機中,當每相電樞電勢滯後電流 90 度時,電樞反應會產生? (A)去磁效應 (B)交磁效應 (C)加磁效應 (D)以上皆有可能。

412 在水力發電廠使用的發電機為? (A)兩極非凸極轉子同步發電機 (B)多極凸極轉子同步發電機 (C)多極非凸極轉子同步發電機 (D)兩極凸極轉子同步發電機。

413 某三相 Y 接、二極、60 Hz、2300V、1750KVA 的同步發電機,若其每相的同步電抗為 2.8 歐姆,當功因為 1 時,該發電機的最大輸出功率為? (A)1288 (B)2575 (C)3575 (D)4572 KW。

414 某同步發電機,若其同步電抗 Xs 為 10 歐姆,端電壓為 24KV,如果每相負載為 7.2MW、功因為 0.6(落後)時,則每相的感應電勢為? (A)2678 (B)5356 (C)10712 (D)20273 V。

415 有關二部同步發電機並聯運轉的必要條件,下述何者為非? (A)相序 (B)極數 (C)頻率 (D)相數 相同。

416 調整同步發電機的直流激磁大小,可以改變發電機輸出的 (A)相序 (B)功率 (C)頻率 (D)功率因數。

417 以同步電動機發電機組,將電源由 60Hz 改為 50Hz,則兩機最少的極數為? (A)同步電動機取 12 極、同步發電機取 10 極 (B)同步電動機取 10 極、同步發電機取 12 極 (C)同步電動機取 12 極、同步發電機取 14 極 (D)同步電動機取 14 極、同步發電機取 12 極。

418 三相同步電動機的激磁電流增加,則穩態時的轉速為? (A)提高 (B)降低 (C)先提高再降低 (D)不變。

419 已知某工廠的負載功率 800KW、功因 0.8(落後)。現欲裝置同步調相機,將功因調高至 1.0 且負載功率保持不變,則所需同步調相機之容量為? (A)100 (B)300 (C)600 (D)400 KVAR。

420 某 12 極三相 Y 接 440V、60HZ 之同步電動機,若每相輸出功率為 48KW,則其總轉矩約為? (A)573 (B)1146 (C)2292 (D)2865 牛頓-米。

421 三相六極之同步電動機以三相之交流 60Hz 供電時,則其同步速率為? (A)600 (B)1200 (C)1500 (D)1800 RPM。

422 同步電動機之電樞電流與磁場關係形成之 V 形曲線中,曲線最低點所形成的點,其功率因數為? (A)落後 (B)領先 (C)不一定 (D)1。

423 同步電動機當負載固定使用時,假設增加激磁電流,其電樞電流? (A)增加 (B)減少 (C)不變 (D)增加或減少都有可能。

424 下述何者無起動轉矩時,無法自行起動? (A)同步電動機 (B)直流電動機 (C)感應機 (D)步進電動機。

425 下述何者較不適用於垂直型升降機？ (A)串激直流機 (B)感應機 (C)同步機 (D)並激直流機。

426 下列電動機何者轉差率為零？ (A)同步 (B)感應 (C)步進 (D)直流 電動機。

427 下列電動機何者轉子速率等於同步速率？ (A)步進 (B)感應 (C)同步 (D)直流 電動機。

428 對於固定轉速的負載一般而言採用下列電動機何者？ (A)步進 (B)感應 (C)同步 (D)直流 電動機。

429 三相同步電動機輸出功率為200Hp，效率為0.9，試求輸入功率為下何者？ (A)149200 (B)165778 (C)200000 (D)180000 W。

430 三相同步電動機為Y連接，4極，3300V，60Hz 輸出功率為200Hp，效率為0.9，額定負載時功率因數為0.8，試求電樞電流為下何者？ (A)36.3 (B)52.6 (C)62.2 (D)26.2 A。

431 三相同步電動機為Y連接，4極，3300V，60Hz 輸出功率為200Hp，效率為0.9，額定負載時功率因數為0.8，試求每相端電壓為下列何者？ (A)1205 (B)1305 (C)1505 (D)1905 V。

432 三相同步電動機為Y連接，4極，3300V，60Hz 輸出功率為200Hp，效率為0.9，額定負載時功率因數為0.8，試求同步轉速為下何者？ (A)1200 (B)1400 (C)1600 (D)1800 rpm。

433 下列電動機何者本身無法產生起動轉矩？ (A)同步 (B)感應 (C)步進 (D)直流 電動機。

434 三相同步電動機為Y連接，2極，60Hz 試求同步轉速為下何者？ (A)1200 (B)1800 (C)3600 (D)4800 rpm。

435 三相同步電動機為Y連接，4極，3300V，60Hz 輸出功率為200Hp，效率為0.9，額定負載時功率因數為0.8，每相電樞電阻為0.5歐姆，每相同步電抗為5歐姆，試求每相反電動勢為下何者？ (A)1687 (B)1787 (C)1887 (D)1987 V。

436 電機磁極的磁通為100000馬克斯威，其截面積為$10cm^2$，試求磁通密度為下列何者？ (A)10 (B)100 (C)1000 (D)10000 高斯。

437 電機磁極的磁通為100000馬克斯威，其截面積為$10cm^2$，試求磁通密度為下列何者？ (A)0.01 (B)0.1 (C)1 (D)10 Wb/m^2。

438 下列電動機何者常用於改善交流系統功率因數？ (A)步進 (B)感應 (C)同步 (D)直流 電動機。

439 下列電動機何者定子產生旋轉磁場，轉子是由直流產生磁通？ (A)步進 (B)感應 (C)同步 (D)直流 電動機。

440 下列電動機何者啟動須靠外力帶動轉子旋轉？ (A)同步 (B)感應 (C)步進 (D)直流 電動機。

441 下列關於主記憶體的敘述何者正確？ (A)RAM(Random Access Memory)隨機存取記憶體 (B)SRAM(Static RAM)，靜態隨機存取記憶體 (C)DRAM(Dynamic RAM)，動態隨機存取記憶體 (D)以上皆是

442 下列關於 ROM(Read-Only Memory)唯讀記憶體的敘述何者正確？ (A)PROM(Programmable ROM)，可程式的唯讀記憶體 (B)EPROM(Erasable Programmable ROM)，可用強紫外線擦拭及可程式的唯讀記憶體 (C)EEPROM(Electrically-Erasable Programmable Read-Only Memory)可電子擦拭及可程式的唯讀記憶體 (D)以上皆是

443 下列關於「馮紐曼模式」(von Neumann Model)的敘述何者為非？ (A)它是當今計算機的通用架構 (B)此架構主要有四大子系統：記憶體（memory）、算術邏輯單元（Arithmetic Logic Unit，簡稱 ALU）、控制單元(Control Unit)及輸入／輸出(Input/Output) (C)最主要的精神在於儲存程式(stored program)的概念 (D)要有記憶體用來存放資料與程式，但並不是任一記憶體位址皆能任意讀、寫。

444 下列關於「馮紐曼模式」(von Neumann Model)的敘述何者為非？ (A)可能衍生「馮紐曼瓶頸」(von Neumann bottleneck)，但此瓶頸與 CPU 及記憶體之運作無關 (B)使用分支預測(branch prediction)技術可緩和「馮紐曼瓶頸」問題 (C)在儲存程式型電腦上，一個設計不良的程式可能會傷害自己、其他程式甚或是作業系統，導致當機 (D)儲存程式型概念可讓程式執行時自我修改程式的運算內容。

445 下列關於計算機之「哈佛結構」(Harvard architecture)的敘述何者為非？ (A)「哈佛結構」是一種將程式指令儲存和資料儲存分開的結構 (B)哈佛結構的 CPU 通常具有較高的執行效率 (C)程序指令儲存和資料儲存分開，資料和指令的儲存可以同時進行，可使得指令和資料有不同的數據寬度(word width) (D)即使資料和指令的儲存可同時進行，但因需確保運算之正確性，指令儲存和資料儲存的數據寬度必須相同。

446 下列關於「馮紐曼結構」(von Neumann architecture1) 與「哈佛結構」(Harvard architecture)的敘述何者為非？ (A)在自動控制或資訊家電領域中被廣泛採用的 8051 微處理器屬於「馮紐曼結構」(B)ARM9 嵌入式處理器屬於「哈佛結構」(C)ARM10 嵌入式處理器屬於「馮紐曼結構」(D)ATMEL 公司的 AVR 系列微處理器屬於「哈佛結構」。

447 "IC 上可容納的電晶體數目，約每隔 18 個月便會增加一倍，性能也將提升一倍"，請問這是？ (A)摩爾定律(Moore's law) (B)梅特卡夫定律(Metcalfe's Law) (C)莫非定律(Murphy's Law) (D)馬太效應(Matthew Effect)。

448 下列關於「梅特卡菲定律」(Metcalfe's Law) 的敘述何者正確？ (A)電信網路的價值和使用者數量的平方成正比關係 (B)電信網路的價值和使用者數量的立方成正比關係 (C)電信網路的價值和使用者數量呈線性正比關係 (D)電信網路的價值和使用者數量的平方根(square root)成正比關係。

449 下列敘述何者為非？ (A)Douglas Engelbart 於 1964 年發明了滑鼠(mouse)，它之所以暱稱為滑鼠，乃是因為它的末端有著長長的尾巴，很像老鼠 (B)Dennis Ritchie 和 Kenneth Thompson 設計了 Unix 作業系統 (C)第一部超級電腦(supercomputer)稱為 IBM 360 (D)芬蘭赫爾辛基大學的學生 Linus Torvalds 基於 Unix 的開放原始碼，創作了個人電腦作業系統 Linux(Linus + Unix)。

450 關於「雲端計算」(Cloud Computing)的敘述何者為非？ (A)「雲端計算」將大量的系統資源整合在一起，再以隨需(on-demand)的方式將計算資源或服務提供給企業與機構 (B)雲端計算採用共享資源之基礎架構 (C)藉由雲端計算，企業將可在合理的成本控管下，擁有動態資源共享、虛擬化和高可用性的下一代計算平台 (D)「雲端計算」不需搭配網際網路(Internet)即可進行。

451 下列關於計算機系統效能評估指標之敘述何者為非？ (A)MFLOPS 係指每一秒鐘能執行幾百萬個整數運算 (B)MIPS 係指每一秒鐘能執行幾百萬個指令 (C)Throughput 係指單位時間所完成的工作個數 (D)CPU utilization 係指中央處理器的執行時間佔全部時間的百分比。

452 下列敘述何者為非？ (A)跨平台(cross platform)泛指程式語言、軟體或硬體裝置可以在多種作業系統或不同硬體架構的電腦上運作 (B)有別於半導體靠控制積體電路來記錄及運算資訊，量子電腦(quantum computer)則希望控制原子或小分子的狀態，記錄和運算資訊 (C)虛擬機(virtual machine)即是管線式電腦(pipelined computer) (D)超純量電腦(super scalar machine)允許一個計時週期啟動數個獨立指令，使得每個指令平均所需的計時週期個數(clock cycle count)降低，藉此提升執行效能。

453 第一至三電腦時代的代表元件，下列順序何者正確？ (A)真空管->電晶體->積體電路 (B)真空管->積體電路->電晶體 (C)電晶體->真空管->積體電路 (D)電晶體->積體電路->真空管。

454 半位元組(Nibble)共有幾個位元？ (A)2 (B)4 (C)8 (D)16。

455 極大型積體電路指的是？ (A)VLSI (B)ULSI (C)LSI (D)MSI。

456 如圖所示的元件是？ (A)真空管 (B)電晶體 (C)積體電路 (D)超大型積體電路。

457 如圖所示的元件是？ (A)真空管 (B)電晶體 (C)積體電路 (D)超大型積體電路。

458 如圖所示的元件是？ (A)真空管 (B)電晶體 (C)積體電路 (D)超大型積體電路。

459 如圖所示的元件是？ (A)真空管 (B)電晶體 (C)積體電路 (D)超大型積體電路。

460 將十進位數字 35.625 轉換成二進位數，此二進位數為何？ (A)100011.101 (B)10011.101 (C)100011.11 (D)100111.101。

461 下列關於 USB(Universal Serial Bus，通用串列匯流排)的敘述何者正確？ (A)採用串列的方式，主要的目的之一是可以降低使用的訊號線數目 (B)USB 的連接線內部僅有四條線，其中一條是+5 伏特線，另外三條則是資料線 (C)一個 USB host controller 最多可以連接 64 個 USB 設備 (D)使用 USB 1.0 與 USB 2.0 晶片的二個裝置相互連接，彼此將無法傳輸資料、無法相容使用。

462 下列關於 USB(Universal Serial Bus，通用串列匯流排)的敘述何者為非？ (A)USB 1.0 裝置的傳輸速度最高為 1.5Mbps (B)USB 2.0 裝置的傳輸速度最高為 480Mbps (C)USB 的規格設計上，想要連接多個週邊設備時，可使用 USB HUB(集線器)以方便連接週邊 (D)集線器與集線器之間不能串接。

463 下列關於 USB(Universal Serial Bus，通用串列匯流排)的敘述何者正確？ (A)USB2.0 裝置的傳輸速度較 USB1.0 快，且較不耗電 (B)USB 的連接線內部僅有五條線，其中二條分別是+5 伏特與地線，另外三條則是資料線 (C)一個 USB host controller 最多可以連接 127 個 USB 設備 (D)因尚未載入驅動程式的原因，電腦無法使用 USB 裝置開機。

464 下列敘述何者為非？ (A)USB 不需作業系統的配合即可發揮效用 (B)IEEE 1394 是為了增強外部多媒體設備與電腦連接性能而設計的高速傳輸技術，傳輸速率可以達到 400Mbps (C)使用 IEEE 1394 技術，我們可以輕易地把電腦和攝影機、高速硬碟、音響等設備中儲存的數位訊號輸入到電腦中 (D)對工作站而言，它具有兩種數據傳輸模式-同步(Synchronous)傳輸與非同步(Asynchronous)傳輸，同步傳輸模式會確保某一連線的頻寬。

465 下列關於 IEEE 1394 技術的敘述何者為非？ (A)佔用空間小、速度快、開放式標準，但不支援熱插拔 (B)可擴展的數據傳輸速率 (C)它是一種高速序列匯流排的公定標準 (D)新的 IEEE 1394b 規格，傳輸速度高達每秒 3.2Gb。

466 下列關於「精簡指令集」(RISC)的敘述何者為非？ (A)精簡指令集的指令數目較少且簡單 (B)精簡指令集的指令格式與參數固定 (C)精簡指令集容易平行化 (D)ARM11 嵌入式處理器並不屬於精簡指令集架構。

467 下列關於「複雜指令集」(CISC)的敘述何者為非？ (A)指令數目較多且複雜 (B)指令格式與參數多變、執行週期不一且較長 (C)8051 微處理器屬於複雜指令集架構 (D)ARM11 嵌入式處理器屬於複雜指令集架構。

468 下列關於多核心(multiple compute cores)處理器的敘述何者為非？ (A)多核心處理器是將兩個或更多的處理器封裝在一起,通常封裝在一個IC中 (B)執行多執行緒(multi-thread)的程式，可讓多核心處理器更加發揮效能 (C)多核心處理器不能把單一執行緒的工作平均切割、分配給處理器中的不同核心來執行 (D)中央處理器的核心數目越多，其效能越高。

469 有一個處理器可以進行六階(Stage)的管線(Pipeline)加速運算，可是其中第三階的運算需要 2 個時鐘週期(Clock Cycle)的運算時間，第五階的運算需要 3 個時鐘週期的運算時間，而其它階的運算都只需要 1 個時鐘週期的運算時間。在沒有 Hazard 的理想狀況下，這個處理器執行 n 個指令所需要的時鐘週期為何？ (A)15+3n (B)14+2n (C)15+2n (D)13+3n。

470 假設某一程式在單一 CPU 執行需 1000 秒，而該程式中可平行處理的部分佔 75%。現在想加速執行的時間為 500 秒，請問需多少個 CPU 同時執行才夠？ (A)3 (B)4 (C)5 (D)6。

471 考慮如圖所示之邏輯電路圖，用卡諾圖(Karnaugh Map)化簡方法求出 Y 布林函數的 minimum sum of product？ (A)Y=AB+CD'+C'D (B)Y=A'B+C'D+CD' (C)Y=A'B'+CD'+C'D (D)Y=AB'+CD'+C'D。

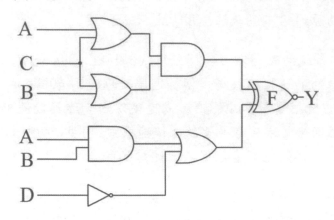

472 下列敘述何者為非？ (A)Ripple-Carry Adder 各個位元的進位輸入埠與進位輸出埠相連接，架構簡單 (B)Ripple-Carry Adder 運算結果所花費的時間不受進位的傳遞速度影響 (C)Carry-Lookahead Adder 每個位元的進位輸出值可以透過 Carry-Lookahead 電路事先計算求得 (D)Carry-Lookahead Adder 中 Carry-Lookahead 電路會浪費一些電路面積。

473 假設某個處理器有三類指令集，分別是指令集 A、指令集 B 及指令集 C。而且，各個指令集的單位指令執行時間(Cycles Per Instruction, CPI)分別為 CPI_A, CPI_B, CPI_C。當處理器的時脈頻率被調高到原來的 110%時，而指令集 A、指令集 B 及指令集 C 的單位指令執行時間(Cycles Per Instruction, CPI) CPI_A, CPI_B, CPI_C 都沒有任何變動。請問此處理器的效能增益(Performance Gain)為何？ (A)5 (B)10 (C)15 (D)20 %。

474 假設某個處理器有三類指令集，分別是指令集 A、指令集 B 及指令集 C。而且，各個指令集的單位指令執行時間(Cycles Per Instruction, CPI)分別為 CPI_A, CPI_B, CPI_C。當處理器的時脈頻率被調高到原來的 120%時，而 CPI_A'=1.2CPI_A, CPI_B'=CPI_B(不變)，CPI_C'=CPI_C(不變)。假如指令集 A 佔整個運算過程中的 40%，而指令集 B 與指令集 C 佔整個運算過程中的 60%，請問此處理器的效能增益(Performance Gain)為何？ (A)11.1 (B)10.8 (C)12.5 (D)10.3 %。

475 有一個四階段的管線化(Pipeline)系統設計。假設這四個階段所需的執行時間分別為：t1=40ns，t2=50ns，t3=60ns，t4=80ns。此外，暫存器(register)存取資料時間為 tr=10ns。此管線化系統設計的 Cycle Time？(A)90 (B)100 (C)110 (D)120 ns。

476 有一個四階段的管線化(Pipeline)系統設計。假設這四個階段所需的執行時間分別為：t1=40ns，t2=50ns，t3=60ns，t4=80ns。此外，暫存器(register)存取資料時間為 tr=10ns。此管線化系統執行 1000 個指令所需要花費的時間？ (A)90270 (B)100270 (C)110170 (D)110200 ns。

電工概論

477 有一個四階段的管線化(Pipeline)系統設計。假設這四個階段所需的執行時間分別為：t1=40ns，t2=50ns，t3=60ns，t4=80ns。此外，暫存器(register)存取資料時間為 tr=10ns。無管線化系統執行 2000 個指令所需要花費的時間是此管線化系統執行 2000 個指令所需要花費的時間的幾倍？ (A)2 (B)2.1 (C)3.2 (D)2.66 倍。

478 有二台電腦系統 X 與 Y。X 電腦系統的時脈頻率為 1GHz，Y 電腦系統的時脈頻率為 0.5GHz。其詳細的效能分析(CPI，clock cycle per instruction，指令的平均計時週期個數)比較如下：請計算此二台電腦系統再執行"指令 C"時的 MIPS，並選擇正確的答案？ (A)X 的 MIPS 是 250 (B)X 的 MIPS 是 300 (C)Y 的 MIPS 是 125 (D)Y 的 MIPS 是 200。

指令種類	CPI of X	CPI of Y
A	8	1
B	6	4
C	4	2

479 假設一個計算機的浮點數(Floating-Point Number)的型式如圖所示：其中 S=0 時為正號，S=1 時為負號，C=Exponent+32，基數為 2，小數點在 Mantissa 的最左端，而且小數點右邊的第一位元恆不為 0，請問浮點數的精確度(Precision)為多少位元？ (A)8 (B)10 (C)12 (D)16 位元。

Bit 0　Bit 1　　　　　　Bit 5 Bit 6　　　　　　　　　　　　Bit 15

S	C	Mantissa

480 假設一個計算機的浮點數(Floating-Point Number)的型式如圖所示：其中 S=0 時為正號，S=1 時為負號，C=Exponent+32，基數為 2，小數點在 Mantissa 的最左端，而且小數點右邊的第一位元恆不為 0，請問指數(Exponent)的範圍為何？ (A)2^{-16}~2^{16} (B)2^{-31}~2^{31} (C)2^{-32}~2^{30} (D)2^{-32}~2^{32}。

Bit 0　Bit 1　　　　　　Bit 5 Bit 6　　　　　　　　　　　　Bit 15

S	C	Mantissa

481 假設一個計算機的浮點數(Floating-Point Number)的型式如圖所示：其中 S=0 時為正號，S=1 時為負號，C=Exponent+32，基數為 2，小數點在 Mantissa 的最左端，而且小數點右邊的第一位元恆不為 0，請問此浮點數型式所能表達的最大正數為何？ (A)$0.1111111111 \times 2^{16}$ (B)$1.1111111111 \times 2^{31}$ (C)$0.1111111111 \times 2^{32}$ (D)$1.1111111111 \times 2^{32}$。

Bit 0	Bit 1		Bit 5	Bit 6		Bit 15
S		C			Mantissa	

482 假設一個計算機的浮點數(Floating-Point Number)的型式如圖所示：其中 S=0 時為正號，S=1 時為負號，C=Exponent+32，基數為 2，小數點在 Mantissa 的最左端，而且小數點右邊的第一位元恆不為 0，請問此浮點數型式所能表達的最小正數為何？ (A)0.1×2^{-32} (B)0.1×2^{-31} (C)1.1×2^{-32} (D)$0.1111111111 \times 2^{-32}$。

Bit 0	Bit 1		Bit 5	Bit 6		Bit 15
S		C			Mantissa	

483 電腦開機時會先執行自我測試程式，其英文的簡寫為 (A)BIOS (B)DMA (C)IQR (D)POST。

484 電子式可消除程式化唯讀記憶體是指 (A)ROM (B)Flash ROM (C)EPROM (D)EEPROM。

485 有關匯流排的敘述何者正確？ (A)位址匯流排是一個雙向的路徑 (B)資料匯流排是一種單向的資訊流 (C)控制匯流排是協調運作整個電腦所需的控制和計時訊號 (D)一般來說，匯流排大小愈大，電腦系統速度越慢。

486 用來測量螢幕上的像素有多接近稱為 (A)解析度 (B)色彩深度 (C)點距 (D)螢幕畫面大小。

487 下列何者不是常見的滑鼠連接埠？ (A)RS-232 (B)LPT (C)PS/2 (D)USB。

488 個人電腦記體卡國際協會(PCMCIA)制定的標準中，Type III PC Card 是單獨為硬碟設計使用，其厚度為多少毫米(mm)？ (A)3.3 (B)5.0 (C)10.5 (D)15.3。

489 個人數位助理指的是 (A)NC (B)Tablet PC (C)PDA (D)Mainframe。

490 外頻是 CPU 外部的工作頻率，內頻是 CPU 核心所採用的頻率，而倍頻等於 (A)內頻+外頻 (B)內頻-外頻 (C)內頻 x 外頻 (D)內頻/外頻。

491 CPU 執行一個指令的過程稱為機器循環週期(Machine Cycle)，其步驟的執行順序為 (A)指令擷取->指令解碼->指令執行->結果存回 (B)指令解碼->指令擷取->指令執行->結果存回 (C)指令擷取->指令執行->指令解碼->結果存回 (D) 指令解碼->指令執行->指令擷取->結果存回。

492 CPU 的架構有精簡指令集(RISC)及複雜指令集(CISC)，二者比較時，下列何者不是 RISC 的優勢？ (A)硬體線路成本較低 (B)指令較多 (C)較容易設計 (D)指令執行時間較短。

493 硬碟中，各個碟片上相同的磁區的集合稱為 (A)磁軌(Track) (B)磁區(Sector) (C)磁簇(Cluster) (D)磁柱(Cylinder)。

494 在電腦中，哪一個子系統執行計算和邏輯運算？ (A)算術邏輯單元 (B)輸入/輸出單元 (C)記憶體 (D)控制單元。

495 下列關於作業系統的描述何者正確？ (A)作業系統負責管理電腦裡的硬體及週邊設備，扮演介於使用者與電腦硬體的中間角色 (B)作業系統的主要工作包含中央處理器管理，亦即把處理器有效地安排給各個程序使用 (C)作業系統的主要工作包含記憶體管理，亦即妥善分配記憶體給各個程序使用 (D)以上皆是。

496 下列關於作業系統的主要工作之描述何者正確？ (A)負責檔案管理，讓使用者安全存取及控制檔案 (B)負責週邊設備管理，管理各項週邊系統、提供簡易使用者介面程式 (C)負責程序管理，依據程序控制表安排資源 (D)以上皆是。

497 下列關於分時(time-sharing)作業系統的敘述何者正確？ (A)採用時間觸發,CPU 輪流計算各個程序，時間一到就把 CPU 交給下一個程序使用 (B)可同時有若干個使用者連結到同一計算機進行運算 (C)不同使用者之間不會相互干擾 (D)以上皆是。

498 下列關於關於 Linux 的敘述何者正確？(A)Linux 是多工(multi-tasking)、多用戶作系統 (B)支援數十種檔系統格式並採用先進的記憶體管理機制，更加有效地利用實體記憶體 (C)開放原始碼，用戶可以自己對系統進行改進 (D)以上皆是。

499 下列關於網路釣魚(phishing)的敘述何者正確?(A)可能的手法是假冒與你有業務往來的公司寄出假電子郵件，表示需要驗證你的帳號資訊，否則便要暫停你的帳號 (B)結合拍賣詐騙和假中間網站，這種手法是在合法的網路上拍賣東西，誘使你付款給假中間網站 (C)假造的網站設置看似合法的網站，並在你進入這些網站時自動下載惡意軟體，接著利用間諜軟體記錄你在登入線上個人帳戶時使用的按鍵，再將記錄的資訊傳回給網路釣客 (D)以上皆是。

500 在使用網際網路(Internet)應用服務時，我們常使用 cookie。下列關於 cookie 的敘述何者有誤？ (A)Cookie 是記錄在使用者網頁瀏覽器中的變數，用來記錄使用者曾上過的網站或登記的資料的一些資訊 (B)可以在 Netscape 或 Internet Explorer 的目錄中找到 cookie 的檔案 (C)cookie 的檔案是給網頁瀏覽器判讀的資料，並非一般的文字檔，因此一般使用者無法讀取 (D)就會員制的網站或論壇而言，若使用者無法正常進入或使用其服務，此時清理 cookie 有時會有幫助。

501 下列關於 P2P 的敘述何者為非？ (A)P2P 全名為「Peer-to-peer」對等互聯網路技術（點對點網路技術），它是屬於 client-server 的技術 (B)使用 P2P 軟體易遭受病毒、門戶處處洞開，有安全上的疑慮 (C)共用網路容易癱瘓 (D)易致使電腦速度緩慢，降低硬碟使用壽命。

502 處理中斷(interrupt handling)的程序中有若干步驟：(a)儲存暫存器內容並建立新堆疊(registers are saved and new stack are set up) (b)服務常式被標註為「就緒」狀態(service routine is marked as ready) (c)執行服務常式(service routine is executed) (d)儲存程式計數器(program counter is saved) (e)將中斷向量載入程式計數器(暫存器)(new program counter loaded from the interrupt vector)。請問處理中斷的程序中的步驟為何？ (A)(a)(b)(c)(d)(e) (B)(d)(a)(e)(b)(c) (C)(d)(a)(b)(c)(e) (D)(d)(e)(a)(b)(c)。

503 下列關於「遠端程序呼叫」(remote procedure call, RPC)的陳述何者為非？ (A)當兩台電腦建立連線時，一台電腦呼叫另一台遠端電腦幫它執行某些程序，這個呼叫即是 RPC (B)RPC 實作分散式處理，使得資料交換得以實現，並且讓遠端程式的執行可以在使用者面前呈現 (C)Java 並不支援 RPC (D)以上皆是。

504 CPU 排程(scheduling)有若干個決策時間點，下列哪些是可能的時間點？ (A)程序新產生時 (B)程序從執行狀態變等待狀態(譬如有 I/O 要求) (C)程序從執行狀態變就緒狀態(譬如有中斷發生時) (D)以上皆是。

505 設有一磁碟具有 512 磁軌，而磁碟機讀寫頭目前正位於第 110 磁軌位置，且剛剛才完成第 105 磁軌的讀寫資料的動作。假設此時磁碟佇列(disk queue)內含有將針對第 84、302、103、96、407 及第 113 磁軌的資料讀寫要求。若使用 SCAN 演算法，則讀取磁軌的順序為何？（列出讀寫 84、302、103、96、407 或 113 這幾個磁軌的順序）(A)110-113-302-407-103-96-84 (B)110-302-113-407-103-96-84 (C)110-113-302-407-96-1 03-84 (D)110-113-302-103-407-96-84。

506 設有一磁碟具有 512 磁軌,而磁碟機讀寫頭目前正位於第 110 磁軌位置,且剛剛才完成第 105 磁軌的讀寫資料的動作。假設此時磁碟佇列(disk queue)內含有將針對第 84、302、103、96、407 及第 113 磁軌的資料讀寫要求。若使用 circular SCAN 演算法,則讀取磁軌的順序為何?(列出讀寫 84、302、103、96、407 或 113 這幾個磁軌的順序) (A)110-113-302-407-84-96-103 (B)110-113-407-302-84-96-103 (C)110-113-302-84-407-96-103 (D)110-113-302-407-96-84-103。

507 設有一磁碟具有 512 磁軌,而磁碟機讀寫頭目前正位於第 110 磁軌位置,且剛剛才完成第 105 磁軌的讀寫資料的動作。假設此時磁碟佇列(disk queue)內含有將針對第 84、302、103、96、407 及第 113 磁軌的資料讀寫要求。若使用 SSTF(shortest service time first)演算法,則讀取磁軌的順序為何?(列出讀寫 84、302、103、96、407 或 113 這幾個磁軌的順序) (A)110-113-103-96-84-302-407 (B)110-113-96-103-84-302-407 (C)110-113-103-84-96-302-407 (D)113-110-103-96-84-302-407。

508 考慮作業系統中的虛擬記憶體管理(Virtual Memory Management)機制。假設系統僅有三個頁框(frame)記憶體。我們追蹤一個特定的處理程序(process)開始執行之後所進行的記憶體存取動作,發現其所存取的邏輯記憶體頁面(page)編號分別為:7、0、1、2、0、3、0、4、2、3(計共十次)。倘若開始時,記憶體的三個頁框是空的,試問先進先出(First-In-First-Out)的頁面替換(page replacement)演算法所產生的尋頁缺失(page faults)次數為何? (A)7 (B)8 (C)9 (D)10 次。

509 考慮作業系統中的虛擬記憶體管理(Virtual Memory Management)機制。假設系統僅有三個頁框(frame)記憶體。我們追蹤一個特定的處理程序(process)開始執行之後所進行的記憶體存取動作,發現其所存取的邏輯記憶體頁面(page)編號分別為:7、0、1、2、0、3、0、4、2、3(計共十次)。倘若開始時,記憶體的三個頁框是空的,試問 LRU(Least-Recently-Used)的頁面替換演算法所產生的尋頁缺失次數為何? (A)7 (B)8 (C)9 (D)10 次。

510 下列哪些是虛擬機(virtual machine)? (A)Virtual PC 2007 (B)VirtualBox (C)Qemu (D)以上皆是。

511 考慮程序間溝通(inter-process communication)之機制,下列哪種機制的實現不需經由作業系統核心(kernel)完成? (A)Remote Procedure Call (B)Socket (C)Remote Method Invocation (D)Shared Memory。

512 下列關於智慧型手機的敘述何者正確? (A)智慧手機用戶往往是隨身攜帶,使得攻擊者有機會竊聽、偷取電話簿個人資訊 (B)攻擊者有機會透過查詢智慧手機全球定位系統(GPS)的接收器,得知用戶所在位置 (C)透過藍芽無線電頻道或短訊的漏洞,智慧手機也替惡意軟體開了新門 (D)以上皆是。

513 有關 Windows 作業系統,下列敘述何者錯誤? (A)使用電源按鈕將個人電腦(PC)啟動稱為暖開機 (B)桌面上的圖示(ICON)是代表應用軟體或功能的圖形 (C)WordPad 是文書處理軟體 (D)以記事本儲存檔案時,預設的副檔名為 txt。

514 下列敘述何者錯誤？ (A)Excel 是試算表軟體 (B)Access 是資料庫軟體 (C)PowerPoint 是簡報軟體 (D)Internet Explorer 是文書處理軟體。

515 CPU 排程程式是負責決定在就緒狀態中的哪一個程序可以進入到執行中狀態,今先觀察所有程序所需的執行時間,然後從時間最短的開始執行的演算法是 (A)FCFS (B)SJF (C)Priority (D)RR。

516 作業系統的某個程序一直等不到全部的資源都齊全的現象,稱為 (A)互斥(Mutual Exclusion) (B)死結(Deadlock) (C)飢餓(Starvation) (D)同步(Synchronization)。

517 下列何者不是作業系統的功能？ (A)管理電腦系統中的各種資源 (B)提供使用者介面讓使用者可以與系統溝通 (C)初始化電腦硬體設備 (D)執行應用軟體並提供服務。

518 下列何者不屬於應用軟體？ (A)Word (B)SQL Server (C)Photoshop (D)Unix。

519 下列何者不是繪圖或影像處理軟體？ (A)FreeHand (B)Illustrator (C)CorelDraw (D)Visual FoxPro。

520 下列有關編譯器(Compiler)和直譯器(Interpreter)的敘述,何者錯誤？ (A)編譯器是逐行翻譯並執行 (B)C 語言是編譯程式 (C)QBasic 語言是直譯程式 (D)編譯程式較浪費記憶體空間。

521 下列有關 Unix 作業系統的敘述,何者錯誤？ (A)幾乎使用 C 語言所撰寫,移植性高 (B)有可靠的安全性 (C)單工系統 (D)良好的系統架構。

522 在 Outlook 2007 電子郵件軟體中,處理郵件取回的通訊協定是 (A)POP3 (B)SMTP (C)FTP (D)HTTP。

523 下列何者不是 Word 2007 軟體可插入圖片的副檔名 (A)emf (B)wmf (C)jpg (D)php。

524 下列何者不是 Access 2007 軟體的資料庫物件？ (A)資料表(Table) (B)查詢(Query) (C)複寫(Copy) (D)巨集(Macro)。

525 下列何者不是編輯網頁的軟體？ (A)Namo WebEditor (B)Internet Explorer (C)Dreamweaver CS4 (D)FrontPage。

526 PowerPoint 2007 軟體中的檢視模式不包括 (A)啟動 (B)投影片瀏覽 (C)備忘稿 (D)投影片放映 模式。

527 每個指令都是由 0 跟 1 所組成,不具有攜帶性,請問這是第幾代語言？ (A)第一代 (B)第二代 (C)第三代 (D)第四代。

528 編譯程式用來將高階語言撰寫的程式轉為目的碼,請問編譯程式的組成,不包含何種程式? (A)組譯 (B)剖析 (C)分析 (D)目的碼產生 程式。

529 和編譯程式一樣會進行語法分析及語意剖析,不同的是它不會產生目的碼,是每翻譯一行敘述,就執行該敘述,試問何種程式? (A)組譯 (B)直譯 (C)命令 (D)編譯 程式。

530 哪種程式語言具有邏輯推理性,可用來搜尋資料、開發專家系統等? (A)PROLOG (B)BASIC (C)C++ (D)JAVA。

531 哪個不是物件導向式程式語言? (A)SmallTalk (B)Simula (C)C# (D)ALGOL。

532 設計物件導向程式必須考慮到許多層面,其中不包括哪一項? (A)變數範圍 (B)資料屬性 (C)組譯程式 (D)流程控制。

533 當組譯或編譯的過程中產生錯誤,可以用哪個程式來找出錯誤並改正? (A)載入 (B)偵錯 (C)分析 (D)剖析 程式。

534 編譯程式時會逐一掃描原始程式的內容,找出關鍵字、保留字、識別字、運算子、變數名稱、資料值等符號的程式稱為? (A)目的碼產生 (B)偵錯 (C)分析 (D)剖析 程式。

535 用哪種程式語言的的執行速度最快? (A)機器語言 (B)C# (C)FORTRAN (D)BASIC。

536 下列何者不是屬於迴圈控制結構? (A)switch (B)for (C)do (D)while。

537 哪個程式語言主要的用途是描述演算法? (A)ALGOL (B)LISP (C)Assembly (D)FPGA。

538 下列哪種結構可以儲存連續多個資料並透過索引來存取其元素? (A)列舉 (B)迴圈 (C)串列 (D)陣列。

539 為了重複執行特定功能,可以呼叫自己本身的函數,稱為? (A)數值 (B)遞迴 (C)迴圈 (D)傳呼 函數。

540 何者不適合用來表示程式的執行程序? (A)流程圖 (B)實體關係圖 (C)虛擬碼 (D)演算法。

541 在系統開發生命週期中,下列哪個工作應先進行? (A)程式設計 (B)系統設計 (C)系統分析 (D)系統維護。

542 哪種資料型別所占記憶體的空間最大? (A)char (B)int (C)float (D)double。

543 主程式呼叫副程式時,哪種參數傳遞法不會修改主程式中原始變數的值? (A)傳址 (B)傳值 (C)傳名 (D)參數 呼叫。

544 呼叫副程式時以傳名呼叫(call by name)進行參數傳遞的程式語言是? (A)BASIC (B)LISP (C)ALGOL 60 (D)FORTRAN。

545 主程式呼叫副程式時,哪種參數傳遞法速度最快? (A)傳址 (B)傳值 (C)傳名 (D)參數 呼叫。

546 遞迴程式的優點為何? (A)遞迴程式比較容易撰寫 (B)遞迴程式執行所需的記憶體較少 (C)遞迴程式執行速度較快 (D)遞迴程式不需邏輯判斷。

547 哪種協定是屬於 IEEE 802.11 系列標準的無線網路協定: (A)CSMA/CA (B)CSMA/CD (C)Token Ring (D)GSM。

548 第二代行動通訊是傳送數位聲音主要有三種系統,請問不包括哪一系統? (A)CDMA (B)IMTS (C)D-AMPS (D)GSM。

549 可讓手機的使用者存取 Web 網頁,包括 WML 跟 WAP Gateway/Proxy 兩個主要元件的是? (A)GPRS (B)GSM (C)WAP (D)HTTP。

550 TCP/IP 參考模型中,負責提供網路服務給應用程式,知名通訊協定有 FTP、POP、DNS 等, 是哪一層負責的? (A)應用 (B)表達 (C)資料連接 (D)網路 層。

551 TCP/IP 參考模型中,負責區段排序、錯誤控制、流量控制等工作,是由哪一層負責? (A)應用 (B)表達 (C)資料連接 (D)傳輸 層。

552 TCP/IP 參考模型中,負責定址與路由等工作,是屬於哪一層? (A)應用 (B)網路 (C)資料 連接 (D)傳輸 層。

553 目前採用的 IP 定址方式為 IPv4,每個 IP 位只有幾位元? (A)4 (B)8 (C)32 (D)16。

554 何者主要用途是在 Internet 傳送或處理資料,提供跨平台,跨程式的資料交換? (A)DHTML (B)HTML (C)VRML (D)XML、XSL。

555 用於描述物體的三度空間資訊,讓網頁瀏覽者可以看到 3D 物體的語言是? (A)CSS (B)HTML (C)VRML (D)XML、XSL。

556 請問哪一種 Scripts 不是由伺服器端負責執行? (A)ASP (B)Applet (C)CGI (D)PHP。

557 OSI 參考模型將網路的功能及運作粗略分成七層,下列何者不是? (A)應用 (B)網路 (C)軟體 (D)表達 層。

558 哪種設備和中繼器相同,而重於接收訊號,然後轉送給其它連接埠? (A)閘道器 (B)集線 器 (C)橋接器 (D)路由器。

559 哪種網路連接設備的功能最多也最複雜? (A)閘道器 (B)集線器 (C)橋接器 (D)中繼器。

560　負責加密/解密，壓縮/解壓縮的工作，是 OSI 參考模型哪一層？ (A)實體層 (B)網路層 (C)表達層 (D)會議層。

561　根據供給者與消費者的關係，電子商務可以分為四種，下列何者不是？ (A)B2C (B)G2G (C)C2C (D)B2G。

562　安全的系統必須考慮到三種需求，下列何者為非？ (A)認證 (B)保密 (C)方便 (D)確認。

563　一套完善的災害復原方案必須包括四個部分，下列哪項為非？ (A)緊急 (B)備份 (C)啟動 (D)復原　方案。

564　哪一個是安全的線上付款機制？ (A)SET (B)HTTP (C)XML (D)GPRS。

565　哪一項惡性程式會傳染其它檔案？ (A)電腦病毒 (B)特洛伊木馬 (C)電腦蠕蟲 (D)駭客。

566　線路上可以做雙向傳送，但無法同時進行的是？ (A)單工 (B)半雙工 (C)全雙工 (D)多工。

567　下列何者現象非電腦病毒所造成？ (A)電腦內資料被竊取 (B)電腦執行速度變慢 (C)無法開機 (D)電腦硬碟有異聲。

568　下列哪一組密碼的安全性最佳？ (A)30585 (B)ajerf (C)1Agb3 (D)as327。

569　下列哪一項軟體非網際網路瀏覽器？ (A)IE (B)FOXY (C)ACCESS (D)Netscape。

570　網路上消費者揪團，集體向廠商議價屬於哪一種行為？ (A)C to B (B)B to C (C)C to C (D)B to C。

571　下列哪一項不是電子商務的特性？ (A)24 小時提供服務 (B)跨國界 (C)退換貨方便 (D)無實體店面。

572　下列何者非電子商務行為？ (A)股市網路下單 (B)透過網路線上購買旅遊險 (C)於書店網站購買書籍 (D)於網路免費下載 MP3。

573　下列何者協定應用於網際網路中大量資料傳遞？ (A)FTP (B)HTTP (C)TFTP (D)DHCP。

574　下列何者非即時通訊軟體？ (A)MSN (B)Skype (C)Yahoo 即時通 (D)BitTorrent。

575　下列何者非 Peer to Peer 軟體？ (A)BitTorrent (B)Outlook (C)eMule (D)ezPeer。

576　電子郵件發送時，使用何者通訊協議？ (A)SMTP (B)SNMP (C)POP3 (D)TFTP。

577　下列何者關於動態網頁之敘述是正確的？ (A)頁面上有會跳動的圖案 (B)網頁出現時會伴隨音樂播放 (C)具有呼叫資料庫的功能 (D)網頁中有彈跳窗格出現。

578 於 MS-Windows 作業系統下收發 E-Mail,需使用哪一種軟體? (A)Word (B)Outlook Express (C)Publish (D)Windows Messenger。

579 當你要存放多筆數及多欄位的資料時,使用哪種軟體最恰當? (A)PowerPoint (B)Outlook (C)Access (D)Visio。

580 在微軟 Windows 作業系統下架設網頁伺服主機,需安裝哪一種軟體? (A)IIS (B)Exchange (C)Adobe Reader (D)Windows Media Player。

581 將企業的製造、庫存、財務、銷售、配銷及其他相關企業運作功能加以整合的應用軟體程式,稱之為? (A)OES (B)TQC (C)ERP (D)SAP。

582 下列何種軟體,支援網頁開發功能最佳? (A)Access (B)Visio (C)Word (D)Dreamweaver。

583 下列哪一種軟體,最適合用來編修彩色圖片? (A)筆記本 (B)photoshop (C)powerpoint (D)Auotcad。

584 下列哪一種傳輸協議,支援多媒體傳輸? (A)EIGRP (B)HSRP (C)H.323 (D)NTP。

585 於 Linux 作業系統下,架設名稱解析伺服器需安裝的套件為? (A)Apache (B)BIND (C)SAMBA (D)MySQL。

586 使用 ADSL 撥接上網功能,最普遍被使用的是哪一種軟體? (A)Putty (B)PPPoE (C)遠端桌面連線 (D)pcAnywhere。

587 下列哪一種物理現象適用類比訊號處理? (A)溫度 (B)壓力 (C)電壓 (D)以上皆是。

588 下列何者表示布林運中的自補定理? (A)A+0=A (B)$A=\overline{\overline{A}}$ (C)A+1=1 (D)A·A=A。

589 $X=\left(A+\overline{B}\right)C+\left(\overline{A}+B\right)C$ 依布林運算化簡後可得? (A)C (B)A+B+C (C)AB+C (D)ABC。

590 如欲設計一組三人投票器,需使用下列何組布林函數? (A)X=A+B+C (B)X=ABC (C)X=1+ABC (D)X=AB+BC+CA。

591 假設使用 3 個 Bit 的記憶體存放"12"這個數值試問記憶體中殘值為多少? (A)1 (B)2 (C)3 (D)4。

592 試將 10 進位數值 12,轉換成 5 進位? (A)22 (B)19 (C)15 (D)12。

593 將 10 進位制數值 6,轉換成超三碼表示為? (A)1101 (B)1011 (C)1110 (D)1001。

594 下列何者不是資料庫系統? (A)MySQL (B)Access (C)Oracel (D)VB。

595 下列何者不是資料庫系統的主要功能? (A)新增 (B)刪除 (C)修改 (D)計算。

596 下列何者不是使用資料庫系統的優點？ (A)資料一致性 (B)降低重覆的資料 (C)方便資料備份 (D)設備昂貴。

597 在資料庫系統中，描述資料最小的單位是？ (A)欄位 (B)檔案 (C)資料表 (D)資料結構。

598 一般資料庫，所使用的結構化查詢語言簡稱為？ (A)STD (B)SQL (C)GPC (D)TDS。

599 下列學生系統資料庫中，哪一個值最適合被定為索引鍵？ (A)學生姓名 (B)生日 (C)系別 (D)學號。

600 下列何者為 SQL 的指令？ (A)Select (B)Join (C)Move (D)以上皆是。

601 下列對范鈕曼架構之敘述，何者有誤？ (A)透過匯流排交換資料 (B)是 CPU 唯一的架構 (C)包含中央處理單元、記憶單元及輸出入單元 (D)使用抓取-解碼-執行的週期執行程式。

602 位於 CPU 內部的記憶體稱之為？ (A)主記憶體 (B)直接存取憶體 (C)虛擬記憶體 (D)暫存器。

603 下列何者不是用來表示計算機效能的單位？ (A)GHz (B)CPI (C)MBytes (D)MIPS。

604 下列何者暫存器是 CPU 中的暫存器？ (A)區段暫存器 (B)位置暫存器 (C)旗標暫存器 (D)以上皆是。

605 下列何者為造成范紐曼瓶頸的主要原因？ (A)運算單元的速度 (B)輸出匯流排的速度 (C)記憶體的大小 (D)記憶體匯流排的速度。

606 下列何者非 CPU 暫存器中四大暫存區段？ (A)時脈 (B)程式 (C)資料 (D)堆疊 暫存區段。

607 若欲量測電路上某一元件承受之電壓值，應將三用電表撥電壓檔並將量測正負兩極(紅黑兩極)端子與待測元件 (A)串聯 (B)並聯 (C)串並聯 (D)不聯 進行量測。

608 請問欲確認電路上某一規格電阻元件實際值，應將三用電表撥電阻檔並將量測正負兩極(紅黑兩極)端子 (A)對已通電電路上已連接好的電阻元件進行量測 (B)對未通電電路上已連接好的電阻元件進行量測 (C)對完全獨立未連接任何電路之電阻元件進行量測 (D)對已連接電源供應器之電阻元件 進行量測。

609 如圖電路所示，其所應量測獲得之電壓 V 與電流 I 分別是？ (A)V=0.5 伏特, I=0.5 安培 (B)V=5 伏特, I=5 安培 (C)V=0.5 伏特, I=5 安培 (D)V=5 伏特, I=0.5 安培。

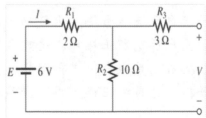

610 如圖電路所示,其所應量測獲得電流I是? (A)3.578 (B)5.758 (C)7.358 (D)8.375 安培。

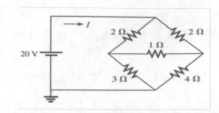

611 如圖電路所示,若欲在a,b兩端點間置放一電阻 R_{ab} 可獲得最大功率傳輸,其 R_{ab} 應設計為 (A)2.5 (B)5 (C)7.5 (D)10 歐姆。

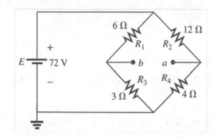

612 如圖電路所示,開關未合上前電容初電壓為Vc=4伏特,在 t=0 秒時將開關合上。則電容上之電壓與時間之關係為? (A)t=0.02秒時,Vc約為4伏特 (B)t=0.06秒時,Vc約為0伏特 (C)t=0.06秒時,Vc約為4伏特 (D)t=0.06秒時,Vc約為24伏特。

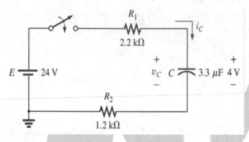

613 有一線圈電感值為L=5mH,在5秒內通過穩定電流I=2.5安培,則在這5秒內在線圈兩端以三用電表可量得之電壓為 (A)0 (B)2 (C)0.5 (D)0.0025 伏特。

614 一定大小線圈內置空氣所產生電感與另一同樣大小線圈內置鐵心所產生電感相比較: (A)氣心電感較大 (B)鐵心電感較大 (C)兩個電感一樣大小 (D)兩個電感無法比較大小。

615 一般變壓器大都以矽鋼片緊密堆疊製成,其未採用鋼材或鑄鐵一體成型再行加工製作之最主要原因是 (A)鋼材或鑄鐵成本較高 (B)矽鋼片堆疊可減少生熱 (C)矽鋼片堆疊導磁率極佳 (D)矽鋼片堆疊重量較輕。

616 當自己汽車電瓶沒電無法發動時,由救援車輛之電池正極與負極(紅色與黑色)接線(Jumper)過來之兩線端子應?
(A)先發動救援車,紅色端子接自己電瓶正極,黑色端子接自己電瓶負極,再發動自己車
(B)先發動救援車,紅色端子接自己電瓶負極,黑色端子接自己電瓶正極,再發動自己車
(C)先發動自己車,紅色端子接自己電瓶正極,黑色端子接自己電瓶負極,再發動救援車
(D)先發動自己車,紅色端子接自己電瓶負極,黑色端子接自己電瓶正極,再發動救援車。

617 台灣交流電大都為 110 伏特，若以示波器量測其正弦波形則可見到其波峰到波谷約有？
(A)110 (B)220 (C)311 (D)381 伏特。

618 如圖電路所示，由輸入 V$_{in}$ 到輸出 V$_{out}$ 相當於經過？ (A)主動式低通濾波器 (B)被動式低通
濾波器 (C)主動式高通濾波器 (D)被動式高通濾波器。

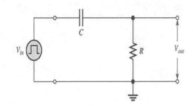

619 如圖電路所示，電容 C 上交流電壓 Vc 相對於交流電壓源 Vs 為？ (A)提前 57.85 度 (B)落
後 57.85 度 (C)提前 32.15 度 (D)落後 32.15 度。

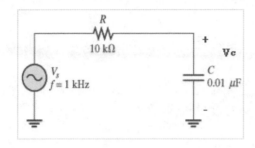

620 台灣家庭供電大都為 110 伏特，無熔絲保險跳電開關大都為 30 安培，因此若欲避免屋內跳
電，家庭所有電器用電功率總和應不超過 (A)30 (B)110 (C)3000 (D)90000 瓦特。

621 一般整流器之功能為 (A)將一電壓準位直流電轉變成另一電壓準位直流電 (B)將一電壓振
幅交流電轉變成另一電壓振幅交流電 (C)將一電壓準位直流電轉變成一電壓振幅交流電
(D)將一電壓振幅交流電轉變成一電壓準位直流電。

622 在多級放大電子電路中，前一級電路與後一級電路常設置一耦合電容，主要原因是 (A)電
容可儲存電荷讓前後級電路使用 (B)電容可產生前後級電路共振效應 (C)電容可容許低頻
或直流信號傳遞通過 (D)電容可容許高頻信號傳遞通過。

623 如圖電路所示，其共振頻率約為？ (A)4225 (B)28420500 (C)672 (D)1685 Hz。

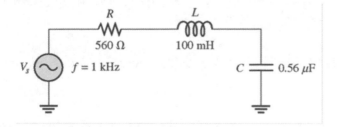

624 一交流電源對一簡單電容供電，其送入電容之功率在電學定義上為 (A)實功率 (B)虛功率
(C)零功率 (D)同時包括實功率及虛功率。

625 一交流電源對一簡單電感供電，其送入電感之功率在電學定義上為 (A)實功率 (B)虛功率
(C)零功率 (D)同時包括實功率及虛功率。

626 一交流電源對一簡單電阻供電，其送入電阻之功率在電學定義上為 (A)實功率 (B)虛功率 (C)零功率 (D)同時包括實功率及虛功率。

627 平行板電容器之電容量與二極板之距離成何種關係 (A)反比 (B)正比 (C)線性 (D)無關。

628 磁場強度愈大，則磁力線在同一單位面積的疏密程度 (A)愈疏 (B)愈密 (C)不一定 (D)無關。

629 設有一導體通以南向北之直流電流，若磁針置於其上方，則磁針的北極朝 (A)東 (B)西 (C)南 (D)北。

630 相同截面積之 A、B 兩導體，若 A 的長度是 B 的 2 倍，則電阻 A 為 B 的 (A)0.5 (B)1 (C)2 (D)4 倍。

631 A、B 兩圓柱導體，若 A 的長度是 B 的 2 倍，A 的面積亦是 B 的 2 倍，則電阻 A 為 B 的 (A)0.5 (B)1 (C)2 (D)4 倍。

632 下列何者是電量的單位？ (A)庫侖 (B)安培 (C)伏特 (D)焦耳。

633 絕緣體與導體的區別主要是物質內有 (A)原子的存在 (B)中子的存在 (C)電子的存在 (D)可以自由移動的電子。

634 兩個電壓不同的電池，其中一個電池電壓 6V，另一個電池電壓 2V，把兩個電池連接使用，可以得到最大的電壓為： (A)8 (B)4 (C)12 (D)3 V。

635 一個家用普通延長線插座插了三種電器，已知流至電器的電流量分別為 4A、2A、1A，則流經插座的電流量應為多少？ (A)1 (B)2 (C)4 (D)7 A。

636 同一個燈泡，在下列哪一種情況下亮度可以支持最久？ (A)串聯 2 個電池 (B)並聯 2 個電池 (C)串聯 4 個電池 (D)並聯 4 個電池。

637 某生利用安培計測量通過燈泡的電流，下列做法何者正確？ (A)安培計須與燈泡串聯 (B)安培計正極接電池的負極 (C)安培計在使用前不需先歸零 (D)安培計本身有不同的測量範圍時，應由小而大逐漸改變測量範圍。

638 馬達轉軸以 3000rpm 的速度旋轉，則其轉軸速可估計為多少 rad/sec？ (A)50 (B)314 (C)641 (D)154。

639 一個馬達供應給負載 60 牛頓·米的轉矩，假如馬達轉軸以 1800rpm 的速度轉動，則供應給負載的機械功率約是多少馬力(horse power，hp)？ (A)5 (B)15 (C)25 (D)35。

640 請選擇在交流電運作狀態下，其元件上電流相位將落後其上電壓相位約 90 度之元件？ (A)電阻 (B)電容 (C)電感 (D)電晶體。

641 從交流電源相對於一負載,若欲電源輸出實功率可被負載完全接收消耗,則該負載之功率因數應設計為 (A)接近 0 (B)接近 0.5 (C)接近 0.707 (D)接近 1。

642 混合式油電車在下坡時可採取電磁煞車模式並可再生車輛能源,其主要作動原理是 (A)煞車碟片摩擦生熱補充引擎能量 (B)引擎直接獲取馬達機械能量不需供油 (C)電瓶直接釋出電能提供引擎機械動能 (D)驅動馬達減速成為發電機對電瓶充電儲存。

643 一根由南向北流通電流之導線,置放於由東向西之磁場內,其導線將受到一誘發電磁力 (A)向東 (B)向北 (C)由紙面穿出向自己而來 (D)由自己向紙面穿入而去。

644 一未接任何其他元件或接線並以南北方向置放之導線由東向西運動,將其置放於由自己向紙面內穿入而去之磁場內,其導線將受到一誘發電動勢(電壓) (A)為零 (B)導線北端比南端高 (C)導線南端比北端高 (D)導線南端與北端相等。

645 一封閉環形鐵截面積為 $0.8cm^2$ 而通過截面積中心之環形週長約 $60cm$,其環形鐵材料相對導磁係數為 1000,而環上繞有 100 匝線圈通過電流為 1 安培,此時在環形鐵內可產生之磁通量約為 (A)$1.675*10^{-4}$ (B)$1.675*10^{-5}$ (C)$1.675*10^{-6}$ (D)$1.675*10^{-7}$ 韋伯。 (真空絕對導磁係數 $\mu_0 = 4\pi \times 10^{-7}$ H/m)

646 一非封閉環形鐵截面積為 $0.8cm^2$,具有一 1cm 長之氣隙,通過截面積中心之環形總週長約 60cm,其中鐵心部分週長有 59cm,其環形鐵材料相對導磁係數為 1000,而環上繞有 500 匝線圈通過電流為 1 安培,此時在其氣隙內可產生之磁通密度約為? (A)5.93 (B)59.3 (C)593 (D)5930 高斯(Gauss)。 (真空絕對導磁係數 $\mu_0 = 4\pi \times 10^{-7}$ H/m)

647 如圖所示之線性電機,有一方向進入紙面之磁通密度為 0.5Tesla,電阻為 0.25Ω,可無摩擦左右移動鐵棒長度為 1.0m,而電池電壓為 100V。啟動(開關合上)瞬間,其鐵棒之初始電流為? (A)零 (B)400 安培向上 (C)400 安培向下 (D)無法計算。

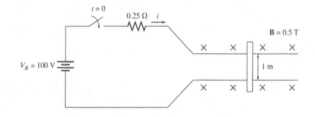

648 如圖所示之線性電機,有一方向進入紙面之磁通密度為 0.5Tesla ,電阻為 0.25Ω,可無摩擦左右移動鐵棒長度為 1.0m,而電池電壓為 100V。啟動(開關合上)瞬間,其鐵棒獲得之力初始值為? (A)零 (B)無限大 (C)200 牛頓向左 (D)200 牛頓向右。

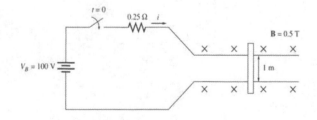

649 如圖所示之線性電機,有一方向進入紙面之磁通密度為 0.5Tesla,電阻為 0.25Ω,可無摩擦左右移動鐵棒長度為 1.0m,而電池電壓為 100V。啟動(開關合上)後一段時間,其鐵棒獲得之穩態速度為? (A)零 (B)無限大 (C)200m/sec 向左 (D)200m/sec 向右。

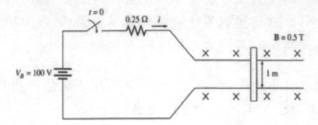

650 如圖所示之線性電機,有一方向進入紙面之磁通密度為 0.5Tesla,電阻為 0.25Ω,可無摩擦左右移動鐵棒長度為 1.0m,而電池電壓為 100V。啟動(開關合上)後鐵棒受到一向左負載力 25 牛頓(Newton)。該狀態進行一段時間後,其鐵棒獲得之穩態速度為? (A)50m/sec 向左 (B)50m/sec 向右 (C)175m/sec 向左 (D)175m/sec 向右。

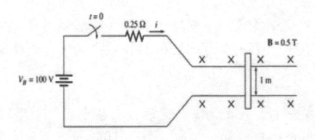

651 如圖所示之線性電機,有一方向進入紙面之磁通密度為 0.5Tesla,電阻為 0.25Ω,可無摩擦左右移動鐵棒長度為 1.0m,而電池電壓為 100V。啟動(開關合上)後鐵棒受到一向右施加力 50 牛頓(Newton)。該狀態進行一段時間後,其鐵棒獲得之穩態電流為? (A)25 安培向上 (B)25 安培向下 (C)100 安培向上 (D)100 安培向下。

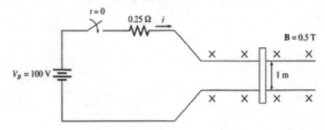

652 如圖所示之線性電機,有一方向進入紙面之磁通密度為 0.5Tesla,電阻為 0.25Ω,可無摩擦左右移動鐵棒長度為 1.0m,而電池電壓為 100V。啟動(開關合上)後鐵棒受到一向右施加力 50 牛頓(Newton)。該狀態進行一段時間後,其鐵棒獲得之穩態速度為? (A)250m/sec 向左 (B)250m/sec 向右 (C)150m/sec 向左 (D)150m/sec 向右。

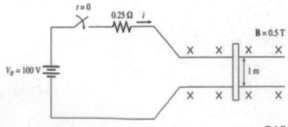

653 電機鐵心部分材質若磁滯曲線面積越大，則其 (A)運轉速率越穩定 (B)輸出轉矩越高 (C)輸出相對於輸入之效率越高 (D)熱損失功率越高。

654 小王在地下室發現了一臺發電機，他仔細觀察之後做了以下的敘述，請問其中哪一項是錯誤的？ (A)發電機是利用電磁感應的原理 (B)需要能產生磁場的磁鐵 (C)運轉過程中將電能轉換成力學能 (D)藉由變化的磁場來產生電流。

655 水力發電是利用大量的水由高處沖下，推動水輪機運轉，再帶動發電機發電，則下列何者為水力發電的功能轉換？ (A)位能→電能→光能 (B)動能→電能→位能 (C)位能→動能→電能 (D)位能→電能→動能。

656 電能轉換成光能和熱能可用來照明，在整個過程中，下列哪一項定律是成立的？ (A)能量 (B)質量 (C)動能 (D)重力位能 守恆。

657 雲霄飛車高高低低的運行主要是下列哪兩種能量間的轉換，讓遊客感受到雲霄飛車的刺激？ (A)光能、位能 (B)化學能、動能 (C)熱能、動能 (D)位能、動能。

658 市面上有一種手搖手電筒，只要手搖數分鐘就可讓電燈持續發光，依你判斷這種手電筒內部有何種裝置？ (A)電動機 (B)發電機 (C)充電器 (D)變壓器。

659 下列各項發電方式其能量轉換情形的敘述，何者錯誤？ (A)水力發電將位能轉變成電能 (B)太陽能發電將光能轉變成電能 (C)核能發電將核能轉變成電能 (D)火力發電將動能轉變成電能。

660 關於能量及其轉換的敘述，下列何者不正確？ (A)能量有光能、電能、位能、動能等各種形式 (B)能量不會無中生有，也不會憑空消失 (C)水力發電是利用水的重力位能轉換為電能的原理 (D)電能只可以轉換為光能和熱能，不能轉換為位能。

661 家中所裝的電表，是用來測量什麼物理量？ (A)電壓 (B)電能 (C)電功率 (D)電流強度。

662 阿明到大陸旅遊，投宿飯店，把標示 110V，500W 的吹風機，插入 220V 的電源插座中，則吹風機可能會如何？ (A)轉速變快，吹風效果更好 (B)溫度變高，烘乾效果更好 (C)電壓不對，不會運轉 (D)電壓過大，可能燒毀。

663 為減少電力輸送過程電能之損耗，電力公司通常採取下列哪種方式輸送電能？ (A)高電壓、高電流 (B)低電壓、低電流 (C)高電壓、低電流 (D)低電壓、高電流。

664 有甲乙兩個電熱水瓶，甲標示 110V、500W，乙標示 110V、800W，今將兩熱水瓶同樣接在 110V 的電源上，將 1 公升 20℃ 的冷水加熱至沸騰，則下列何者正確？ (A)甲較省電 (B)乙較省電 (C)甲較省時 (D)乙較省時。

665 日常生活中，我們常以「度」，做為計算電費的單位，請問「度」是什麼的單位？ (A)電量 (B)電流 (C)電能 (D)溫度。

666 載重相同的甲乙兩電梯從一樓升到十樓,甲電梯花了 10 秒,乙電梯花了 15 秒,下列敘述何者正確? (A)甲電梯的驅動馬達作功較多 (B)甲電梯增加的位能較多 (C)甲電梯的驅動馬達功率較大 (D)兩電梯作的功及功率都一樣大。

667 小楊家的馬達功率是 5 千瓦,小蔡家的馬達功率是 8 千瓦,如果同樣要把 10 立方公尺的水抽到 30 公尺的頂樓水塔,則小楊家馬達和小蔡家馬達所花的時間比是多少? (A)8:5 (B)16:5 (C)5:8 (D)1:1。

668 水力發電是將水抽至高處,再經大鋼管下沖推動發電機發電的過程中,下列敘述何者錯誤? (A)水的位能減少,動能增加 (B)損失的位能可直接轉換成電能 (C)部分的能轉成熱能而散失 (D)仍然遵守「能量守恆」定律。

669 符合位能→動能→電能的能量轉換過程是哪一種發電方式?(A)風力 (B)水力 (C)火力 (D)核能 發電。

670 一個額定 1/4 馬力直流馬達之額定轉矩為 1.48 牛頓·米,其馬達軸經一齒輪對 1:10 輸出,則在額定負載下其輸出軸轉速約為 (A)1.2 (B)12 (C)120 (D)1200 rpm。

671 傳統直流有刷馬達可能需要注意之問題,應該不包括有 (A)電刷磨損 (B)火花放電 (C)非接觸感測電子元件損耗 (D)電刷磨粉污染。

672 傳統典型永磁直流馬達之設計為 (A)永久磁石為轉子,電樞線圈為定子 (B)永久磁石為轉子,永久磁石為定子 (C)電樞線圈為轉子,永久磁石為定子 (D)電樞線圈為轉子,電樞線圈為定子。

673 典型無刷直流馬達之設計為 (A)永久磁石為轉子,電樞線圈為定子 (B)永久磁石為轉子,永久磁石為定子 (C)電樞線圈為轉子,永久磁石為定子 (D)電樞線圈為轉子,電樞線圈為定子。

674 一個 100 伏特直流電壓供電之並激式直流馬達,其磁場電阻為 200 歐姆而電樞電阻為 5 歐姆,同時馬達轉矩常數為 3(牛頓·米/安培),反電動勢常數為 0.314 伏特/rpm。該馬達在額定轉速 200rpm 狀態可輸出馬達轉矩為 (A)37.2 (B)62.8 (C)467.5 (D)22.3 牛頓·米。

675 一個 100 伏特直流電壓供電之並激式直流馬達,其磁場電阻為 200 歐姆而電樞電阻為 5 歐姆,同時馬達轉矩常數為 3(牛頓·米/安培),反電動勢常數為 0.314 伏特/rpm。該馬達在額定轉速 200rpm 狀態可輸出馬達功率約為 (A)22.32 (B)37.2 (C)467.5 (D)62.8 瓦特。

676 一個 100 伏特直流電壓供電之並激式直流馬達,其磁場電阻為 200 歐姆而電樞電阻為 5 歐姆,同時馬達轉矩常數為 3(牛頓·米/安培),反電動勢常數為 0.314 伏特/rpm。該馬達在額定轉速 200rpm 狀態之輸入功率約為 (A)22.32 (B)794 (C)467.5 (D)62.8 瓦特。

677　一個具有 4 極波繞，每極磁通量為 0.01 韋伯之直流發電機，其電流路徑數為 2，電樞總導體數有 720 根。該直流電機在 600rpm 之感應電動勢為 (A)36 (B)72 (C)144 (D)366.6 伏特。

678　一個 1800rpm 時可產生 220V 感應電動勢之他激式直流發電機，當其轉速降為 1500rpm 時可產生之感應電動勢為 (A)91.5 (B)183.3 (C)45.75 (D)366.6 伏特。

679　一個具有 12 極以單重疊繞之直流電動機，其電樞總導體數有 2880 根而電流路徑數為 12，每極磁通量為 0.04 韋伯。若電樞電流為 10 安培時，可產生轉矩約為 (A)45.8 (B)91.6 (C)183.4 (D)366.7 牛頓‧米。

680　一個 220V 直流供電額定 5 馬力之直流馬達，當其滿載運轉時銅損 260W，機械損與鐵損和為 154W，其他雜散負載損等不計，則該馬達之效率約為 (A)75 (B)80 (C)85 (D)90 %。

681　一個 220V 直流供電額定 5 馬力之直流馬達，當其滿載運轉時銅損 260W，機械損與鐵損和為 154W，其他雜散負載損等極小，則該馬達之輸入電流約為 (A)10 (B)20 (C)30 (D)40 安培。

682　一個額定轉速為 1600rpm 之直流馬達，在額定條件下由無載調整至滿載時，其速率調整率為 8%，則該直流馬達在無載時之轉速為 (A)0 (B)1472 (C)1600 (D)1728 rpm。

683　一個 220V 直流供電的分激式直流馬達具有電樞電阻 0.1 歐姆，當其滿載時電樞電流為 60 安培且轉速為 1500rpm，若不考慮激磁電流與電樞反應，該馬達之速率調整率約為 (A)2.8 (B)5.6 (C)8.4 (D)11.2 %。

684　傳統典型直流馬達中因負載產生之電樞反應，將不會產生下述之影響 (A)定子磁場中性面偏移 (B)電刷產生火花 (C)永久磁石加劇磁化 (D)換向片表面熔化。

685　一個串激式直流發電機供應 50 個串聯弧光街燈(每個 300W)，其發電機負載電流為 5 安培，電樞電阻為 1 歐姆而磁場電阻為 5 歐姆，另其他線路電阻約為 10 歐姆，則此發電機之感應電動勢約為 (A)80 (B)2920 (C)3000 (D)3080 伏特。

686　一個串激式直流馬達電樞電流 10 安培可產生轉矩 50 牛頓‧米，當馬達內未達磁通量飽和情況下電流增至 15 安培時，該馬達可產生之轉矩約為 (A)33.3 (B)75 (C)112.5 (D)150 牛頓‧米。

687　直流電機中哪一種馬達若供電後完全無載將會速度急速升高到結構可能損壞狀態？ (A)並激式 (B)串激式 (C)複激式 (D)分激式 直流馬達。

688　直流馬達之轉速越高則其所產生之反電動勢？ (A)越低 (B)越高 (C)不變 (D)趨近零。

689　直流馬達之電樞電流越高則其所產生之轉矩？ (A)越低 (B)越高 (C)不變 (D)趨近零。

690　分激式直流馬達啟動時之狀態為？ (A)低轉矩且低電樞電流 (B)低轉矩且高電樞電流 (C)高轉矩且低電樞電流 (D)高轉矩且高電樞電流。

691 無刷直流馬達通常不會具有下列何種優點？ (A)單位重量所需體積較小 (B)單位體積所產生轉矩較高 (C)單位體積製造成本較低 (D)可以設計應用在防爆場所。

692 在直流定電壓源供電串激式直流馬達應用中，其馬達磁場電阻設計越大，則其所可產生馬達轉矩？ (A)越高 (B)越低 (C)不變 (D)為零。

693 直流電動機自 100 伏特電源取用 5 安培的電流，設其總損失 200 瓦，則其效率為？ (A)0.4 (B)0.6 (C)0.8 (D)1。

694 若想要讓正在轉動中的馬達的線圈改以反方向轉動，應該如何改變？ (A)改變電流大小 (B)改變磁場大小 (C)改變線圈圈數 (D)改變磁場方向。

695 電動車在低速時需要大轉矩，高速時則需要小轉矩，則以下列哪一種直流電動機帶動最適合？ (A)他激式 (B)串激式 (C)分激式 (D)積複激式。

696 若線路電壓不變，直流電動機作轉矩特性曲線實驗，發現其曲線為一直線，則此電動機為？ (A)他激式 (B)串激式 (C)分激式 (D)積複激式。

697 若線路電壓不變，直流電動機作轉矩特性曲線實驗，發現其曲線為有一最高點之開口向下曲線，則此電動機為？ (A)他激式 (B)串激式 (C)分激式 (D)差複激式。

698 直流發電機電刷位移不足時，將形成？ (A)欠速 (B)過速 (C)正弦 (D)直線 換向。

699 電動機電刷位移不足時，將形成？ (A)欠速 (B)過速 (C)正弦 (D)直線 換向。

700 為了讓直流馬達能不停地轉動，必須要在馬達每轉幾度時，改變輸入馬達的電流方向一次？ (A)90 (B)180 (C)270 (D)360。

701 在廢鐵場裡可利用電磁鐵來將鐵罐和鋁罐分開其原因為何？ (A)鋁罐較輕可以被電磁鐵吸引 (B)鐵罐是磁性材料可以被電磁鐵吸引 (C)鋁罐表面易生成氧化物，其質地緻密不易被電磁鐵吸引 (D)鐵罐含碳可以被電磁鐵吸引。

702 下列有關直流馬達接通電流時的敘述，何者錯誤？ (A)電流通過線圈時會產生磁場 (B)電刷與半圓形集電環是緊緊黏在一起的 (C)線圈每轉動半圈就改變輸入的電流方向一次 (D)線圈運轉的動力，主要是來自磁場之間的作用力。

703 下列有關直流馬達和直流發電機的比較敘述，何者錯誤？ (A)集電環皆呈半圓環形 (B)馬達所通電流愈強，轉動速度愈快 (C)使用原理皆為電流磁效應 (D)發電機轉動速度愈快，感應電流愈大。

704 下列有關發電機與馬達的比較敘述，何者正確？ (A)兩者皆利用電流磁效應的原理 (B)兩者皆利用電磁感應的原理 (C)手搖轉動馬達可以發電 (D)兩者之能量變化皆為電能變為動能。

705　變壓器鐵心均用薄矽鋼片疊成，其目的是在減少？ (A)銅損 (B)磁滯損 (C)渦流損失 (D)雜散損。

706　有關變壓器的鐵心，下列敘述何者錯誤？ (A)相對導磁係數為 2000 至 6000 或更高 (B)磁化時有飽和現象 (C)鐵心損失包含磁滯損失和渦流損失 (D)導磁係數為常數。

707　變壓器因何種效應，使得激磁電流不為正弦波？ (A)鐵心磁飽和與磁滯效應 (B)鐵心漏磁效應 (C)導線集膚效應 (D)鐵心磁路邊緣效應。

708　變壓器使用絕緣油目的為何？ (A)輔助絕緣減少漏磁 (B)輔助絕緣幫助潤滑 (C)輔助絕緣幫助散熱 (D)增加耐用。

709　變壓器矽鋼片鐵心含矽的主要目的為何？ (A)減少鐵損 (B)減少銅損 (C)提高電壓絕緣 (D)提高鐵心延伸度。

710　有一導體，在磁場中長度為 1.0m，其磁通密度為 0.5T，其感應電勢為 2.5 伏，此導體移動之速度與磁通密度向量垂直，則此導體在磁場中移動之速度為？ (A)1.0 (B)5.0 (C)10.0 (D)20.0 m/sec。

711　下列何者非理想變壓器的具備的條件？ (A)相對導磁係數無限大 (B)無磁滯損失和渦流損失 (C)磁通為正弦波 (D)磁化時有飽和現象。

712　單相理想變壓器，若一次線圈匝數增加，則二次線圈兩端之電壓將 (A)升高 (B)降低 (C)不變 (D)不一定。

713　理想變壓器，電壓比與線圈匝數成正比，為？ (A)法拉第定律 (B)安培定律 (C)歐姆定律 (D)克希荷夫電壓定律 之應用。

714　電壓比為 5000V/500V 之理想變壓器，高壓側激磁電流為 0.5A，無載損失為 1500W，則其磁化電流為多少？ (A)0.3 (B)0.4 (C)0.5 (D)0.6 A。

715　設一理想變壓器的一次線圈有 3000 匝，二次線圈有 200 匝，如輸出電壓為 220V 之交流電壓，則輸入電壓為？ (A)1100 (B)2200 (C)3300 (D)6600 V。

716　變壓器銅損為？ (A)鐵心中磁區在每半週期重新排列之所需能量 (B)鐵心電阻的熱損失 (C)一次線圈與二次線圈繞組電阻的熱損失 (D)漏磁通的熱損失。

717　變壓器渦流損失為？ (A)鐵心電阻的熱損失 (B)鐵心中磁區在每半週期重新排列之所需能量 (C)一次線圈與二次線圈繞組電阻的熱損失 (D)漏磁通的熱損失。

718　變壓器磁滯損失為？ (A)鐵心電阻的熱損失 (B)鐵心中磁區在每半週期重新排列之所需能量 (C)一次線圈與二次線圈繞組電阻的熱損失 (D)漏磁通的熱損失。

719　變壓器激磁電流大，則表示本變壓器？ (A)銅損小 (B)鐵損小 (C)銅損大 (D)鐵損大。

720 變壓器之負載增加時，則？ (A)鐵損增加且銅損增加 (B)鐵損增加且銅損不變 (C)鐵損不變且銅損增加 (D)鐵損與銅損皆不變。

721 設一理想變壓器的一次線圈有 3000 匝，二次線圈有 200 匝，若在其二次側加 10Ω 之電阻，則換算於一次側之等值電阻為？ (A)2250 (B)150 (C)10 (D)10/15 Ω。

722 變壓器開路試驗為： (A)測量變壓器負載損 (B)測量變壓器電壓調整率 (C)測量變壓器銅損 (D)測量變壓器鐵損。

723 變壓器短路試驗為： (A)測量變壓器耐壓 (B)測量變壓器銅損 (C)測量變壓器鐵損 (D)測量變壓器電壓調整率。

724 變壓器做短路試驗與開路試驗時，一般所採用的方式分別為何？ (A)低壓側開路、低壓側短路 (B)高壓側開路、高壓側短路 (C)低壓側短路、高壓側開路 (D)低壓側開路、高壓側短路。

725 何種負載條件下變壓器電壓調整率為負？ (A)電容性負載 (B)電感性負載 (C)純電阻負載 (D)與負載無關。

726 某變壓器無載變壓比為 20：1，滿載變壓比為 20.5：1，則其電壓調整率為多少%？ (A)5.0 (B)2.5 (C)-5.0 (D)-2.5。

727 變壓器效率為最大是發生於？ (A)與銅損及鐵損無關 (B)銅損為鐵損之半 (C)銅損為鐵損二倍 (D)銅損與鐵損相等。

728 變壓器做短路試驗與開路試驗時，分別量測電功率為 160W 及 50W，則半載時之銅損是 (A)25 (B)80 (C)40 (D)210 W。

729 一個 100VA、120/12V 的單相變壓器改接成升壓自耦變壓器，其一次側電壓為 120V，則此自耦變壓器的最大操作額定為： (A)1200 (B)1100 (C)120 (D)110 VA。

730 一個 100VA、120/12V 的單相變壓器改接成降壓自耦變壓器，其二次側電壓為 12V，則此自耦變壓器的最大操作額定為： (A)1100 (B)1200 (C)110 (D)120 VA。

731 三具匝數比 30：1 之降壓單相變壓器，接成 Y－Y 接線，一次側外加 11.43kV 三相平衡電源，二次側供給 341A 三相平衡負載，則？ (A)二次側相電壓 381V (B)二次側線電壓 381V (C)一次側相電流 6.56A (D)一次側線電流 3.79A。

732 三具匝數比 30：1 之降壓單相變壓器，接成 Y－△接線，一次側外加 11.43kV 三相平衡電源，二次側供給 590.5A 三相平衡負載，則？ (A)二次側相電壓 381V (B)二次側線電壓 220V (C)二次側相電流 590.5A (D)一次側線電流 19.7A。

733 電源電壓及頻率固定時，若變壓器負載增加，下列敘述何者錯誤？ (A)一次電流增加 (B)銅損增加 (C)匝數比不變 (D)變壓比不變。

734 下列何者不是自耦變壓器的特點？ (A)效率可提高 (B)漏磁電抗可減少 (C)容量可提高 (D)變壓比一般超過 1 比 50 以上。

735 二具單相變壓器，接成 V－V 接線，提供三相平衡電源，其額定輸出與原△－△接法之百分比為？ (A)86.6 (B)57.7 (C)66.7 (D)23.3 %。

736 二具單相變壓器，接成 V－V 接線，提供三相平衡電源，此變壓器組利用率為？ (A)23.3 (B)57.7 (C)86.6 (D)66.7 %。

737 可以將三相電源變為兩相電源的變壓器連接方式是 (A)史考特 T 型連接 (B)開△接法 (C)開 Y－開△連接 (D)三相 T 型連接。

738 二具單相變壓器接線，提供三相平衡電源，一次側及二次側均可獲得中性點連接方式是？ (A)史考特 T 型連接 (B)開△接法 (C)開 Y－開△連接 (D)三相 T 型連接。

739 利用三具單相變壓器連接成三相變壓器的接線方式中，哪種接線方式會產生三次諧波電流而干擾通訊線路？ (A)Y-△接線 (B)△-Y 接線 (C)Y-Y 接線 (D)△-△接線。

740 比壓器的特性及應用，下列敘述何者錯誤？ (A)低壓側之一端需接地 (B)一次側需經保險絲保護 (C)二次側電壓很高 (D)二次側不可短路。

741 比流器的特性及應用，下列敘述何者錯誤？ (A)二次側需接地 (B)漏磁通比耦和磁通多 (C)二次側不可開路 (D)二次側不可短路。

742 使用分相法產生兩個旋轉磁場以起動之電動機為？ (A)同步電動機 (B)三相感應電動機 (C)單相感應電動機 (D)步進馬達。

743 蔽極式單相感應電動機，其磁極上一部份繞上短路線圈，則主線圈通以交流電時，所生旋轉磁場之轉向為？ (A)先使轉子轉動後，其磁場轉向與轉子同向 (B)自有繞上短路線圈處向未繞上短路線圈方向移動 (C)自未繞上短路線圈處向有繞上短路線圈方向移動 (D)由通電之方向決定。

744 交流單相電扇的啟動電容器若損壞，則？ (A)不能調速 (B)不能自行啟動 (C)不能左右擺動 (D)完全不能動。

745 單相分相繞組感應電動機，主繞組的特性為何？ (A)線徑粗且匝數多 (B)線徑細且匝數多 (C)線徑粗且匝數少 (D)線徑少且匝數少。

746 單相分相繞組感應電動機，輔助繞組的電路特性為何？ (A)高電阻低電感 (B)高電阻高電感 (C)低電阻高電感 (D)低電阻低電感。

747 下列有關單相感應電動機之敘述何者為正確？ (A)雙值電容式電動機之永久電容器容量較起動電容器大 (B)蔽極電動機中主磁通較蔽極部分之磁通領先 (C)雙值電容式電動機常用於需變速低功因之場合 (D)蔽極電動機起動轉矩比電容起動式電動機大。

748 三相感應電動機之降壓啟動其定子繞組接法為？ (A)啟動及運轉均為△連接 (B)啟動及運轉均為 Y 連接 (C)△接啟動 Y 接運轉 (D)Y 接啟動△接運轉。

749 一感應電動機為 4 極 60Hz，滿載轉速為 1710rpm，則其轉差率為多少%？ (A)6.55 (B)3.61 (C)6.31 (D)5.0。

750 某 4 極 60Hz 三相感應電動機，滿載之載差率為 5%，則滿載時轉子電壓頻率為？ (A)60 (B)57 (C)3 (D)63 Hz。

751 有一△接線之三相感應電動機，滿載電流為 50 安培，若以額定電壓起動，其起動電流為滿載電流之 6 倍，今改為 Y 接線，仍以額定電壓起動，則起動電流為多少安培？ (A)100 (B)120 (C)150 (D)300。

752 不考慮暫態影響之情形，三相感應電動機的起動電壓下降 10%時，下列敘述何者正確？
(A)起動電流下降 10%，起動轉矩下降 10% (B)起動電流下降 19%，起動轉矩下降 10%
(C)起動電流下降 19%，起動轉矩下降 19% (D)起動電流下降 10%，起動轉矩下降 19%。

753 三相雙鼠籠式感應電動機轉子的敘述，何者正確？ (A)起動時，轉子電流大部份流過低電阻高電感的上層繞組 (B)起動時，轉子電流大部份流過高電阻低電感的上層繞組 (C)起動時，轉子電流大部份流過低電阻高電感的下層繞組 (D)起動時，轉子電流大部份流過高電阻低電感的下層繞組。

754 三相感應電動機若任意交換二條電源線，則？ (A)轉向不變 (B)轉向相反 (C)轉速增加 (D)轉速減少。

755 繞線式轉子之三相感應電動機，若在轉子加電阻，則？ (A)啟動轉矩變小且最大轉矩不變 (B)啟動轉矩變大且最大轉矩不變 (C)啟動轉矩變大且最大轉矩變小 (D)啟動轉矩變小且最大轉矩變大。

756 隨負載變動損失是？ (A)機械損失 (B)鐵損 (C)銅損 (D)雜散損失。

757 感應電動機鼠籠式轉子採用斜槽之目的是為？ (A)消除噪音 (B)幫助啟動 (C)提高效率 (D)抵消電樞反應。

758 三相四極感應電動機而言，180°機械角相當於多少電機角？ (A)45° (B)90° (C)180° (D)360°。

759 正常工作下，三相感應電動機負載變動，則？ (A)負載減少，轉差率變大 (B)負載減少，轉差率變小 (C)負載增加，轉差率變大 (D)負載增加，轉差率變小。

760 三相感應電動機之轉子堵住試驗，則？ (A)可測量銅損並計算相關阻抗 (B)將轉子堵住，調整定子電壓為額定值，測量輸入功率及電流 (C)可測量鐵損並計算激磁導納 (D)調整轉速及定子輸入電流為額定值，測量輸入功率及電壓。

761 若三相電源之接線端為 R、S、T，三相感應電動機之接線端為 U、V、W，當電動機正轉時，接法為 R–U、S–V、T–W，則下列何種接法可使電動機反轉？ (A)△接改為 Y 接 (B)Y 接改為△接 (C)R–W、S–U、T–V (D)R–V、S–U、T–W。

762 感應電動機的轉子磁場是？ (A)直接輸入交流電 (B)藉感應而生 (C)藉傳導而生 (D)直接輸入直流電。

763 有一 6 極、60Hz 之三相感應電動機，轉差率(S)=6% ，則轉子轉速為？ (A)1028 (B)60 (C)1128 (D)1800 rpm。

764 三相感應電動機的轉差率(S)為？ (A)S<1 (B)S=1 (C)S>1 (D)S=∞。

765 感應電動機之最大轉矩與下列何者無關？ (A)外加電壓 (B)定子電阻 (C)轉子電阻 (D)轉子電抗。

766 三相感應電動機之轉矩與 (A)線電壓成正比 (B)線電壓的平方成正比 (C)線電壓成反比 (D)線電壓的平方成反比。

767 單相分相式感應電動機，啟動與運轉線圈應以相差？ (A)30° (B)60° (C)90° (D)120° 的相位放置。

768 必須藉由輔助繞阻幫忙，方能啟動運轉之電動機是 (A)直流電動機 (B)三相感應電動機 (C)同步電動機 (D)單相感應電動機。

769 蔽極式單相感應電動機的蔽極線圈的作用為？ (A)減少漏磁 (B)幫助啟動 (C)增加轉矩 (D)提高效率。

770 單相感應電動機啟動時，最接近兩相感應電動機是？ (A)分相式 (B)電容啟動式 (C)永久電容式 (D)蔽極式 電動機。

771 轉差率只與下面何種電動機有關？ (A)直流電動機 (B)感應電動機 (C)同步電動機 (D)步進馬達。

772 有一 6 極、60Hz 之三相感應電動機，轉速為 1088rpm，若將其極數改為 3 極，則轉子轉速變為？ (A)1088 (B)2476 (C)2176 (D)3600 rpm。

773 有一6極、60Hz之三相感應電動機,額定轉矩為93.1nt-m,全壓啟動轉矩為額定轉矩的120%,若Y啟動,則啟動轉矩變為 (A)46.55 (B)37.24 (C)31.24 (D)63.5 nt-m。

774 通用電動機的構造與下面何種電動機相似? (A)直流串激式 (B)感應 (C)同步 (D)直流分激式 電動機。

775 固態變頻感應電動機驅動器的輸出控制以下面何種方法? (A)弦波寬度調變 SWM (B)脈波寬度調變 PWM (C)弦波高度調變 SAM (D)脈波高度調變 PAM。

776 固態變頻感應電動機驅動器的輸出電壓是? (A)單相 (B)二相 (C)三相 (D)以上皆可。

777 同步電動機的轉子? (A)必須以同步轉速迴轉 (B)視原動機的大小,決定其迴轉數 (C)負載時,轉速略低於同步轉速 (D)極數越多,其迴轉數越高。

778 同步電動機的轉子加裝阻尼繞組之目的在於? (A)增加感應電勢 (B)減少漏電抗 (C)防止追逐現象 (D)改善輸出電壓波形。

779 若某 2000kVA,3.3kV 之三相同步發電機,其同步阻抗為 0.55pu,則其同步阻抗應為多少歐姆? (A)2.345 (B)2.995 (C)3.267 (D)4.375。

780 一部 2500KVA,6 極,6600V,50Hz 之三相 Y 接同步發電機,則其角速率為多少 rad/s? (A)124.3 (B)113.5 (C)104.7 (D)95.4。

781 三相交流同步電機的電樞反應電勢,在未飽和情況下,與電樞之何者成比例? (A)電流值 (B)電壓值 (C)功因 (D)頻率。

782 交流電機之電樞的有效電阻,是指短路負載損失與短路時之? (A)額定電樞電流 (B)短路電樞電流 (C)開路電樞電流 (D)短路電樞電壓 平方之比。

783 三相交流發電機之短路比,是指開路時額定電壓所需之磁場電流與短路時之? (A)額定電流 (B)短路電流 (C)開路電流 (D)短路電壓 所需之激磁電流之比。

784 三相 Y 接同步發電機,45kVA、220V,開路時額定電壓所需之磁場電流為 2.84A,短路時額定電流所需之磁場電流為 2.20A,試求發電機之短路比? (A)0.72 (B)1.29 (C)2.165 (D)12.47。

785 設同步發電機之功率角為 δ,則其輸出與下列何者成正比? (A)$\sin\delta$ (B)$\cos\delta$ (C)$\tan\delta$ (D)$\sec\delta$。

786 同步電機的電樞反應與電樞電流之關係為? (A)大小及相位無關 (B)僅與大小有關 (C)僅與相位有關 (D)大小及相位有關。

787 同步電機的電樞反應可以把它看成一種? (A)電阻 (B)電抗 (C)電容 (D)以上皆非。

788 同步發電機的無載飽和曲線，在鐵心未飽和時，是為？ (A)直線 (B)漸進線 (C)拋物線 (D)雙曲線。

789 三相圓筒型同步發電機，1750kVA，2300V，2 極，3600rpm，Y 相連接，其每相同步電抗為 2.65Ω，電樞電阻 r_a 不計，試問此發電機之最大輸出功率為多少？ (A)2655 (B)2537 (C)2472 (D)2385 kW。

790 同步電動機於欠激時，向電路供給？ (A)同相位之電流 (B)超前相位之電流 (C)落後相位之電流 (D)以上皆有可能。

791 下列哪一項不是同步發電機並聯的條件？ (A)頻率必須相同 (B)相序必須一致 (C)每日電壓必須相同 (D)額定容量必須一致。

792 當同步發電機做並聯運用，下列敘述何者正確？ (A)控制其激磁電流可控制其輸出無效功率 (B)控制其原動機械功率輸入，可控制其輸出無效功率 (C)增加其激磁電流時，將供給滯後電流 (D)負載轉移時，必須增加新進機的速率。

793 並聯運轉中的同步發電機，其追逐現象發生在電壓？ (A)大小不同時 (B)相序不同時 (C)頻率不同時 (D)相位不同時。

794 運用同步燈法檢驗並聯運轉發電機之電壓大小、相序、頻率、相位是否同步，當同步時三個燈呈現，檢查其並聯運轉整步，若出現滅現象時，下列何者為非？ (A)三明 (B)一明二滅 (C)二明一滅 (D)三滅。

795 同步發電機之短路特性係表下列哪一項？ (A)端電壓與場流 (B)端電壓與樞電流 (C)電樞電流與場流 (D)激磁電勢與電樞電流。

796 三相同步發電機接於 25Hz 之交流電源時，若以 250rpm 轉速旋轉，試問電動機的極數為多少？ (A)6 (B)8 (C)10 (D)12 極。

797 同步電動機，當負載增加時？ (A)轉速減少，轉矩角變少 (B)轉速減少，轉矩角變大 (C)轉速不變，轉矩角不變 (D)轉速增加少，轉矩角增加 最後恢復同步轉速。

798 同步電動機，當過激磁時，該機對線路產生之現象為？ (A)電樞電流超前 (B)電樞電流落後 (C)電樞電壓超前 (D)電樞電壓落後。

799 同步電動機於欠激時，磁場電流較正常激磁時為？ (A)不變 (B)大 (C)小 (D)以上皆有可能。

800 同步電動機中使用阻尼繞阻的主要目的在於？(A)提高轉速 (B)安全地啟動 (C)提高電機的激磁電流 (D)減少電機之時間響應。

801 同步電動機之轉速受下列何者影響？ (A)場繞之直電流激磁 (B)加於樞繞之端電端 (C)樞繞電流 (D)輸入電源之頻率。

802 同步電動機當負載固定，增加激磁電流，則電樞電流會？ (A)減少 (B)增加 (C)減少後增加 (D)增加後減少。

803 同步電動機 V 型曲線的橫座標及縱座標分別為？ (A)電樞電流，端電壓 (B)電樞電流，功率 (C)電樞電流，功因 (D)電樞電流，場電流。

804 同步電動機稱為"同步"，是因為其轉速與輸入電源之何者成比例？ (A)電流值 (B)電壓值 (C)功因 (D)頻率。

805 同步電動機於欠激時，反電勢 E_f 較端電壓 V_t 為？ (A)不變 (B)大 (C)小 (D)以上皆有可能。

806 下面何種電動機需要交流和直流兩種電源？ (A)直流串激式 (B)感應 (C)同步 (D)直流分激式 電動機。

807 已知桌上型電腦的 CPU 規格為 Pentium-III800，其中 800 表示 CPU 的何種規格？ (A)內部記憶體容量 (B)出廠序號 (C)時脈頻率 (D)電源電壓。

808 在同一辦公室裡，如果有 15 部以上的電腦，要分享一部具有網路功能的高速雷射印表機，下列何者是最合適的設備？ (A)集線器 (B)閘道器 (C)路由器 (D)列印伺服器。

809 下列哪一項電腦的連接頭，可以串接較多種類與數量的週邊設備？ (A)USB 連接頭 (Universal Serial Bus) (B)串列連接頭(Serial Port) (C)並列連接頭(Parallel Port) (D)PS/2 連接頭。

810 電腦發明至今，依其發展的過程，下列敘述何者有誤？ (A)硬體架構愈來愈簡單 (B)可靠度愈來愈高 (C)記憶體存取時間愈來愈短 (D)記憶體容量愈來愈大。

811 個人電腦的基本輸出/入系統(BIOS)，是儲放在下列哪一種記憶體裝置內？ (A)隨機存取 (B)虛擬 (C)快取 (D)唯讀 記憶體。

812 所謂的 32 位元或 64 位元的 CPU 是依據何種方式來分別？ (A)位址匯流排 (B)控制匯流排 (C)暫存器數量 (D)ALU 位元數目。

813 CPU 的速度為 5MIPS 時，則執行一個指令的平均時間為何？ (A)0.2μs (B)0.2ns (C)5μs (D)5ms。

814 有關 ROM 和 RAM 的敘述，何者不正確？ (A)ROM 中的資料只能讀出，不能寫入 (B)RAM 中的資料只能讀出，不能寫入 (C)ROM 適合儲存固定性資料 (D)RAM 的資料在電源切掉後即消失。

815 虛擬記憶體主要是用下列何者讓主記憶體的容量看起來好像變大了？ (A)硬碟 (B)光碟 (C)唯讀記憶體 (D)快取記憶體。

816 將電晶體、電阻、二極體等濃縮在一個矽晶片上之電腦元件稱為 (A)積體電路 (B)電晶體 (C)真空管 (D)中央處理單元。

817 交流發電機係利用什麼將發出的交流電整流為直流電？ (A)整流子 (B)電刷 (C)電晶體 (D)電壓調整。

818 電腦系統中，要安裝週邊設備時，常在電腦主機板上安插一硬體配件，以便系統和週邊設備能適當溝通，該配件名稱為 (A)介面卡 (B)讀卡機 (C)繪圖機 (D)掃描器。

819 下列四種常見的 I/O 連接埠，具熱插拔(Hot Plug)與隨插即用(Plug and Play)功能，且可擴充裝置數目最多者為何？ (A)並列埠(Parallel Port) (B)序列埠 Serial Port (C)IEEE1394 (D)USB2.0。

820 電腦記憶體主要分為四個層次：(1)快取記憶體 (2)主記憶體 (3)暫存器 (4)輔助記憶體。請依照記憶體層次的存取速度由快而慢選出正確的順序：(A)快取記憶體→主記憶體→暫存器→輔助記憶體 (B)快取記憶體→主記憶體→輔助記憶體→暫存器 (C)主記憶體→快取記憶體→暫存器→輔助記憶體 (D)暫存器→快取記憶體→主記憶體→輔助記憶體。

821 BIOS(Basic Input/Output System) 是儲存在下列哪一種記憶體中？ (A)隨機存取記憶體 (B)唯讀記憶體 (C)輔助儲存體 (D)虛擬記憶體。

822 下列哪一種週邊界面提供串接功能，並且可連接多個週邊裝置？ (A)RS 232 (B)USB (C)AGP (D)Parallel Port。

823 悠遊卡是結合下列何項技術？ (A)健保IC卡 (B)無線射頻辨識 (C)衛星數據傳輸 (D)紅外線數據傳輸。

824 同一間辦公室裡，如果有數部電腦要分享一部高速雷射印表機，下列哪一種網路設備最適合安裝在辦公室的區域網路中？ (A)集線器 (B)閘道器 (C)路由器 (D)列印伺服器。

825 電腦硬體可直接執行下列哪一種程式語言？ (A)機器 (B)組合 (C)高階 (D)自然 語言。

826 CPU 是由算數邏輯單元跟哪一個單元組合而成的？ (A)輸出 (B)輸入 (C)控制 (D)儲存 單元。

827 哪一種記憶體內的資料會隨電源中斷而消失？ (A)RAM (B)ROM (C)PROM (D)EPROM。

828 根據電腦的演進，第三代電腦主要元件為 (A)電晶體 (B)超大型積體電路 (C)真空管 (D)積體電路。

829 RISC 與 CISC 比較，下列何者不是 RISC 的優點？(A)CPU 容易量產 (B)較便宜 (C)更容易提升速度 (D)CPU 較容易大型化。

830 現代電腦的架構由美國普林斯頓大學的馮諾曼(John Von Neumann)博士所提出來,他將電腦大致分為 5 個單元,下列何者不是? (A)CPU(算數邏輯單元+控制單元) (B)輸出、入單元 (C)儲存單元 (D)程式(軟體)單元。

831 電腦所有的資料處理工作最終都會轉化為哪一個單元的運算操作? (A)算術邏輯單元 (B)儲存單元 (C)輸入單元 (D)輸出單元。

832 電腦資料最小儲存單位僅能儲存二進位值 0 或 1,此儲存單位稱為?(A)位元(Bit) (B)位元組(Byte) (C)字組 (D)字串。

833 CPU 執行速度的單位為? (A)BPS (B)MIPS (C)BPI (D)PPM。

834 中文資料之編碼,一個中文字佔用幾個 bytes? (A)1 (B)2 (C)3 (D)4。

835 在多工作業系統中,CPU 有主控權的作業方式稱為: (A)協同式 (B)霸佔式 (C)先佔式 (D)強制式 多工。

836 處理器中,其位址匯流排總共有 32 條,那麼請問此一處理器總共可以利用這些位址匯流排來定址多少記憶體空間? (A)4GB (B)2GB (C)1GB (D)512MB。

837 下列軟體中何者不是作業系統? (A)DOS (B)OS/2 (C)OFFICE (D)UNIX。

838 下列何者是電腦硬體和應用程式之間的溝通橋樑? (A)使用者 (B)作業系統 (C)程式語言 (D)公用程式。

839 以記憶體存取速度來比較,下列哪一類存取速度最快? (A)L1 快取記憶體 (B)L2 快取記憶體 (C)主記憶體 (D)快閃記憶體。

840 個人電腦中 1394 介面規格屬於下列何種規範? (A)IEEE (B)IDE (C)PCI (D)AGP。

841 正常電源關閉後,下列何種記憶體之內容會消失? (A)ROMBIOS (B)DRAM (C)HDD (D)EPROM。

842 個人電腦系統開機首先執行下列何種作業? (A)BIOS (B)DOS (C)FDD (D)HDD。

843 能透過軟體直接更新主機板的 BIOS 版本是下列哪一種記憶體元件? (A)EPROM (B)EEPROM (C)Flash ROM (D)SRAM。

844 一般 PC 若要接 5 台以上之硬碟機,採用下列何種介面最為合適? (A)SCSI (B)ATBUS (C)IDE (D)ESDI。

845 將數位訊號轉換成類比訊號的過程稱為 (A)變頻 (B)通訊 (C)解調 (D)調變。

846 下列哪一種不屬於無線網路應用? (A)無線電話 (B)藍芽技術 (C)數據機撥接 (D)紅外線。

847 下列何者不是輸出設備？(A)Monitor (B)Printer (C)燒錄器 (D)Barcode reader。

848 若電腦的位址匯流排(Address Bus)有 32 條排線，試問其主記憶體的最大容量是多少？(A)1024MB (B)2GB (C)4GB (D)512MB。

849 下列資料格式中，何者最節省傳輸時間？(A)動畫 (B)影像 (C)聲音 (D)文字。

850 為了解決因實體主記憶體不足而無法執行程式的現象，所發展出的技術為：(A)輔助 (B)快取 (C)快閃 (D)虛擬 記憶體。

851 欲建置郵件伺服器時，下列何者不是應考量的條件？(A)RAM 容量 (B)CPU 速度 (C)硬碟的效能 (D)螢幕解析度。

852 下列何者較適合使用同軸電纜數據機(cable modem)上網？(A)傳統電話線 (B)無線電視天線 (C)有線電視纜線 (D)網路雙絞線。

853 若電腦可定址的最大記憶體為 1MB，則其位址匯流排線有幾條？(A)1 (B)17 (C)20 (D)32 條。

854 某同學的 E-mail 位址為 jone@pop.ntctc.edu.tw，其中之 pop.ntctc.edu.tw 是指 (A)該同學的使用者帳號 (B)電子郵件的撰寫格式 (C)電子郵件的傳送方法 (D)提供服務的主機名稱。

855 CPU 是利用哪一種單向匯流排選擇正確的裝置？(A)位址 (B)資料 (C)控制 (D)信號。

856 64 位元的 CPU 係指其：(A)資料匯流排(Data Bus)為 64 條線 (B)控制匯流排(Control Bus)為 64 條線 (C)輸入/輸出匯流排(I/O Bus)為 64 條線 (D)位址匯流排(Address Bus)為 64 條線。

857 下列何者不屬於 CPU 的匯流排(Bus)？(A)位址匯流排(Address Bus) (B)資料匯流排(Data Bus) (C)控制匯流排(Control Bus) (D)輸入/輸出匯流排(Input/Output Bus)。

858 下列關於 CPU 的敘述何者有誤？(A)指令集分為複雜指令集(CISC)及精簡指令集(RISC)兩大類 (B)暫存器是 CPU 的內部記憶體，其存取時間比主記憶體短 (C)定址能力是指 CPU 能直接控制之主記憶體容量 (D)匯流排有資料匯流排及位址匯流排之分，其寬度在同一 CPU 內一定相同。

859 一般所稱之 16、32、64 位元電腦，其主要區分是依？(A)記憶體容納之位元數 (B)CPU 運算時所執行之位元數 (C)電腦和週邊設備傳輸之位元數 (D)指令編譯時所產生之位元數。

860 以 16 位元來表示一個無號數整數之最大值為：(A)32768 (B)32767 (C)65535 (D)65536。

861 主機板上快取記憶體(Cache Memory)為：(A)DRAM (B)SRAM (C)ROM (D)PROM。

862 以下何者不屬於電腦硬體？ (A)編譯器 (B)匯流排 (C)記憶體 (D)中央處理單元。

863 下列敘述何者有誤？ (A)SRAM 存取速度較 DRAM 稍快 (B)DRAM 儲存的資料可以更新 (C)SRAM 的製造密度較 DRAM 高 (D)DRAM 較 SRAM 適合於高容量記憶體的開發。

864 下列何類型是屬於雙向傳輸的匯流排？ (A)運算匯流排(Computation Bus) (B)資料匯流排 (Data Bus) (C)位址匯流排(Address Bus) (D)記憶匯流排(Memory Bus)。

865 IDE 介面所採用的排線為？ (A)32PIN (B)40PIN (C)48PIN (D)64PIN。

866 DOS 檔案結構為下何種形狀？ (A)樹狀 (B)星狀 (C)圖狀 (D)網狀。

867 下列應用軟體何者較適合用來處理學生的學期成績？ (A)簡報軟體 (B)繪圖軟體 (C)試算表軟體 (D)文書處理軟體。

868 下列何者是製作網頁時所用的主要語言？ (A)COBOL (B)JAVA (C)HTML (D)VRML。

869 下列哪一項不是程式語言執行前所會使用到的軟體？ (A)瀏覽器(Browser) (B)編譯器 (Compiler) (C)組譯器(Assembler) (D)直譯器(Interpreter)。

870 下列何者不是作業系統的主要功能？ (A)提供使用者界面 (B)執行應用程式 (C)管理系統 資源 (D)防止電腦病毒。

871 下列哪一種作業系統的類型是不存在的？ (A)單人單工 (B)多人單工 (C)單人多工 (D)多 人多工。

872 下列哪一種應用軟體較適合用來製作開會資料並將它利用投影設備展現出來？ (A)PowerPoint (B)Photoshop (C)Excel (D)Word。

873 電腦將需處理之工作累積到某一定的數量或某一段時間之後，再一起處理，其作業系統稱 為 (A)分散式 (B)分時 (C)多工 (D)整批 作業系統。

874 何者不是電腦作業系統？ (A)Vista (B)Linux (C)Windows 7 (D)MS Office。

875 下列哪個作業系統和 UNIX 無關？ (A)FreeBSD (B)Mac OS X (C)Palm (D)Solaris。

876 有關直譯器(interpreter)與編譯器(compiler)的比較，何者錯誤？ (A)直譯器直接執行原 始程式；編譯器須將原始碼編譯成目的碼 (B)使用直譯器的程式，執行時較慢 (C)使用編 譯器的程式，通常都直接建立一個大模組；使用直譯器的程式，可以分別建立多個模組 (D)執行次數少的程式，在直譯器中較容易發展及偵錯。

877 Windows 作業系統所支援物體連結與嵌入的技術，英文簡稱 (A)DNS (B)TCP/IP (C)MMX (D)OLE。

878 執行速度最快的語言為： (A)機器語言 (B)組合語言 (C)COBOL (D)Pascal。

879 電腦中最基本的運算是 (A)加法 (B)減法 (C)乘法 (D)除法。

880 何者不屬於作業系統的功能？ (A)系統資源的分配 (B)監督作業 (C)資源工作的安排 (D)資料庫的管理。

881 下列哪一種軟體，可以讓使用者在網路上即時互相呼叫、傳遞訊息及進行聊天？ (A)WORD (B)Outlook (C)MSN Messenger (D)EXCEL。

882 下列何者不是 Outlook Express 的功能？ (A)管理郵件帳戶 (B)製作網頁 (C)收發電子郵件 (D)管理通訊錄。

883 在 Windows XP 的備份公用程式工具中，下列哪種程式是在電腦發生問題時，可將電腦還原到先前運作正常時的狀況？ (A)磁碟還原 (B)系統還原 (C)備份載入 (D)Windows 還原。

884 在 Windows XP 中，如果想要重新安排硬碟中的檔案及未使用的磁碟空間，使檔案中的資料存放在連續的磁區，則應該執行以下哪一個程式？ (A)磁碟清理程式 (B)磁碟檢查工具 (C)磁碟重組程式 (D)磁碟壓縮工具。

885 在 Windows 檔案總管欲選取不連續的數個檔案時，可先按下列哪個按鍵不放，再選取其他檔案？ (A)Alt (B)Ctrl (C)Insert (D)Shift。

886 下列何者不是圖形化使用者介面的作業系統？ (A)Mac OS (B)MS-DOS (C)Windows 95 (D)Windows 98。

887 下列關於 MS Windows 的敘述，何者錯誤？ (A)具有多工的作業環境 (B)開放程式原始碼，供使用者自由修改及散佈 (C)使用圖形使用者介面 (D)採用視覺化的操作方法。

888 安裝了新的硬體後，Windows XP 可自動偵測並安裝適當的驅動程式，稱為 (A)隨插即用 (B)多人多工 (C)GUI 介面 (D)樹狀結構。

889 有關作業系統的敘述，下列何者不正確？ (A)Windows CE 主要應用在掌上型 PC 及 PDA 等設備 (B)DOS 屬於單人單工作業系統 (C)NT Server 可提供網路服務功能 (D)Mac OS X 為微軟系列電腦作業系統。

890 組裝電腦時，希望能夠使用免費的作業系統軟體，請問他可以安裝下列哪一套作業系統？ (A)Windows XP (B)Windows Vista (C)Mac OS (D)Linux。

891 下列哪一套作業系統是以開放原始碼(Open Source)著稱？ (A)Mac OS X (B)Windows XP (C)OS/2 Warp (D)Linux。

892 在 Windows 的應用軟體中，檔案如果不想要讓人任意修改，可以設定何種屬性？ (A)唯讀 (B)固定 (C)隱藏 (D)凍結。

893 有關微軟辦公室自動化軟體的敘述何者是錯的？ (A)PowerPoint 是繪圖專用軟體 (B)Word 是文書處理軟體 (C)Access 是資料庫管理軟體 (D)Excel 是試算表軟體。

894 在 Windows XP 中，如果想要設定超過 15 分鐘未使用電腦時，要自動關閉監視器，則應在下列何處理設定？ (A)系統 (B)電源管理 (C)顯示器 (D)系統管理。

895 大部份試算表軟體，允許將幾個操作步驟組合成一個自訂的程式，稱之為？(A)公式 (B)副程式 (C)函數 (D)巨集。

896 Linux 作業系統的是芬蘭大學生 Linus Torvalds 以下列哪一個作業系統為基礎發展出來的？ (A)Unix (B)MS-DOS (C)Windows (D)Mac OS。

897 C 語言裡的空指標為： (A)null (B)blank (C)empty (D)not。

898 以下資料結構中，哪種是採用「後進先出」的順序 (A)陣列 (B)佇列 (C)堆疊 (D)環狀佇列。

899 下列何種高階語言歷史最久？ (A)JAVA (B)C (C)FORTRAN (D)BASIC。

900 通常程式被執行前，必須要先轉譯成：(A)高階 (B)低階 (C)機器 (D)組合 語言。

901 下列何者語言屬於低階語言？ (A)COBOL (B)JAVA (C)Pascal (D)組合語言。

902 十六進位制的 2B 相當於二進位制的： (A)0101011 (B)10110011 (C)1010110 (D)1011011。

903 八進位制的 3 等於二進位制的： (A)010 (B)011 (C)100 (D)101。

904 十六進位制加法：247+275=? (A)4BC (B)B5C (C)DC2 (D)B32。

905 整個程式全由 0 與 1 組合而成的語言是 (A)組合 (B)C (C)機器 (D)高階 語言。

906 在不同型式、廠牌的計算機中，下列何種語言的差異最小？ (A)高階 (B)低階 (C)機器 (D)組合 語言。

907 適用於商業資料處理的語言為： (A)BASIC (B)COBOL (C)FORTRAN (D)C 語言。

908 被稱為符號語言或易記碼的語言是 (A)機器 (B)組合 (C)C (D)商用程式 語言。

909 程式設計師通常不使用機器語言撰寫程式，其主要原因是： (A)機器語言須經編譯才能執行 (B)機器語言執行速度慢 (C)機器語言可讀性差 (D)機器語言指令功能少。

910 下列有關演算法(Algorithms)的敘述何者有誤？ (A)演算法是描述解決問題的步驟 (B)每一個問題只存在一種演算法 (C)演算法可以利用流程圖或文字敘述的方式來表達 (D)演算法的推演步驟可以利用程式語言加以描述。

911 下述演算法所犯錯誤為何？
步驟1：設定初始值 N=1 與 SUM=0
步驟2：SUM=SUM+N
步驟3：N=N+1
步驟4：跳至步驟2
步驟5：輸出 SUM
步驟6：結束
(A)指令不夠明確 (B)輸出的整數值個數較設定的初始值個數少 (C)演算法無法在有限的步驟之內結束 (D)設定1個以上的初始值。

912 在檔案種類中，何者容易建立，但存取資料較費時？ (A)直接 (B)循序 (C)堆疊 (D)隨機存取檔。

913 所謂檔案(FILE)是由多個性質相關的 (A)資料欄 (B)記錄 (C)位元組 (D)資料庫 所組成。

914 下列何者非演算法的優點？ (A)可以精準的控制程式設計的時間 (B)有助於程式設計師與使用者之間的溝通 (C)有助於程式的除錯(Debug) (D)可減少程式設計階段的錯誤。

915 下列哪一個不是DOS可執行檔案所具備的附檔名？ (A)BAT (B)EXE (C)COM (D)PRG。

916 下列內碼中，何者可以涵蓋世界各種不同的文字？ (A)ASCII (B)BIG-5 (C)UNICODE (D)EBCDIC。

917 下列何者是不正確的敘述？ (A)機器語言對硬體的控制能力很強 (B)VisualBasic 具有視覺化的設計，屬於物件導向語言 (C)Java 具有物件導向特性，可應用在網際網路程式 (D)組合語言可以用來寫硬體驅動程式，屬於高階語言。

918 下列何種電腦語言可直接在電腦上執行，而不需經直譯、組譯、或編譯等程式翻譯的過程？ (A)機器語言 (B)組合語言 (C)PASCAL (D)BASIC。

919 比較 COBOL 與 C 語言，下列何者是 C 語言的特色？ (A)陣列 (B)副程式 (C)迴圈 (D)指標。

920 Java 程式語言是一種： (A)函數語言(Functional Language) (B)邏輯語言(Logical Language) (C)物件導向語言(Object-Oriented Language) (D)機器語言(Machine Language)。

921 BASIC 語言之三運算：A.算術運算 B.邏輯運算 C.關係運算，其優先順序為何？ (A)A，B，C (B)A，C，B (C)B，A，C (D)C，A，B。

922 ASCII 碼採用幾個位元來表示區域位元？ (A)3 (B)4 (C)7 (D)8。

923 下列何種語言屬於直譯式語言？ (A)C++ (B)Pascal (C)BASIC (D)Delphi。

924 在 Linux 預設環境下，TCP/IP 埠號(port)22 為下列何者服務所使用？ (A)Telnet Server (B)SSH Server (C)SMTP Server (D)FTP Server。

925 UNIX 作業系統是以何種語言寫成的？ (A)FORTRAN (B)COBOL (C)C (D)PASCAL。

926 下列何者不是物件導向程式設計的特色？ (A)封裝(encapsulation) (B)繼承(inheritance) (C)程序性(procedure) (D)多型(polymorphism)。

927 在家中上網時，較不常採用下列哪一種方式？ (A)專線固接 (B)纜線數據機(CableModem) (C)數據機(Modem)撥接 (D)非對稱數位用戶線路(ADSL)。

928 下列何者，不是網路拓樸(Topology)的一種？ (A)星狀 (B)分散型 (C)環狀 (D)網狀 網路。

929 下列何者不屬於網路元件？ (A)數據機 (B)路由器 (C)橋接器 (D)鍵盤。

930 以下列全球資訊網(World Wide Web, WWW)的敘述，何者有誤？ (A)CGI(common gateway interface)使伺服器(server)端具備執行應用程式的功能 (B)VRML 使某些瀏覽器具備顯示虛擬實境的功能 (C)全球資訊網架構具有平台獨立性(platform independence)的特性 (D)瀏覽器只能看 HTML 的文件而不能執行應用程式。

931 下列何種服務可將主機領域名稱(如 www.cust.edu.tw)對應為「IP Address」？ (A)WINS (B)DNS (C)DHCP (D)Proxy。

932 Windows XP 中，若要使用網路芳鄰進行檔案分享，必須在網路中設定哪一種通訊協定？ (A)TCP/IP (B)IPX/SPX (C)DLC (D)NetBUEI。

933 目前最普遍使用的 IP 協定之 IP 位址長度是多少？ (A)4 (B)16 (C)32 (D)128 Bytes。

934 T1 速率是？ (A)1.54 (B)1.024 (C)5.12 (D)1.28 Mbps。

935 以下哪一項網頁程式不是在後端的網站伺服器執行的？ (A)CGI (B)ASP (C)JSP (D)JavaScript。

936 下列保護智慧財產的方法中，哪一項的效果最差？ (A)加上浮水印 (B)以公開金鑰對資料加密 (C)將檔案分割成幾個小片段 (D)申請專利。

937 有關 ADSL 的敘述，何者正確？ (A)ADSL 的用戶與機房之間的距離不受限制 (B)ADSL 目前的傳輸速率已經可以達到 512Mbps (C)ADSL 上下行傳輸的速率不一樣 (D)用戶在打電話時 ADSL 的連線會中斷。

938 在未經原作者同意的情況下,若在網路上轉貼或轉寄別人的文章,則下列敘述何者正確? (A)只是奇文共欣賞,互通有無的行為,並不違法 (B)已經侵害作者的公開發表權和重製權 (C)僅侵害作者的公開發表權 (D)僅侵害作者的重製權。

939 全球資訊網使用何種協定來傳送文字、聲音、影像及動畫等資訊? (A)HTTP (B)FTP (C)SMTP (D)Telnet。

940 TCP(transmission control protocol)不提供下列哪一項服務? (A)最小頻寬保證 (minimum bandwidth guarantee) (B)可靠傳輸(reliable transport) (C)壅塞控制 (congestion control) (D)流量控制(flow control)。

941 XML(extensible markup language),下列敘述何者正確? (A)是一種針對工程計算用的程式語言 (B)是一種網頁(Webpage)語言 (C)是一種擴充式繪圖程式語言 (D)是一種擴充式的人工智慧(artificial intelligence)程式語言。

942 WWW 是指 (A)全球資訊網 (B)電子郵遞 (C)檔案傳輸 (D)多媒體。

943 何者可以檢測網路連線的運作是否正常? (A)HTML (B)PING (C)URL (D)Explorer。

944 以聲音、虹膜、指紋做認證又稱為什麼? (A)私有 (B)生物辨識 (C)個人特徵 (D)自然 認證。

945 網路販賣大補帖及盜版音樂光碟來謀利,請問觸犯了下列哪一種法令? (A)著作權法 (B)個人資料保護法 (C)專利法 (D)營業秘密法。

946 網管人員,為了解決同仁抱怨網路連線速度太慢的問題,你知道他可以利用下列哪一種網路設備,將不同部門分割成數個網路區段,以減低網路壅塞的情形嗎? (A)交換器 (B)集線器 (C)橋接器 (D)中繼器。

947 為了防止駭客(Hacker)的入侵,大多數的網路主機會加裝何種設施? (A)路由器(Router) (B)防毒軟體 (C)代理伺服器(Proxy) (D)防火牆(Firewall)。

948 URL 格式為 http://aaa.bbb.ccc/xxx.html,其中 aaa.bbb.ccc 所代表的意義為何? (A)通訊協定或存取方式 (B)路徑檔名 (C)國名或地域名 (D)主機位址。

949 如果我們想進入台灣智慧自動化與機器人協會的網站,但卻不知道網址,則可以利用下列哪一項服務? (A)檔案傳輸 (B)電子佈告欄 (C)電子郵件 (D)搜尋引擎。

950 若要連接兩個不同的網路區段,且具有選擇資料傳輸路徑的功能,則使用下列哪一種網路通訊設備最合適? (A)路由器(Router) (B)集線器(Hub) (C)中繼器(Repeater) (D)橋接器(Bridge)。

951 中華電信業者 MOD(Multimedia On Demand)互動電視服務,可讓 ADSL 用戶在上網的同時,也能收看 MOD 影片,請問其傳輸方式應為 (A)多工 (B)全雙工 (C)半雙工 (D)單工。

952 以下哪一種電腦網路傳輸媒介，收訊端必須對準發訊端(誤差不得超過收訊角度)？ (A)微波 (B)紅外線 (C)無線電 (D)雙絞線。

953 以下何者是動態 IP 位址的特色？ (A)連線時才取得 IP 位址 (B)IP 位址固定不變 (C)IP 位址為自己專用 (D)適合用來架站。

954 eMule 是目前網路上流行的應用，並且佔用校園網路頻寬或 ISP 頻寬的主要流量，請問 eMule 屬於哪一種服務或協定？ (A)P2P (B)VoIP (C)MOD (D)HTTP。

955 Yahoo!奇摩拍賣網站，通常歸屬於哪一種電子商務經營模式？ (A)B2B (B)C2C (C)B2C (D)C2B

956 下列何者成為 WWW 之通訊安全標準的電子交易安全機制？ (A)SSL (B)SET (C)SmartCard (D)Entrust。

957 下列何者是數位浮水印技術的主要應用範圍？ (A)上網撥接 (B)電子商務的安全查核 (C)網域名稱查詢 (D)使用者管理。

958 製作印刷電路板(PCB)圖案之工具軟體有 PCAD、PADS、Protel 等，製作完成之電路板光學底片(PhotoFilm)資料檔，大都採用何種資料格式存檔？ (A)Bitmap (B)TrueType (C)PCX (D)Gerber。

959 下列何者不屬於網際網路的應用？ (A)視訊會議 (B)檔案管理系統 (C)電子郵件 (D)遠程醫療系統。

960 3G 手機的「3G」代表的意義是下列何者？ (A)第 3 代行動電話系統 (B)General、Global、Great (C)資料傳輸速度快 3 倍 (D)影音、娛樂、通訊功能 3 合 1。

961 目前用於手機的無線耳機其訊號傳輸大多採用下列哪一種通訊協定？ (A)WAP (B)TCP/IP (C)IEEE802.11b (D)Bluetooth。

962 汽車上所使用的導航系統，是使用何種網路傳輸媒介？ (A)雙絞線 (B)衛星通訊 (C)光纖 (D)同軸電纜。

963 無線滑鼠通常使用下列哪一種傳輸媒介來傳輸資料？ (A)光纖 (B)微波 (C)紅外線 (D)雙絞線。

964 CD 音效的取樣頻率通常使用 (A)44.1KHz (B)22.05KHz (C)11.025KHz (D)以上皆非。

965 網際網路中的檔案傳輸協定稱之為？ (A)FEP (B)FTP (C)FLIP-FLOP (D)FLIE-Server。

966 人工智慧(AI)意指賦予電腦如人腦般能夠思考與推理的能力，在人工智慧研究領域裡最常使用的語言是： (A)PASCAL (B)FORTRAN (C)PROLOG (D)ADA。

967 儲存媒體：a. 光碟、b. 主記憶體、c. 快取記憶體、d. 硬碟、e. 軟碟中的存取速度由快到慢依序為？ (A)bcade (B)dabce (C)cbdae (D)bcdae。

968 具有傳輸速度快、訊號不易受干擾等特性的傳輸媒介是 (A)光纖 (B)雙絞線 (C)同軸電纜 (D)微波。

969 下列何種類型印表機屬於撞擊式印表機？(A)雷射印表機 (B)噴墨印表機 (C)點陣式印表機 (D)以上皆是。

970 下列何種系統，可以利用人造衛星與地面的接收器，進行準確的三度空間定位？ (A)GIS (B)GPRS (C)GPS (D)GSM。

971 下列哪一種系統可以控制工廠中的產品品質及產量？ (A)電腦輔助繪圖 (B)電腦輔助設計 (C)電腦輔助教學 (D)電腦輔助製造。

972 VLSI 為下列哪一個電子元件的簡稱？ (A)真空管 (B)電晶體 (C)積體電路 (D)超大型積體電路。

973 適合用來處理電壓、電流或溫度等連續性資料的電腦為 (A)類比電腦 (B)數位電腦 (C)混和型電腦 (D)通用型電腦。

974 下列何者不是利用全球定位系統(GPS)技術？ (A)網路即時監視 (B)公車行車路線追蹤 (C)飛機導航 (D)汽車失竊查找。

975 為了讓民眾可上網檢索個人的報稅資料，國稅局需架設下列何種設備？ (A)資料庫 (B)列印 (C)郵件 (D)視訊 伺服器。

976 一般汽車所配備的 ABS 電子操控系統，可降低路況不佳時打滑失控的風險，這類房車最可能內建下列哪一種電腦？ (A)大型 (B)嵌入式 (C)個人 (D)迷你 電腦。

977 下列辨識方式中，哪一種不是利用生物辨識的技術？ (A)讀取住戶門禁卡 (B)感應體溫 (C)掃描眼球虹膜 (D)輸入指紋。

978 所謂第四代電腦是以何種類型的電子元件為主要零件？ (A)真空管 (B)超大型積體電路 (C)電晶體 (D)積體電路。

979 處理學生的學期成績，下列哪一種應用軟體較適合？ (A)簡報 (B)繪圖 (C)試算表 (D)文書處理 軟體。

980 下列有關「電子商務」下列敘述何者有誤？ (A)應用網際網路與全球資訊網 (B)必須透過無線網路進行 (C)資料傳輸、處理及儲存均應重視安全 (D)可以縮短交易時程。

981 下列何種程式可用來作為作業系統與印表機的溝通橋樑？ (A)編譯器 (B)編輯程式 (C)偵錯程式 (D)驅動程式。

982 下列關於「雙核心 CPU」的敘述,何者正確? (A)雙核心 CPU 就是指加入了 Hyper-Threading 技術的 CPU (B)雙核心 CPU 是利用平行運算的概念來提高效能 (C)雙核心 32 位元 CPU 就是所謂的 64 位元 CPU (D)雙核心 CPU 的時脈是單核心 CPU 時脈的兩倍。

983 透過通訊網路,可將辦公室各部門文件或信函迅速傳達到各收件人終端機前的功能稱為 (A)電傳會議 (B)電傳視訊 (C)辦公室自動化 (D)電子郵遞。

984 一個硬碟機有 16 個讀寫頭、每面有 19328 個磁軌、每個磁軌有 64 個磁區,每個磁區有 512Bytes,請問此硬式磁碟機之總容量約為多少? (A)7.6 (B)8.5 (C)9.4 (D)10.3 GB。

985 電視台業透過 SNG 連線提供民眾即時的現場報導,請問 SNG 連線是採用下列哪一種傳輸媒介來傳遞即時的新聞畫面? (A)紅外線 (B)微波 (C)光纖 (D)藍芽。

986 下列有關藍芽技術的敘述,何者正確? (A)使用紅外線傳輸 (B)有傳輸方向的限制 (C)為虛擬實境的主要裝置 (D)可充當短距離無線傳輸媒介。

987 對於資料庫的定義,何者有錯誤?(A)它與應用程式互為獨立 (B)資料庫結構有所變化時應用程式須隨之更改 (C)實際儲存資料的儲存體 (D)由許多相關資料所組成的集合體。

988 圖形的深度優先搜尋(DFS)使用了何種資料結構特性? (A)堆疊(stack) (B)佇列(queue) (C)雙向佇列 (D)環狀佇列。

989 排序有許多方法可用,若以平均所花的時間考量,下列哪個排序法平均所花的時間最小? (A)氣泡排序法(Bubble Sort) (B)堆積排序法(Heap Sort) (C)選擇排序法(Selection Sort) (D)插入排序法(Insertion Sort)。

990 下列哪個不是邏輯閘? (A)NOR (B)XNOT (C)XNOR (D)OR。

991 有 1000 筆資料以二分搜尋法尋找,最多需要比較幾次? (A)1000 (B)500 (C)10 (D)5。

992 請問在邏輯型式中,如果判斷值 0 為假,1 為真,那請問 NOT (3>9) OR (5>3)的結果為何? (A)2 (B)4 (C)0 (D)1。

993 二進位的 10110111 和 10001000 之值做 XOR 運算後,其以 16 進位表示為 (A)3F (B)BF (C)30 (D)B7。

994 十六進位數系的(FF),以十進位數系表示等於 (A)102 (B)255 (C)238 (D)272。

995 電腦中實際使用的負數表示法為 (A)最高位元表示法 (B)1 的補數表示法 (C)2 的補數表示法 (D)浮點數表示法。

996 哪一種排序方法為不是穩定的排序方法(stable sort)? (A)氣泡 (B)選擇 (C)快速 (D)插入 排序法。

997 與檔案系統比較，有關資料庫系統之敘述，下列何者錯誤？ (A)資料較具有一致性 (B)資料安全性較為增強 (C)資料較具有分享性 (D)資料較不具獨立性。

998 二分搜尋法搜尋資料是從何處開始？ (A)由小到大 (B)由大到小 (C)中間元素 (D)任意元素開始。

999 用氣泡排序法，將自小到大排序的數列(5, 10, 15, 20, 25)排序成由大到小的順序，需比較多少次？ (A)0 (B)5 (C)10 (D)15。

1000 關於排序與搜尋的敘述，下列何者錯誤？ (A)所謂排序，就是將資料排列成某種特定的順序 (B)在一群資料中，尋找合於條件的資料，這個過程稱為資料的搜尋 (C)經過排序後的資料較有利於以後的資料處理 (D)透過排序的動作可在一群資料中找到合於條件的資料。

1001 有一整數陣列，內含 9 個已排序的整數，假設給予一搜尋值 a，並利用二元搜尋法找出搜尋值 a，請問在最壞的情況下，必須要對此陣列進行幾次搜尋，才能知道搜尋值 a 是否存在陣列中？ (A)1 (B)3 (C)4 (D)9 次。

1002 目前市面上大多的商用資料庫軟體大部分是建立在什麼模式之上？ (A)階層模式 (B)關聯式模式 (C)網路模式 (D)物件導向模式。

1003 下面哪一項不是 Access 資料庫檔案裡的物件？ (A)資料表 (B)查詢 (C)報表 (D)翻譯。

1004 電腦繪圖所儲存的檔案格式中，下列哪一種格式較不容易失真？ (A)BMP (B)GIF (C)JPG (D)TIF。

1005 下列哪一個英文縮寫表示電腦輔助設計？ (A)CEO (B)CAM (C)CAI (D)CAD。

1006 大學指考測驗的電腦閱卷作業是屬於 (A)分時 (B)交談式 (C)即時 (D)批次 處理。

1007 可讓不同通訊協定的網路相互交換訊息，是使用下列哪一種網路連結設備？ (A)路由器 (B)閘道器 (C)交換式集線器 (D)中繼器。

1008 資料交換技術有：a. 電路交換、b. 訊息交換、c. 分封交換等，若依資料傳輸速度由快至慢排列，其順序應為： (A)abc (B)acb (C)cab (D)cba。

1009 傳輸資料時，若須在每資料區塊的前後分別加上一組起始位元及終止位元，這種傳輸方式是稱為 (A)同步傳輸 (B)非同步傳輸 (C)單工 (D)全雙工。

1010 下列何者不屬於系統程式？ (A)編譯程式 (B)作業系統 (C)資料庫系統 (D)編輯程式。

1011 下列何者不能讀取圖形檔？ (A)Windows 95 (B)MS-DOS (C)Windows 3.1 (D)UNIX。

1012 下列何者不是網路作業系統？ (A)Novell/NetWare (B)Windows 95 (C)Unix (D)Windows NT。

1013 一般邏輯電路，高電位表示 High、低電位表示 Low，稱為正邏輯；反之，稱之負邏輯，那麼正邏輯的 OR 閘是負邏輯的 (A)NOR (B)XOR (C)AND (D)NAND 閘。

1014 若一個串列傳輸傳送 16 位元資料需時 1.6us，請問其傳輸時脈頻率為多少？ (A)1 (B)2 (C)5 (D)10 MHz。

1015 URL 格式為 http：//aaa.bbb.ccc/xxx.html，其中 aaa.bbb.ccc 所代表的意義為何？ (A)網域名稱 (B)國名或地域名 (C)通訊協定或存取方式 (D)路徑檔名。

1016 MS-DOS 6.22 作業系統開機之非必要程式為： (A)COMMAND.COM (B)IO.SYS (C)MSDOS.SYS (D)QBASIC.EXE。

1017 電機鐵心均用薄矽鋼片疊成，其目的是在減少 (A)磁滯損失 (B)渦流損失 (C)銅損 (D)雜散損。

1018 馬達主要是運用以下何項原理？(A)電流的熱效應 (B)電磁感應 (C)電流的磁效應 (D)靜電感應。

1019 馬達會轉動的原因是電磁鐵與永久磁鐵磁場的何種作用力？(A)排斥力 (B)吸引力 (C)靜電力 (D)摩擦力。

1020 發電機的線圈在下列哪一個位置時，產生的感應電流最大？(A)線圈面平行於磁場 (B)線圈面垂直於磁場 (C)線圈面與磁場交角 45° (D)線圈面與磁場交角 60°。

1021 發電機是利用什麼原理使線圈產生電流的裝置？(A)靜電感應 (B)磁感應 (C)電流磁效應 (D)電磁感應。

1022 從事電氣工作人員，遇有觸電因而受傷失去知覺時，應 (A)等醫師指示方可施行人工呼吸 (B)盡速施行人工呼吸 (C)先灌入少量開水 (D)潑冷水。

1023 使用滅火器時應站在 (A)逆風 (B)側風 (C)上風 (D)下風。

1024 一電阻器標示為 100Ω±5%，其電阻值最大可能為 (A)105 (B)100.5 (C)100 (D)95 Ω。

1025 某三用電表 DCV 的靈敏度為 20KΩ/V，其範圍選擇開關至於 DCV1000V 位置，則此時電表的總內阻為 (A)20M (B)21M (C)20K (D)21K Ω。

1026 磁路鐵芯使用薄矽鋼片疊成，其目的在於減少 (A)銅 (B)機械 (C)磁滯 (D)渦流 損失。

1027 電路頻率降低時，其電容抗 (A)增大 (B)不變 (C)減少 (D)不一定。

1028 某電阻器兩端電壓為 10V，電流為 400mA，若流過此電阻器之電流為 1A 時，電壓為 (A)10 (B)25 (C)50 (D)100 V。

1029 佛萊銘左手定則中，食指所指的方向是 (A)磁場 (B)感應電勢 (C)電流受力 (D)電流 方向。

1030 應用戴維寧定理求等效電路之等效電阻時，應將 (A)電壓源開路，電流源短路 (B)電壓源短路，電流源開路 (C)電壓源，電流源皆開路 (D)電壓源，電流源皆短路。

1031 克希荷夫電流定律(KCL)說明進入某一節點之電流必 (A)大於流出此節點之電流 (B)小於流出此節點之電流 (C)等於流出此節點之電流 (D)和流出節點之電流無關。

1032 導線之電阻係數愈大，則其導電性 (A)愈大 (B)不變 (C)愈小 (D)以上皆非。

1033 某導線若將長度拉長為原來之 2 倍，則其電阻值為原來之 (A)1/2 (B)1/4 (C)2 (D)4 倍。

1034 兩平行導體通以異方向電流時，將產生 (A)吸引力 (B)排斥力 (C)作用力為零 (D)以上皆非。

1035 國內目前一般住家，室內配線使用 (A)1φ2W 式 (B)1φ3W 式 (C)3φ3W 式 (D)3φ4W 式。

1036 以三用電表 ACV 檔測量交流正弦波電壓，所測得的值為 (A)有效值 (B)平均值 (C)峰值 (D)峰對峰值。

1037 電氣火災是屬於下列哪一類火災？ (A)甲 (B)乙 (C)丙 (D)丁 類火災。

1038 將兩個電阻值為 2kΩ 的電阻並聯，其總電阻值為 (A)500 (B)1k (C)1.5 (D)2k Ω。

1039 無熔絲開關之 AF 表示 (A)框架容量 (B)啟斷電流容量 (C)跳脫電壓 (D)額定連續電流。

1040 高阻計一般用來測量 (A)接地電阻 (B)絕緣電阻 (C)線圈電阻 (D)漏電電流。

1041 分電盤上之無熔絲開關在裝置時應 (A)電源在上，開關往下扳為 ON (B)電源在下，開關往下扳為 ON (C)電源在上，開關往上扳為 ON (D)電源在下，開關往上扳為 ON。

1042 LCR 表可以用來測量 (A)電阻值 (B)電感值 (C)電容值 (D)以上皆是。

1043 有一電路 v(t)=900cosωtV，i(t)=10sinωtA，則此電路為 (A)純電阻電路 (B)純電感電路 (C)純電容電路 (D)含有電阻及電感的電路。

1044 單相二線式瓩時表的 1S 應該接於 (A)電源地線 (B)電源火線 (C)負載地線 (D)負載火線。

1045 下列何者為積算電表？ (A)伏特表 (B)瓦特表 (C)安培表 (D)瓩時表。

1046 材質均勻的導線，在恆溫時，其電導值與導線的 (A)長度成反比，截面積成正比 (B)長度成正比，截面積成反比 (C)長度成正比，截面積成正比 (D)長度成反比，截面積成反比。

1047 電磁接觸器(M.C.)線圈激磁動作後,產生噪音之可能的因素為 (A)鐵芯表面不潔 (B)電源接地 (C)線圈短路 (D)線圈開路。

1048 在電工機械所引用的規格標準中,下列何種是由美國所制定的標準? (A)CNS (B)IEC (C)NEMA (D)VDE。

1049 假設直流電流表的滿刻度為1mA,若將此電流表與0.01Ω的分流器並聯,則可擴大電流的量測範圍至1A,問此電流表的內阻約為多少? (A)40 (B)30 (C)20 (D)10 Ω。

1050 有一條帶有直流電流的導線置於均勻的磁場中,若以右手大姆指代表電流的方向,右手四指代表磁場的方向,則掌心所指方向代表下列何者? (A)導線受力的正方向 (B)導線受力的反方向 (C)感應電勢的正方向 (D)感應電勢的反方向。

1051 目前台灣電力公司在台灣地區的電力系統,其電源電壓頻率為多少? (A)50 (B)60 (C)100 (D)400 Hz。

1052 導體在磁場中運動,其導體的感應電壓極性(或電流方向)、導體的運動方向及磁場方向,三者關係可依何原理決定? (A)佛來明定則(Fleming's rule) (B)克希荷夫電壓定理 (Kirchhoff's voltage law) (C)法拉第定理(Faraday's law) (D)歐姆定理(Ohm's law)。

1053 固定長度的導體在磁場中運動,當導體運動的方向與磁場方向互為垂直時,導體感應電壓的大小可依何原理決定? (A)法拉第定理(Faraday's law) (B)克希荷夫電流定理 (Kirchhoff's current law) (C)佛來明左手定則(Fleming's left-handrule) (D)佛來明右手定則(Fleming's right-handrule)。

1054 一根帶有40安培的導線,其中有80公分置於磁通密度為0.5韋伯/平方公尺之磁場中,若導體放置的位置與磁場夾角為30度,則導體所受電磁力為何? (A)50 (B)20 (C)10 (D)8 牛頓。

1055 下列何者能將直流電轉換成可變頻率之交流電? (A)變頻器 (B)變壓器 (C)整流器 (D)截波器。

1056 當溫度升高時,一般金屬導體之電阻值增加,矽半導體溫度上升時,其電阻值 (A)下降 (B)上升 (C)不變 (D)成絕緣體。

1057 有一色碼電阻器,其色碼依序為棕綠橙金,則其電阻值為 (A)1.2kΩ±5% (B)1.5kΩ±5% (C)15kΩ±5% (D)15kΩ±10%。

1058 關於馬達與發電機的敘述,下列何者正確?(A)發電機可將力學能變成電能 (B)馬達可將力學能變成電能 (C)發電機是靜電感應的運用 (D)馬達是法拉第定律的運用。

1059 電動機轉矩之大小直接與 (A)磁極數 (B)電樞之電流路徑 (C)電樞面上之導體數 (D)每極之磁通量數成反比。

1060 變動損失是一種 (A)銅損 (B)鐵損 (C)機械損失 (D)雜散損失。

1061 某一電阻兩端加上 100V 之電壓後，消耗 250W 之功率，則此電阻值為 (A)0.4 (B)4 (C)40 (D)80 Ω。

1062 同一電動機，若其轉速愈高，則其轉矩將 (A)不變 (B)增大 (C)減小 (D)不一定。

1063 若將直流發電機之轉速增大為原來的 1.4 倍，其每極磁通減少為原來 0.8 倍，則其所產生之電勢為原來的 (A)0.7 (B)1.12 (C)1.15 (D)2.15 倍。

1064 40W 之燈泡，欲消耗一度電需使用 (A)15 (B)20 (C)25 (D)30 小時。

1065 下列何種家庭電器耗用電力最大？ (A)電視機 (B)洗衣機 (C)電冰箱 (D)電熱水器。

1066 一個 500W 之電爐，此電爐是以 2 條電熱線並聯方式組成，當電熱線剪掉一半時，其功率變成 (A)1000 (B)750 (C)500 (D)250 W。

1067 在電阻電路中，若負載電阻等於其戴維寧等效電路之電阻時，則負載所接受的功率為 (A)最小 (B)最大 (C)零 (D)不變。

1068 某一系統的能量轉換效率為 90%，若損失功率是 400 瓦特，則該系統的輸出功率是多少瓦特？ (A)3600 (B)3200 (C)1800 (D)1500 W。

1069 兩電阻值相等的電阻器，將其並聯後，連接到一理想電流源的兩端，已知此二電阻共吸收 8 瓦特之功率。如將此二電阻改為串聯後再連接到同一理想電流源的兩端，則此二電阻將共吸收多少瓦特之功率？ (A)2.5 (B)5 (C)10 (D)32 W。

1070 直流機換向片的功能與下列哪一種元件相類似？ (A)突波吸收器 (B)整流二極體 (C)消弧線圈 (D)正反器。

1071 下列何者為直流電機均壓線的功用？ (A)抵消電樞反應 (B)提高絕緣水準 (C)提高溫昇限度 (D)改善換向作用。

1072 有一台 2000W 的直流發電機，滿載時，固定損失為 200W。已知此發電機之半載效率為 80%，則其滿載時之可變損失應為何？ (A)250 (B)200 (C)100 (D)50 W。

1073 直流發電機之額定容量，一般是指在無不良影響條件下之 (A)輸入 (B)輸出 (C)熱耗 (D)損耗 功率。

1074 額定為 66kW、110V、3500rpm 之複激式直流發電機，其滿載時電流為何？ (A)600 (B)500 (C)350 (D)300 A。

1075 直流電機鐵心通常採用薄矽鋼片疊製而成，其主要目的為何？ (A)減低銅損 (B)減低磁滯損 (C)減低渦流損 (D)避免磁飽和。

1076 一直流串激式發電機，無載感應電動勢為 120 伏特，電樞電阻為 0.1 歐姆，串激場電阻為 0.01 歐姆，當電樞電流為 100 安培時，若忽略電刷壓降，則此發電機輸出功率為何？ (A)10900 (B)12000 (C)8000 (D)6000 瓦特。

1077 下列有關直流無刷電動機的敘述，何者錯誤？ (A)不需利用碳刷，可避免火花問題 (B)以電子電路取代傳統換向部分 (C)壽命長，不需經常維修 (D)轉矩與電樞電流的平方成正比。

1078 當額定容量與電壓相同時，下列直流電動機中，何者起動轉矩最大？ (A)差複激式 (B)串激式 (C)分激式 (D)外(他)激式。

1079 串激式直流電動機之負載實驗時，若扭力計顯示為 0.6 公斤-米，轉速計顯示為 1710 轉／分時，則此電動機的輸出功率約為多少？ (A)2100 (B)1050 (C)525 (D)250 瓦特。

1080 有關直流發電機的鐵損(鐵心損失)的敘述，下列何者正確？ (A)包含銅損 (B)包含雜散損失 (C)包含機械損失 (D)包含磁滯損失。

1081 直流電機的電樞是 (A)定部 (B)定部兼轉部 (C)轉部 (D)以上皆非。

1082 直流電動機之起動電阻，其主要目的在 (A)增加磁場電流 (B)增加轉動力矩 (C)限制電樞電流 (D)限制電樞轉速。

1083 直流電機主磁極極掌面積大於極心，其目的為 (A)減低空氣隙的磁阻 (B)增加空氣隙的磁阻 (C)減低渦流損失 (D)減低磁滯損失。

1084 直流串激電動機，若改接交流電源時，該機將 (A)可轉動，其轉向與直流電源相同 (B)可轉動，其轉向與直流電源時相反 (C)不能轉動 (D)須藉外力始能轉動。

1085 當啟動直流分激電動機時，應先將場電阻器調置於 (A)電阻值最大處 (B)任意電阻值處 (C)電阻值最小處 (D)中央位置處。

1086 電動機啟動器的功用，主要是啟動時限制 (A)電樞電流 (B)磁場電流 (C)轉速 (D)轉矩。

1087 直流發電機中，把電樞感應之交流轉換為直流輸出之元件是 (A)主磁極 (B)換向片 (C)場軛 (D)中間極。

1088 直流電機裝設補償繞組之主要目的在 (A)抵消電樞反應 (B)增強電樞反應 (C)增強主磁場 (D)抵消主磁場。

1089 直流發電機之負載加大時,下列何者之端電壓下降幅度最大? (A)過複激式 (B)欠複激式 (C)平複激式 (D)差複激式。

1090 直流串激電動機不可於無載情況下使用,其原因為 (A)無法轉動 (B)轉距太小 (C)轉速太慢 (D)轉速會快到危險程度。

1091 某分激式直流電動機之無載轉速 1300rpm,已知其速率調整率為 4%,則滿載轉速約為多少 rpm? (A)1220 (B)1238 (C)1250 (D)1267 rpm。

1092 積複激式直流發電機,可加裝分流器以調整其外部特性曲線,下列對分流器之接線方式何者最正確? (A)與電樞繞組串聯 (B)與分激繞組並聯 (C)與電樞繞組並聯 (D)與串激繞組並聯。

1093 分激式直流發電機之無載端電壓為 230 伏特,滿載端電壓為 200 伏特,此直流發電機的電壓調整率為多少? (A)50 (B)25 (C)15 (D)5 %。

1094 在無載或輕載時,下列何者有轉速過高的危險? (A)串激式直流 (B)分激式直流 (C)三相感應 (D)三相同步 電動機。

1095 直流複激式電動機依磁場的組成分類,可歸納為何? (A)他激式(外激式)電動機與自激式電動機 (B)積複激電動機與差複激電動機 (C)單相電動機與三相電動機 (D)分激式(並激式)電動機與串激式電動機。

1096 將直流發電機的轉速增為原來的 2.0 倍,每極磁通量降為原來的 0.5 倍,則發電機的感應電勢變為原來的若干倍? (A)0.5 (B)0.9 (C)1.0 (D)2.0。

1097 直流他激式發電機之無載飽和特性曲線與下列何者特性曲線相似? (A)直流他激式發電機之外部特性曲線 (B)鐵心的磁化曲線 (C)直流他激式發電機之電樞特性曲線 (D)直流他激式發電機之內部特性曲線。

1098 有關直流發電機在額定轉速下的無載飽和特性曲線之敘述,下列何者正確? (A)電樞電流與電樞感應電勢的關係 (B)激磁電流與電樞電流的關係 (C)激磁電流與電樞感應電勢的關係 (D)電樞電流與轉速的關係。

1099 欲改變他激式直流電動機之轉速方向,下列敘述何者正確? (A)改變電樞電流方向或改變激磁電流方向 (B)同時改變電樞電流方向及激磁電流方向 (C)改變電樞繞組之串聯電阻 (D)改變激磁繞組之串聯電阻。

1100 直流分激式(並激式)發電機運轉於額定電壓,如果發電機的轉速突然升高,若要維持發電機的輸出電壓為額定電壓,其調整方式為何? (A)增加磁通 (B)減少負載 (C)減少磁通 (D)調整換向片的角度。

1101 有關分激式(並激式)直流電動機之速率控制方法,下列何者正確? (A)增大電樞串聯電阻,可使轉速升高 (B)減低磁場的磁通量,可使轉速升高 (C)減低磁場的磁通量,可降低轉速 (D)增大電樞電壓,可降低轉速。

1102 有關他激式(外激式)直流發電機的負載特性(外部特性)曲線之敘述,下列何者正確? (A)描述發電機轉速與電樞電流的關係 (B)描述發電機轉速與端電壓的關係 (C)描述發電機磁場電流與端電壓的關係 (D)描述發電機電樞電流與端電壓的關係。

1103 直流分激式電動機起動時,加起動電阻器的目的為何? (A)增加電樞轉速 (B)降低磁場電流 (C)增加起動轉矩 (D)降低電樞電流。

1104 關於直流電機之補償繞組,下列敘述何者錯誤? (A)可抵消電樞反應 (B)裝在主磁極之極面槽內 (C)必須與電樞繞組並聯 (D)與相鄰的電樞繞組內電流方向相反。

1105 直流串激式電動機,若外加電壓不變,當負載變小時,下列關於轉速與轉矩變化的敘述,何者正確? (A)轉速變小,轉矩變大 (B)轉速與轉矩都變大 (C)轉速變大,轉矩變小 (D)轉速與轉矩都變小。

1106 複激式電機,若分激場繞組所生之磁通與串激場繞組所生之磁通方向相同,則此電機稱為 (A)積複激式 (B)串激式 (C)差複激式 (D)分激式 電機。

1107 直流電機繞組中使用虛設線圈,其主要目的為何? (A)改善功率因數 (B)幫助電路平衡 (C)幫助機械平衡 (D)節省成本。

1108 直流分激式發電機在有載的狀態下,其端電壓 V 與應電勢 E 的大小關係為? (A)V>E (B)V=E (C)V<E (D)不一定。

1109 直流電機的每一個電樞繞組,在通過電刷後,其電流方向會改變,稱為 (A)電樞反應 (B)交磁效應 (C)自激現象 (D)換向。

1110 直流電機換向時,在後刷邊發生火花,是 (A)直線 (B)過速 (C)欠速 (D)電阻 換向。

1111 直流發電機換向,若電刷移位不足,會發生 (A)直線 (B)過速 (C)欠速 (D)正弦 換向。

1112 有關直流電機的電樞反應,下列敘述何者錯誤? (A)造成換向困難 (B)有效磁通量減少 (C)降低發電機之應電勢 (D)增加電動。

1113 直流電機的電樞反應若是使磁通減少,稱為 (A)去磁效應 (B)交磁效應 (C)加磁效應 (D)以上皆非。

1114 直流發電機的電樞反應使得磁中性面 (A)順轉向移動一個角度 (B)逆轉向移動一個角度 (C)位置不變 (D)無關。

1115 直流電動機的電樞反應使得磁中性面 (A)順轉向移動一個角度 (B)逆轉向移動一個角度 (C)位置不變 (D)無關。

1116 為了降低電樞反應，直流電機採用不同心圓設計，是要造成 (A)極尖之磁通量增加 (B)極尖之空氣隙加大 (C)極尖之磁阻增加 (D)轉矩增加。

1117 直流電機補償繞組的功用是 (A)減少電樞反應 (B)增加電樞反應 (C)改善功率因數 (D)增加轉速。

1118 直流電機補償繞組是與 (A)電樞繞組並聯 (B)電樞繞組串聯 (C)分激場繞組並聯 (D)分激場繞組串聯。

1119 直流電機中間極繞組是與 (A)電樞繞組並聯 (B)電樞繞組串聯 (C)分激場繞組並聯 (D)分激場繞組串聯。

1120 直流電機中間極繞組的構造與 (A)複激場繞組 (B)電樞繞組 (C)分激場繞組 (D)串激場繞組相似。

1121 直流發電機的主磁極 NS 與中間極 ns 之極性，依旋轉方向其排列順序為 (A)NnSs (B)NnSn (C)NsSn (D)NsSs。

1122 直流電機負載增加時，磁極兩極尖之磁通量變成不相等，此現象稱為 (A)負載效應 (B)電樞反應 (C)磁滯現象 (D)飽和現象。

1123 變壓器絕緣油之功用為何？ (A)減少損失 (B)增加耐用 (C)減少漏磁 (D)冷卻及散熱。

1124 變壓器之導磁係數應該 (A)越高越好 (B)越低越好 (C)不一定 (D)以上皆非。

1125 有一變壓器,高壓側 20000 匝,把 10000 伏特變成 100 伏特,則低壓側匝數為 (A)2000 (B)200 (C)20 (D)2 匝。

1126 有一台變壓器 N_1/N_2=30，而 R_1=60Ω，R_2=0.06Ω，X_1=150Ω，X_2=0.15Ω，則換算為一次側之等效電阻 R_{eq} 為 (A)54 (B)60 (C)114 (D)311 Ω。

1127 同上題，則換算為一次側之等效阻抗為 (A)307 (B)300 (C)312 (D)114。

1128 當負載增加時變壓器之變壓比將會 (A)減少 (B)增加 (C)不變 (D)不一定。

1129 變壓器之開路試驗通常指的是 (A)低壓側開路,高壓側接電源 (B)高壓側開路,低壓側接電源 (C)任何一側均可開路或接電源 (D)以上皆非。

1130 假設變壓器無載端電壓為 V_2'，有載端電壓為 V_2，則其電壓調整率為 (A)$\frac{V_2'-V_2}{V_2'}\times100\%$ (B)$\frac{V_2-V_2'}{V_2'}\times100\%$ (C)$\frac{V_2'-V_2}{V_2}\times100\%$ (D)$\frac{V_2-V_2'}{V_2}\times100\%$。

1131 變壓器之鐵損為與 (A)電源電壓之平方成正比 (B)負載電流成正比 (C)負載電流之平方成正比 (D)電源電壓成正比。

1132 若把變壓器一次線圈之匝數增加，則二次線圈兩端之電壓將 (A)降低 (B)升高 (C)不變 (D)不一定。

1133 變壓器半載時之銅損為滿載時之 (A)0.5 (B)0.25 (C)2 (D)4 倍。

1134 以下何者錯誤？ (A)變壓器之電壓調整率應愈小愈好 (B)變壓器之激磁電流應愈小愈好 (C)功率因數的大小對輸出及效率無關 (D)影響變壓器電壓調整率之因數為漏磁感抗及電阻壓降。

1135 有百分比阻抗壓降為 $p\%$，百分比電抗壓降為 $q\%$ 之變壓器，設電壓調整率最大時之功因為 $\cos\theta_1$，調整率最小時之功因為 $\cos\theta_2$，則 $\cos\theta_1 - \cos\theta_2 =$ (A)$\dfrac{p}{\sqrt{p^2+q^2}}$ (B)$\dfrac{q}{\sqrt{p^2+q^2}}$ (C)$\dfrac{p-q}{\sqrt{p^2+q^2}}$ (D)$\dfrac{p+q}{\sqrt{p^2+q^2}}$。

1136 某一變壓器在功因為 1 時，其滿載效率為 98%，則此變壓器在功因為 0.8 時之滿載效率為 (A)97.6 (B)96.4 (C)95.8 (D)94.7 %。

1137 定額負載之 5KVA 變壓器，設功率因數為 1 時，效率為 97.5%，在功率因數為 1 且負載為 75% 時效率最大，則此變壓器之鐵損 P_i 及銅損 P_c 分別為 (A)$P_i=78W, P_c=105W$ (B)$P_i=82W, P_c=46W$ (C)$P_i=108W, P_c=95W$ (D)$P_i=46W, P_c=82W$。

1138 變壓器一次側為 Y，二次側接為 △ 時之位移角為 (A)0 (B)30 (C)60 (D)90 度。

1139 △-△接線之變壓器，若有一相故障時，可接成 V-V 接線，使用來供電，惟其輸出容量為 △-△供電時之 (A)50 (B)57.7 (C)70.7 (D)86.6 %。

1140 在三相四線式之高壓配電線路中，設置單相變壓器三台，以 Y-△接線，其一次側中性點 (A)不可接地 (B)接地 (C)接地或不接地均可 (D)無答案。

1141 已知三相電源為 3300V，若變壓器之匝數比為 15，採 Y-△供電時，則二次側之電壓為 (A)110 (B)127 (C)220 (D)380 V。

1142 鐵心上繞有 ab，cd 兩繞組線圈，其方向如圖所示，則 a 點 (A)與 d 點有相反極性 (B)與 c 點有相同極性 (C)無極性可言 (D)以上皆非。

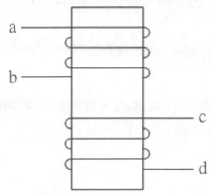

1143 已知三相電源為 3300V，若變壓器之匝數比為 15，採△-Y 供電時，則二次側之電壓為 (A)110 (B)127 (C)220 (D)380 V。

1144 變壓器中性點接地是為了 (A)當發生漏電時，可防止人觸及外殼而感電 (B)在穩定各相、線對地之電位 (C)增大絕緣電阻 (D)以上皆非。

1145 變壓器之銅損、鐵損及負載之關係為

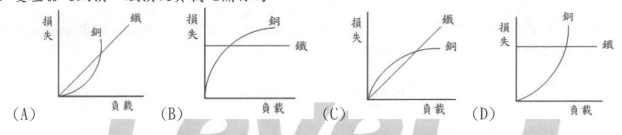

1146 如圖之變壓器，因電抗值極小而不計，所接之負載為 8Ω 電阻器，則在一次側之等效電阻值應為 (A)1800 (B)900 (C)120 (D)0.51 Ω。

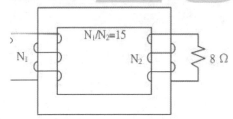

1147 利用開路(無載)測試變壓器，可以決定變壓器的 (A)電壓調整率 (B)銅損失 (C)磁心損失 (D)總損失。

1148 變壓器鐵心均用薄矽鋼片疊成，其功用是減少 (A)體積 (B)重量 (C)渦流損失 (D)磁滯損失。

1149 變壓器可提高電壓，亦可提高電流，故變壓器 (A)為一主動元件 (B)功率放大率可能大於 1 (C)功率放大率不可能大於 1 (D)以上皆可能，視其容量而定。

1150 單相變壓器一次側額定電壓 110V、頻率 60Hz，今在一次側加 110V、30Hz 之交流電源則 (A)效率增加 (B)諧波減少 (C)磁心飽和，效率降低 (D)不受影響。

1151 單相變壓器的高壓側線圈有 800 匝,低壓側線圈有 40 匝,若高壓側的額定電壓為 220V,低壓側額定電流為 4A,則此變壓器的額定容量為 (A)880 (B)440 (C)160 (D)44 VA。

1152 有一變壓器的負載容量為 12000KVA,若使用電容器將功率因數由 0.85 修正 0.95,則該電容器的容量為多少 KVAR? (A)2969 (B)3102 (C)3257 (D)3612。

1153 甲國向乙國的工廠購買 380V/220V、60Hz、1KVA 之變壓器,運回國後才想到該國電源頻率為 25Hz,則該變壓器的一次側及二次側電壓規格應改為 (A)158.3V, 91.7V (B)91.7V, 158.3V (C)137V, 102V (D)102V, 137V。

1154 下列變壓器基本試驗中,哪一項試驗應最先操作 (A)感應電壓試驗 (B)溫升試驗 (C)耐壓試驗 (D)絕緣電阻試驗。

1155 3300/210,5KVA 的單相變壓器的百分比電阻壓降與百分比電抗壓降各為 2.4% 與 1.6%,則變壓器的一次阻抗電壓為 (A)93 (B)94 (C)95 (D)96 V。

1156 有關變壓器並聯運轉,下列何者敘述錯誤? (A)變壓器的容量必須相等 (B)變壓器必須要有相同額定電壓 (C)變壓器必須要有相同極性 (D)變壓器必須在同一頻率下運轉。

1157 有 4 極 60Hz 轉差率為 3% 之三相感應電動機負載改變之關係,其轉差率變成 5%,則轉速之變化為 (A)32 (B)36 (C)42 (D)50 rpm。

1158 感應電動機的優點是 (A)啟動電流少 (B)速度容易控制 (C)效率高 (D)便宜耐用。

1159 感應電動機之轉子電流是 (A)直接導入 (B)感應產生 (C)以上皆有 (D)不一定。

1160 三相感應電動機之轉部中若加入一電阻時,其最大轉矩將 (A)減少 (B)不變 (C)增加 (D)不一定。

1161 感應電動機之旋轉磁場,其轉速 (A)應為同步轉速 (B)應為非同步轉速 (C)應隨負載而變 (D)以上皆非。

1162 感應電動機之轉子轉速應 (A)低於 (B)等於 (C)高於 (D)以上皆可 同步轉速。

1163 繞線式轉部三相感應電動機啟動時,若在轉部加電阻,則 (A)可限制啟動電流並可加大啟動轉矩 (B)可限制啟動電流但與轉矩之大小無關 (C)啟動電流與啟動轉矩均加大 (D)可限制啟動電流但啟動轉矩變小。

1164 P 極 f Hz 之三相感應電動機之同步速率 Ns(rpm) 為 (A)$\dfrac{60f}{p}$ (B)$\dfrac{120f}{p}$ (C)$\dfrac{f}{120p}$ (D)$\dfrac{f}{60p}$ 。

1165 若一感應電動機之功率因數很低,為改善電源側的功率因數,通常與電動機並聯適當數值之大小之 (A)電阻器 (B)電抗器 (C)電容器 (D)以上皆非。

1166 如圖所示,平衡三相(A相、B相、C相)電源供給 Δ 接之純電阻負載,若 a, b, c 端電壓大小為 220V,則 B、C 兩點之間之電位差大小約為 (A)200 (B)222.2 (C)225.2 (D)226 V。

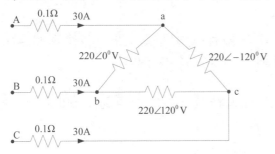

1167 感應電動機之優點為 (A)可改善功率因數,轉速容易變更 (B)便宜、耐用 (C)啟動電流小、啟動容易 (D)啟動轉矩大,啟動電流小。

1168 四極 60 赫之感應電動機,其滿載之轉差率為 5%,轉子之速度為 (A)1710 (B)1610 (C)1520 (D)1460 rpm。

1169 三相感應電動機之轉差率增加時,其機械輸出功率將 (A)增加 (B)不變 (C)減少 (D)不一定。

1170 線電壓為 $\frac{200}{\sqrt{3}}$ V 之 10(KVA)三相電動機,其線電流為 (A)50 (B)100 (C)150 (D)200 A。

1171 三相感應電動機,其滿載啟動及無載啟動之啟動電流為 (A)滿載啟動電流大於無載啟動電流 (B)滿載啟動電流等於無載啟動電流 (C)滿載啟動電流小於無載啟動電流 (D)不一定。

1172 常見於高壓電動機旁並聯電容器,其目的為 (A)減少噪音 (B)改善功率因數 (C)增加轉矩 (D)以上皆非。

1173 感應電動機其定轉部繞組 (A)相數一定要相等,極數可不相等 (B)極數一定要相等,相數可不相等 (C)相數與極數一定要相等 (D)相數與極數都不要相等。

1174 三相感應電動機於輕載時 (A)轉矩最大 (B)啟動電流最小 (C)功率因數低 (D)效率好 ,故應配合機器,選擇適當機器之馬力才會好。

1175 繞線式感應電動機轉部啟動時串接電阻或電抗,其優點是 (A)減少啟動電流 (B)增加啟動轉矩 (C)可以控制速率 (D)以上皆是。

1176 三相感應電動機之速率與下列因素何者有關 (A)電壓 (B)頻率 (C)定子匝數 (D)以上皆非

1177 六極三相感應電動機,若電源之頻率為 f,則旋轉磁場每秒之轉速約為 (A)$0.5f$ (B)$0.33f$ (C)$0.17f$ (D)以上皆非。

1178 六極單相感應電動機，接於110V、60Hz之電源，其轉速約為 (A)3600 (B)1800 (C)1200 (D)1150 rpm。

1179 110V、5A之額定單相電動機，其消耗電功率為330W時，該電動機之功率因數為 (A)50 (B)60 (C)70 (D)80 %。

1180 若欲使單相馬達逆轉，則可 (A)僅把主線圈或啟動線圈之兩線端對調 (B)把電源之兩線端對調 (C)把主線圈與啟動線圈之兩線端同時對調 (D)以上均不可以。

1181 有單相交流電動機 200V、10A、$\cos\theta$ 為 0.8，則此電動機 (A)電功率為 1.60KW (B)電功率為 3.8KW (C)無效功率為 2.5KVAR (D)無效功率為 3.5KVAR。

1182 三相感應電動機之端電壓一定，將一次的定子圈由△接改為 Y 接，則電動機最大轉矩變成 (A)3 (B)$\sqrt{3}$ (C)$\frac{1}{3}$ (D)$\frac{1}{\sqrt{3}}$ 倍。

1183 三相感應電動機採變換啟動的目的為 (A)減少啟動時間 (B)增加啟動電流 (C)減少啟動電流 (D)增加啟動轉矩。

1184 10極、50Hz之三相繞組式轉子型感應電動機，每分鐘450轉時產生最大轉矩，此電動機欲以最大轉矩之情況下啟動，則所需接於二次電路之啟動電阻應為二次電阻之幾倍？ (A)1 (B)2 (C)3 (D)4。

1185 某四極三相60Hz感應電動機，最大轉矩發生於轉速1200rpm時，設啟動轉矩為滿載轉矩之240%，則最大轉矩為滿載轉矩之若干倍？ (A)3 (B)4 (C)5 (D)6。

1186 50Hz設計之小型感應電動機，若使用於60Hz電源上，則 (A)轉速增快，轉矩增大 (B)轉速降低，轉矩增大 (C)轉速增加，轉矩減小 (D)轉速降低，轉矩減小。

1187 在無載與滿載之間感應電動機的轉差率與制動轉矩 (A)成反比 (B)成正比 (C)平方成反比 (D)平方成正比。

1188 一部三相感應電動機，如欲改變其轉向，則可採取什麼方法 (A)調高電源電壓 (B)降低電源電壓 (C)改變電源相序 (D)提高電源頻率。

1189 一部四極三相感應電動機，定子頻率為60Hz，若轉差率由10%變為5%時，則轉子電流頻率為 (A)減少1.5Hz (B)減少3Hz (C)增加1.5Hz (D)增加3Hz。

1190 設電流原為落後之同步電動機，若漸增其磁場線圈之電流，則功率因數將 (A)漸小 (B)漸大 (C)先增大後減小 (D)先減小後增大。

1191 同步電動機在啟動時，磁場線圈中 (A)可加激磁電流 (B)不可加激磁電流 (C)可加激磁電流，但電壓要低 (D)加與不加激磁電流無關。

1192 同步電動機有 12 極,從供電系統頻率為 50Hz 取用電源其轉速為 (A)375 (B)500 (C)1200 (D)1800 rpm。

1193 同步電動機之直流激磁增減主要目的是 (A)頻率 (B)功率 (C)速度 (D)啟動轉矩 調整。

1194 同步電動機之優點為 (A)效率大,啟動容易 (B)可使功率因數等於 1 (C)功率因數可以控制,效率高 (D)速度可變,改善功因。

1195 同步電動機之轉矩約與 (A)電壓成正比 (B)電壓成反比 (C)電壓平方成正比 (D)電壓平方成反比。

1196 下列何者非兩同步發電機並聯運轉的必要條件? (A)相序 (B)頻率 (C)相數 (D)極數 相同。

1197 在同步電動機中,落後的電源對主磁場的效應為 (A)減弱 (B)增強 (C)無影響 (D)時強時弱。

1198 同步發電機當作獨立發電機使用時,其外部性曲線在功因為 1 時為 (A)拋物線 (B)橢圓 (C)直線 (D)雙曲線。

1199 保持電壓及場流不變,當同步電動機之功率因數為 1,若負載增大時,則電動機之功率因數為 (A)小於 1,但為落後 (B)小於 1,但為超前 (C)保持不變 (D)大於 1,但為落後。

1200 同步發電機電樞採用 Y 連接之目的 (A)改善波形 (B)減低絕緣費用 (C)增大電流 (D)使線間無三次諧波存在。

1201 同步電動機與感應電動機比較,下列何者有誤? (A)同步機效率較佳,適用於低速大容量電機 (B)同步機於高功率因數,進相功因下運轉 (C)同步機不適用於啟動,停止頻繁之場合 (D)同步機之脫步轉矩較感應機之最大轉矩大。

1202 二相發電機其相電壓為 100V 則線電壓為 (A)200 (B)100 (C)173.2 (D)141.4 V。

1203 某個發電機作並聯運用其無效功率之分擔與 (A)原動機動力成反比 (B)原動機動力成正比 (C)激磁電流成反比 (D)激磁電流成正比。

1204 同步發電機之短路比,與 (A)標么值同步阻抗成反比、短路電流正比 (B)標么值同步阻抗成正比、短路電流成反比 (C)同步阻抗與短路電流均成反比 (D)同步阻抗成反比、短路電流成正比。

1205 下列何者為同步電機的變動損失? (A)旋轉機械損 (B)電樞繞組損 (C)激磁繞組損 (D)鐵損。

1206 某部三相同步發電機,其同步阻抗為 1.25 標么,則其短路比(SCR)為 (A)1.25 (B)0.75 (C)0.8 (D)0.5。

1207 同步發電機之負載若為純電感性,則其電樞反應為 (A)交磁效應 (B)去磁效應 (C)加磁效應 (D)無任何效應。

1208 同步發電機於下列情況,何者電壓調整率最佳? (A)功率因數為 1 時 (B)功率因數小於 1 且滯後時 (C)功率因數小於 1 且超前時 (D)與功率因數無關。

1209 同步發電機之三相故障,短路電流之最大值由何而定? (A)功率因數 (B)電樞反應電抗 (C)漏磁電抗 (D)電阻。

1210 同步發電機之自激現象,產生的條件是: (A)電容性 (B)電感 (C)電阻性 (D)電阻、電感性 負載。

1211 電壓調整率與功率因數有關,若交流發電機之電壓調整率為零或為負值時,其電流必 (A)落後 (B)不一定 (C)領先 (D)與電壓同相。

1212 同步發電機並聯運用,將使得 (A)輸出容量提高,但效率降低 (B)輸出容量和效率皆提高 (C)輸出容量和效率皆降低 (D)輸出容量降低,但效率提高。

1213 如圖為兩燈一電容法測定三相相序之電路,若相序為 R-S-T,則 (A)L_1 比 L_2 亮 (B)L_2 比 L_1 亮 (C)L_1 不亮 (D)L_2 不亮。

1214 一部 12 極同步發電機,若感應電壓的頻率為 60Hz,則同步轉速為多少 rpm? (A)5 (B)20 (C)500 (D)600。

1215 三相交流同步發電機,各相電源相角差為 (A)60 (B)120 (C)150 (D)180 度。

1216 有一同步發電機其極數為 12,感應電壓之頻率為 60Hz,則其同步轉速之角速度 $\omega=$? rad/sec(弧度/秒) (A)30 (B)31.4 (C)60 (D)62.8。

1217 同步發電機採用分佈繞組 (A)鐵心可得較佳利用 (B)可以減少自感電抗 (C)可以提高銅線之電流密度 (D)以上皆是。

1218 一同步發電機所生交流電之頻率,可由轉速與下列何者決定? (A)激磁電流 (B)負載 (C)功率因數 (D)極數。

解答 – 選擇題

1. D	2. C	3. B	4. B	5. C	6. D	7. D	8. A	9. B	10. C
11. D	12. B	13. A	14. B	15. C	16. C	17. A	18. D	19. A	20. B
21. D	22. D	23. C	24. C	25. B	26. C	27. D	28. C	29. D	30. B
31. C	32. C	33. A	34. D	35. C	36. B	37. A	38. C	39. D	40. A
41. C	42. B	43. B	44. D	45. D	46. B	47. D	48. C	49. A	50. D
51. D	52. D	53. B	54. A	55. B	56. A	57. A	58. D	59. A	60. C
61. A	62. B	63. C	64. A	65. D	66. D	67. A	68. B	69. C	70. A
71. C	72. B	73. A	74. C	75. B	76. B	77. A	78. B	79. D	80. C
81. B	82. A	83. D	84. A	85. C	86. B	87. D	88. A	89. D	90. D
91. C	92. D	93. B	94. D	95. D	96. B	97. D	98. B	99. D	100. C
101. D	102. C	103. A	104. C	105. D	106. B	107. A	108. C	109. D	110. B
111. B	112. C	113. D	114. A	115. C	116. D	117. A	118. B	119. C	120. B
121. A	122. A	123. D	124. A	125. C	126. D	127. D	128. C	129. D	130. C
131. A	132. B	133. B	134. B	135. A	136. C	137. C	138. A	139. A	140. B
141. A	142. B	143. C	144. A	145. A	146. D	147. B	148. B	149. B	150. D
151. C	152. D	153. B	154. C	155. D	156. B	157. C	158. D	159. C	160. C
161. C	162. A	163. C	164. B	165. B	166. D	167. A	168. B	169. C	170. A
171. A	172. B	173. C	174. B	175. B	176. C	177. D	178. B	179. D	180. A
181. D	182. D	183. B	184. D	185. C	186. D	187. B	188. C	189. B	190. C
191. B	192. C	193. C	194. C	195. D	196. B	197. C	198. B	199. D	200. A
201. D	202. B	203. D	204. C	205. D	206. B	207. B	208. B	209. D	210. D
211. B	212. B	213. B	214. B	215. B	216. C	217. D	218. C	219. A	220. B
221. C	222. D	223. C	224. D	225. A	226. A	227. D	228. A	229. A	230. C
231. D	232. D	233. D	234. B	235. C	236. B	237. B	238. C	239. C	240. C

241. A 242. D 243. A 244. A 245. A 246. B 247. B 248. C 249. A 250. A

251. D 252. A 253. D 254. D 255. C 256. B 257. C 258. B 259. D 260. C

261. A 262. C 263. D 264. D 265. B 266. A 267. C 268. C 269. D 270. B

271. B 272. A 273. C 274. D 275. B 276. C 277. C 278. A 279. B 280. C

281. D 282. D 283. B 284. A 285. A 286. C 287. D 288. A 289. A 290. B

291. D 292. C 293. C 294. B 295. A 296. B 297. D 298. A 299. D 300. B

301. C 302. A 303. A 304. D 305. C 306. D 307. C 308. A 309. C 310. C

311. D 312. A 313. D 314. C 315. C 316. B 317. B 318. C 319. A 320. C

321. C 322. A 323. D 324. C 325. B 326. B 327. C 328. C 329. C 330. B

331. A 332. A 333. D 334. A 335. B 336. A 337. B 338. A 339. B 340. A

341. A 342. A 343. B 344. A 345. D 346. D 347. A 348. D 349. B 350. A

351. A 352. A 353. C 354. C 355. B 356. C 357. D 358. C 359. B 360. C

361. B 362. A 363. A 364. B 365. C 366. B 367. A 368. C 369. C 370. C

371. A 372. A 373. A 374. D 375. D 376. B 377. C 378. C 379. A 380. A

381. C 382. B 383. B 384. C 385. A 386. C 387. D 388. B 389. C 390. C

391. D 392. D 393. B 394. D 395. D 396. B 397. C 398. B 399. A 400. A

401. C 402. A 403. C 404. D 405. D 406. A 407. B 408. A 409. B 410. B

411. C 412. B 413. B 414. D 415. B 416. D 417. A 418. D 419. C 420. C

421. B 422. D 423. D 424. A 425. C 426. A 427. C 428. C 429. B 430. A

431. D 432. D 433. A 434. C 435. B 436. D 437. C 438. C 439. C 440. A

441. D 442. D 443. D 444. A 445. D 446. C 447. A 448. A 449. C 450. D

451. A 452. C 453. A 454. B 455. B 456. A 457. B 458. C 459. D 460. A

461. A 462. D 463. C 464. A 465. A 466. D 467. D 468. D 469. A 470. A

471. A 472. B 473. B 474. A 475. A 476. A 477. D 478. A 479. B 480. A

481. A   482. A   483. D   484. D   485. C   486. C   487. B   488. C   489. C   490. D

491. A   492. B   493. D   494. A   495. D   496. D   497. D   498. D   499. D   500. C

501. A   502. B   503. C   504. D   505. A   506. A   507. A   508. C   509. B   510. D

511. D   512. D   513. A   514. D   515. B   516. C   517. C   518. D   519. D   520. A

521. C   522. A   523. D   524. C   525. B   526. A   527. A   528. C   529. B   530. A

531. D   532. C   533. B   534. C   535. A   536. A   537. A   538. D   539. B   540. B

541. C   542. D   543. B   544. C   545. A   546. A   547. A   548. B   549. C   550. A

551. D   552. B   553. C   554. D   555. C   556. B   557. C   558. B   559. A   560. C

561. B   562. C   563. C   564. A   565. A   566. B   567. D   568. C   569. C   570. A

571. C   572. D   573. A   574. D   575. B   576. A   577. C   578. B   579. C   580. A

581. C   582. D   583. B   584. C   585. B   586. B   587. D   588. B   589. A   590. D

591. D   592. A   593. D   594. D   595. D   596. D   597. A   598. B   599. D   600. D

601. B   602. D   603. C   604. D   605. A   606. A   607. B   608. C   609. D   610. C

611. B   612. D   613. A   614. B   615. B   616. A   617. C   618. D   619. D   620. C

621. D   622. D   623. C   624. B   625. B   626. A   627. A   628. B   629. A   630. C

631. B   632. A   633. D   634. A   635. D   636. D   637. A   638. B   639. B   640. C

641. D   642. D   643. C   644. B   645. B   646. C   647. C   648. D   649. D   650. D

651. C   652. A   653. D   654. C   655. C   656. A   657. D   658. B   659. D   660. D

661. B   662. D   663. C   664. D   665. C   666. C   667. A   668. B   669. B   670. C

671. C   672. C   673. A   674. D   675. C   676. B   677. C   678. B   679. C   680. D

681. B   682. D   683. A   684. C   685. D   686. C   687. B   688. B   689. B   690. D

691. C   692. B   693. B   694. D   695. B   696. C   697. D   698. A   699. B   700. B

701. B   702. B   703. C   704. C   705. C   706. D   707. A   708. C   709. A   710. B

711. D   712. B   713. A   714. B   715. C   716. C   717. A   718. B   719. D   720. C

721. A   722. D   723. B   724. C   725. A   726. B   727. D   728. C   729. B   730. C

731. B 732. B 733. D 734. D 735. B 736. C 737. A 738. D 739. C 740. C

741. D 742. C 743. C 744. B 745. A 746. A 747. B 748. D 749. D 750. C

751. A 752. D 753. B 754. B 755. B 756. C 757. A 758. D 759. C 760. A

761. D 762. B 763. C 764. A 765. C 766. B 767. C 768. D 769. B 770. C

771. B 772. C 773. B 774. A 775. B 776. C 777. A 778. C 779. B 780. C

781. A 782. B 783. A 784. B 785. A 786. D 787. B 788. A 789. A 790. C

791. D 792. A 793. C 794. B 795. C 796. D 797. B 798. A 799. C 800. B

801. D 802. C 803. D 804. D 805. C 806. C 807. C 808. D 809. A 810. A

811. D 812. D 813. A 814. B 815. A 816. A 817. A 818. A 819. D 820. D

821. B 822. B 823. B 824. D 825. A 826. C 827. A 828. D 829. D 830. D

831. A 832. A 833. B 834. B 835. C 836. A 837. C 838. B 839. A 840. A

841. B 842. A 843. C 844. A 845. D 846. C 847. D 848. C 849. D 850. D

851. D 852. C 853. C 854. D 855. A 856. A 857. D 858. D 859. C 860. C

861. B 862. A 863. C 864. B 865. B 866. A 867. C 868. C 869. A 870. D

871. B 872. A 873. D 874. D 875. C 876. C 877. D 878. A 879. A 880. D

881. C 882. B 883. B 884. C 885. B 886. B 887. B 888. A 889. D 890. D

891. D 892. A 893. A 894. B 895. D 896. A 897. A 898. C 899. C 900. C

901. D 902. A 903. B 904. A 905. C 906. C 907. B 908. B 909. C 910. B

911. C 912. B 913. B 914. A 915. D 916. C 917. D 918. A 919. D 920. C

921. B 922. A 923. C 924. B 925. C 926. C 927. A 928. B 929. D 930. D

931. B 932. D 933. A 934. A 935. D 936. C 937. C 938. B 939. A 940. A

941. B 942. A 943. B 944. B 945. A 946. C 947. D 948. D 949. D 950. A

951. B 952. B 953. A 954. A 955. B 956. A 957. B 958. D 959. B 960. A

961. D 962. B 963. B 964. A 965. B 966. C 967. C 968. A 969. C 970. C

971. D　972. D　973. A　974. A　975. A　976. B　977. A　978. B　979. C　980. B

981. D　982. B　983. D　984. C　985. B　986. D　987. B　988. A　989. B　990. B

991. C　992. D　993. A　994. B　995. C　996. C　997. D　998. C　999. C　1000. D

1001. C　1002. B　1003. D　1004. A　1005. D　1006. D　1007. B　1008. B　1009. B　1010. C

1011. B　1012. B　1013. C　1014. D　1015. A　1016. D　1017. B　1018. C　1019. A　1020. B

1021. D　1022. B　1023. C　1024. A　1025. A　1026. D　1027. A　1028. B　1029. A　1030. B

1031. C　1032. C　1033. D　1034. B　1035. B　1036. A　1037. C　1038. B　1039. A　1040. B

1041. C　1042. D　1043. B　1044. B　1045. D　1046. A　1047. A　1048. C　1049. D　1050. A

1051. B　1052. A　1053. A　1054. D　1055. A　1056. A　1057. C　1058. A　1059. B　1060. A

1061. C　1062. C　1063. B　1064. C　1065. D　1066. D　1067. B　1068. A　1069. D　1070. B

1071. D　1072. B　1073. B　1074. A　1075. C　1076. A　1077. D　1078. B　1079. B　1080. D

1081. C　1082. C　1083. A　1084. A　1085. C　1086. A　1087. B　1088. A　1089. D　1090. D

1091. C　1092. D　1093. C　1094. A　1095. B　1096. C　1097. B　1098. C　1099. A　1100. C

1101. B　1102. D　1103. D　1104. C　1105. C　1106. A　1107. C　1108. C　1109. D　1110. C

1111. C　1112. D　1113. A　1114. A　1115. B　1116. C　1117. A　1118. B　1119. B　1120. D

1121. C　1122. B　1123. D　1124. A　1125. B　1126. C　1127. A　1128. B　1129. B　1130. C

1131. A　1132. A　1133. B　1134. C　1135. C　1136. A　1137. D　1138. B　1139. B　1140. A

1141. B　1142. D　1143. D　1144. B　1145. D　1146. A　1147. C　1148. C　1149. C　1150. C

1151. D　1152. A　1153. A　1154. B　1155. C　1156. A　1157. B　1158. D　1159. B　1160. B

1161. A　1162. A　1163. A　1164. B　1165. C　1166. C　1167. B　1168. A　1169. D　1170. A

1171. B　1172. B　1173. B　1174. C　1175. D　1176. B　1177. B　1178. D　1179. B　1180. A

1181. A　1182. C　1183. C　1184. C　1185. B　1186. C　1187. B　1188. C　1189. B　1190. C

1191. B　1192. B　1193. B　1194. C　1195. A　1196. D　1197. B　1198. B　1199. A　1200. D

1201. B　1202. D　1203. D　1204. A　1205. B　1206. C　1207. B　1208. A　1209. C　1210. A

1211. C　1212. B　1213. A　1214. D　1215. B　1216. D　1217. D　1218. D

詳答摘錄 – 選擇題

237. $P = I^2 R = 2^2 \times 10 = 40\,W$

238.

$$2 = \frac{20//5}{(20//5) + 10} \times I = \frac{4}{4 + 10} \times I \Rightarrow I = 7\,A$$

239. $\omega = 2\pi f = 2\pi \times 60 \cong 377\,rad/s$

241. 並聯時：$240 = \dfrac{V^2}{R//R} = 2 \times \dfrac{V^2}{R} \Rightarrow \dfrac{V^2}{R} = 120\,W$

串聯時：$P' = \dfrac{V^2}{R + R} = \dfrac{V^2}{2R} = \dfrac{1}{2} \times 120 = 60\,W$

242. 伏特計量測值為有效值 $= \dfrac{110}{\sqrt{2}} \cong 77.8\,V$

246. $L = \dfrac{N^2}{R} \Rightarrow L \propto N^2$

247. $V = L\dfrac{\Delta i}{\Delta t} = 0.1 \times \dfrac{3}{0.1} = 3\,V$

248. $L = N\dfrac{\Delta \emptyset}{\Delta i} = 800 \times \dfrac{5 \times 10^{-2}}{4} = 10\,H$

249. $K = \dfrac{M}{\sqrt{L_1 L_2}} \Rightarrow 0.75 = \dfrac{M}{\sqrt{100 \times 400}} \Rightarrow M = 150\,mH$

251. $F = ILB \sin\theta = 4 \times 0.6 \times 10 \times \sin 30^\circ = 12\,NT$

252. $E = N\dfrac{\Delta \emptyset}{\Delta t} = 500 \times \left(\dfrac{1 - 0.6}{2}\right) = 100\,V$

254. $\dfrac{L_1}{L_2} = \dfrac{N_1{}^2}{N_2{}^2} \Rightarrow \dfrac{16}{4} = \dfrac{1000^2}{N_2{}^2} \Rightarrow N_2 = 500\,匝$

255. $E = BLv = 2 \times 0.5 \times 10 = 10$ V

256. $P = T \times \omega = 53 \times \left(1800 \times \dfrac{2\pi}{60}\right) \cong 9990$ W

257. $T = J\left(\dfrac{\Delta\omega}{\Delta t}\right) \Rightarrow 15 = 5 \times \left(\dfrac{\omega}{5}\right) \Rightarrow \omega = 15\left(\dfrac{\text{rad}}{\text{s}}\right)$

       $15 \times \dfrac{60}{2\pi}$ (rev/min) $\cong 143.24$ rev/min

258. $E = N\dfrac{d\varnothing}{dt} = 100\dfrac{d}{dt}(0.05\sin 377t) = 1885\cos 377t$

259. $F = ILB = 0.5 \times 1 \times 0.25 = 0.125$ NT (向右)

261. $R = \dfrac{V^2}{P} = \dfrac{200^2}{100} = 400\ \Omega$

       $P' = \dfrac{100^2}{400} = 25$ W

262. $R_1 = \dfrac{110^2}{110} = 110\ \Omega \cdot R_2 = \dfrac{110^2}{60} \cong 201.67\ \Omega$

       $\Rightarrow P = \dfrac{V^2}{R_1 + R_2} = \dfrac{110^2}{110 + 201.67} \cong 38.82$ W

263. $\dfrac{1}{4} = \dfrac{R_x//10}{R_x + 10} \Rightarrow R_x + 10 = 4 \times \left(\dfrac{R_x \times 10}{R_x + 10}\right) \Rightarrow (R_x + 10)^2 = 40R_x \Rightarrow R_x = 10\ \Omega$

264.   S 打開時：$V_{bc} = \dfrac{20}{30 + 20} \times 200 = 80$ V

       S 關閉時：$V_{bc} = \dfrac{20//R}{30 + (20//R)} \times 200 = 40$V

       $\Rightarrow 5 \times (20//R) = 30 + (20//R)$

       $\Rightarrow 4 \times \left(\dfrac{20 \times R}{20 + R}\right) = 30 \Rightarrow R = 12\ \Omega$

265. $I = \dfrac{200}{5 + (20//10//20)} = 20$ A

       $V_1 = I \times (20//10//20) = 100$ V

       $V_{ab} = \left(\dfrac{16}{4 + 16} - \dfrac{4}{4 + 16}\right) \times 100 = 60$ V

266.

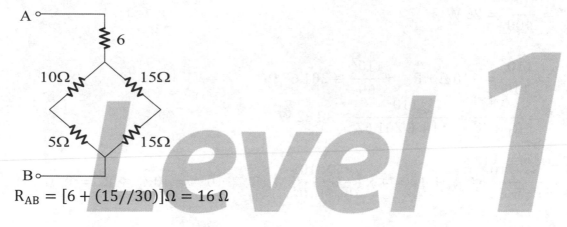

$$I_A = \frac{6 + \frac{3}{4}}{\left(3 + \frac{3}{2}\right) + \left(6 + \frac{3}{4}\right)} \times 5 = 3 \text{ A}$$

$$I_B = 5 - 3 = 2 \text{ A}$$

$$V_{AB} = I_A \times \frac{3}{2} - I_B \times \frac{3}{4} = 3 \text{ V}$$

$$\Rightarrow I_2 = \frac{V_{AB}}{3} = 1 \text{ A}$$

267.

$$R_{AB} = [6 + (15//30)]\Omega = 16 \,\Omega$$

268.

$$R = 15\Omega \Rightarrow P_{L(max)} = \left(\frac{150}{15 + 15}\right)^2 \times 15 = 375 \text{ W}$$

269.

$$\mu = \frac{B}{H} = \frac{0.4}{4000} = 10^{-4}$$

$$200 \times 4 - 300 \times I_2 = 10^{-2} \times \frac{0.5}{10^{-4} \times 0.1} \Rightarrow I_2 = 1 \text{ A}$$

270.
$$NI = \emptyset R \Rightarrow 200 \times 3 = \emptyset \times \frac{2}{5 \times 10^{-5} \times 0.008} \Rightarrow \emptyset = 120 \times 10^{-6} \text{ wb}$$

277.
$$E = \frac{PZ}{60a}\emptyset n = \frac{4 \times 600}{60 \times 4} \times 6 \times 10^{-3} \times 2000 = 120 \text{ V}$$

278.
$$E = K\emptyset n \cdot E' = K \times (0.5\emptyset) \times (2n) = K\emptyset n = E$$

279.
直流電動機的電磁轉矩 $T = 2NFR = \frac{PZ}{2\pi a}\emptyset I$

N 為電樞繞組匝數　　　P 為極數

F 為導體受力大小　　　Z 為電樞導體數

R 為導體到中心軸距離　a 為電樞並聯路徑數

I 為電樞電流　　　　　$\emptyset$ 為每極磁通量

電樞為 320 根，有效導體數 Z = 320

$$T = \frac{PZ}{2\pi a}\emptyset I = \frac{4 \times 320}{2\pi \times 4} \times 3 \times 10^{-3} \times 90 = 13.8 \text{ nt-m}$$

280.
$$80 = k\emptyset \times 50 \cdot T' = K \times (0.6\emptyset) \times 75 = \left(\frac{80}{50}\right) \times 0.6 \times 75 = 72 \text{ nt-m}$$

281.
$$P = T \times \omega = 3.82 \times 1500 \times \frac{2\pi}{60} = 600 \text{ W}$$

283.
$$90 = K\emptyset \times 60 \cdot 120 = K \times (0.8\emptyset) \times I = 0.8 \times (K\emptyset) \times I = 0.8 \times \left(\frac{90}{60}\right) \times I \Rightarrow I = 100 \text{ A}$$

284.
$$\frac{90}{T'} = \frac{25^2}{30^2} \Rightarrow T' = 129.6 \text{ nt-m}$$

285.
$$90 = K\emptyset \times 25$$
$$T' = K \times (1.6\emptyset) \times 50 = 1.6 \times (K\emptyset) \times 50 = 1.6 \times \left(\frac{90}{25}\right) \times 50 = 288 \text{ nt-m}$$

286.

$$\begin{cases} E_A = 10R_A + 110 \cdots ① \\ E_A = 30R_A + 105 \cdots ② \end{cases}$$

聯立①②兩式，可得 $R_A = 0.25 \ \Omega$，$E_A = 112.5 \text{ V}$

287.
$$a = m \times p = 2 \times 4 = 8$$

288.

$$E = \frac{Z}{a} \times \frac{P\emptyset n}{60}$$

雙分疊繞 $\Rightarrow a = P$

$$\Rightarrow E = \frac{72 \times 12 \times 0.04 \times 400}{60} \cong 230 \text{ V}$$

289.

$$\frac{E}{100} = \frac{3450}{115} \Rightarrow E = 3000 \text{ V}$$

290.

$$\frac{2000}{200} = \frac{2400}{V_2} \Rightarrow V_2 = 240 \text{ V}$$

$$\Rightarrow P = \frac{240^2}{100} = 576 \text{ W}$$

303.

$$I_f = \frac{240}{240} = 1 \text{ A}$$
$$I_A = 20 - 1 = 19 \text{ A}$$
$$E_A = 240 - 19 \times 0.4 = 232.4 \text{ V}$$
$$P_A = 223.4 \times 19 = 4415.6 \text{ W}$$
$$P_{LOSS} = 4415.6 - 5 \times 746 = 685.6 \text{ W}$$

304.

$$\eta = \frac{5 \times 746}{240 \times 20} \cong 0.777$$

305.

$$I_f = \frac{240}{120} = 2 \text{ A}$$
$$I_A = 55 - 2 = 53 \text{ A}$$
$$E_A = 240 - 53 \times 0.4 = 218.8 \text{ V}$$
$$P_A = 218.8 \times 53 = 11596.4 \text{ W}$$
$$P_O = P_A - 406.4 = 11190 \text{ W}$$
$$T = \frac{11190}{1200 \times \left(\frac{2\pi}{60}\right)} \cong 89 \text{ nt-m}$$
$$\eta = \frac{11190}{240 \times 55} \cong 0.848$$

308. $a = m \times p = 8$

$$I = \frac{600}{8} = 75 \text{ A}$$

309. 節距 $= \frac{20}{4} = 5$

310.

$$E = \frac{PZ}{60a} \emptyset n = \frac{4 \times 1200}{60 \times 4} \times 3 \times 10^{-3} \times 1800 = 108 \text{ V}$$
$$V_t = 108 - 200 \times 0.02 = 104 \text{ V}$$

311. $$\text{V. R. \%} = \frac{V_{NL} - V_{FL}}{V_{FL}} \times 100\% = \frac{50 - 40}{40} \times 100\% = 25\%$$

312.

$$I_f = \frac{160}{40} = 4 \text{ A}$$
$$I_A = 60 - 4 = 56 \text{ A}$$
$$E_A = 160 - (56 \times 0.5) = 132 \text{ V}$$
$$E_A' = 132 - 3 = 129 \text{ V}$$

317. $I_A R_A = I_B R_B \Rightarrow 2 \times R_A = R_B \Rightarrow R_B = 2 \times 0.1 = 0.2 \text{ } \Omega$

318. $\frac{2T}{T} = \frac{I_A'}{25} \Rightarrow I_A' = 50 \text{ A}$

320. $T = T' \Rightarrow K\emptyset \times 60 = K \times (0.8\emptyset) \times I_A' \Rightarrow I_A' = 75 \text{ A}$
$$E_A = 110 - (60 \times 0.1) = 104$$
$$E_A' = 110 - (75 \times 0.1) = 102.5$$
$$\Rightarrow \frac{104}{102.5} = \frac{K\emptyset \times 1000}{K \times 0.8\emptyset \times n'} \Rightarrow n' \cong 1232 \text{ rpm}$$

321. $\frac{20}{5} = \frac{I_A^2}{12^2} \Rightarrow I_A = 24 \text{ A}$

323. $P_{LOSS} = (220 \times 50) - (10 \times 746) = 3540\,W$

325.   疊繞 $\Rightarrow \dfrac{V_1}{N_1} = \dfrac{V_2}{N_2} \Rightarrow \dfrac{V_1}{1000} = \dfrac{60}{500} \Rightarrow V_1 = 120\,V$

        $P_i = P_o \Rightarrow 60 \times 12 = 120 \times I_o \Rightarrow I_o = 6\,A$

326.   外鐵式變壓器有較強的抵抗電流造成之電磁力　但相對接觸鐵心之截面較大，故是用於低電壓、高電流之負載；內鐵式則應用於高電壓、低電流之負載

327.   變壓器可做電壓、電流、阻抗及相位之轉換　但在無損失狀態下功率最大為輸出功率P_o等於輸入功率P_i；故沒有放大功率之效果

328.   一次側$V_1I_1 = P_1$；二次側$V_2I_2 = P_2$

        且 $\dfrac{V_1}{V_2} = \dfrac{I_2}{I_1} = \dfrac{n_1}{n_2}$ ，故 $V_1I_1 = P_1 = V_2I_2 = P_2 \Rightarrow \dfrac{P_1}{P_2} = 1$

329. $\Delta - \Delta$ 接 $P_o = 3V_\emptyset I_\emptyset \cos\theta$；若為電阻負載 $\cos\theta = 1$，則 $P_o = 3V_\emptyset I_\emptyset$

        當改為 $V - V$ 接時，$P_1 = V_\emptyset I_\emptyset \cos(150^\circ - 120^\circ) = \dfrac{\sqrt{3}}{2}V_\emptyset I_\emptyset$

$$P_2 = V_\emptyset I_\emptyset \cos(30^\circ - 60^\circ) = \dfrac{\sqrt{3}}{2}V_\emptyset I_\emptyset$$

$$\Rightarrow P_o = P_1 + P_2 = \sqrt{3}V_\emptyset I_\emptyset \; ; \; \dfrac{P_o(V-V)}{P_o(\Delta - \Delta)} = \dfrac{\sqrt{3}}{3} = 0.577$$

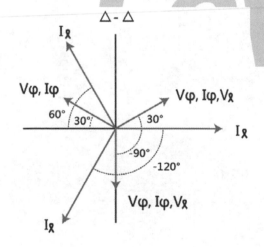

$$P_o = 3V_\emptyset I_\emptyset$$
$$= 3V_\ell\left(\dfrac{I_\ell}{\sqrt{3}}\right)$$
$$= \sqrt{3}V_\ell I_\ell \; (\Delta - \Delta)$$

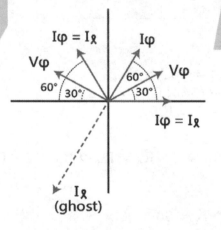

$$P_o = V_\emptyset I_\emptyset \cos(30^\circ - 60^\circ)$$
$$+V_\emptyset I_\emptyset \cos(150^\circ - 120^\circ)$$
$$= \sqrt{3}V_\emptyset I_\emptyset \; (V - V)$$

330. 變壓器線圈反應電勢 $E_{rms} = 4.44\,f\,N\emptyset_{max}$

$\emptyset_{max}$ 及圈數 N 不變時頻率 f 由 60Hz 降為 50Hz(減少 $\frac{1}{6}$)

⇨ 應電勢須降低 $\frac{1}{6}$

331. 比流器之二次側為高匝數線圈，感應電壓會在開路時，呈現極高的電壓，
造成線圈之間之絕緣破壞　故比流器之二次側不可開路

332. 變壓器之電壓調整率 $VR\% = \dfrac{V_{N.L.} - V_{F.L.}}{V_{F.L}} \times 100\%$

⇨ $VR\% = \dfrac{100 - 50}{50} \times 100\% = 100\%$

333. 變壓器並聯運轉必須電壓、相位及阻抗相同，否則有環流過熱之現象

334. 開路側鐵損及其參數，短路試驗得到銅損及等效參數

335. 最佳效率點為銅損＝鐵損　故當滿載電流設為 I　則 90%滿載電流即為 0.9I；
其銅損為 $(0.9I)^2 R = 81$ 瓦特　即 $0.81 \times I^2 R = 81$ ⇨ 銅損 $I^2 R$ 為 $\dfrac{81}{0.81} = 100\,W$

336. $Y - Y$ 線間電壓為相電壓之 $\sqrt{3}$ 倍，

⇨ 一次側為 $6600 \times \sqrt{3} \cong 11400V$；二次側為 $110 \times \sqrt{3} \cong 190\,V$

337. 1000/5 即一次側 1 匝線圈電流 1000A　在二次側可量到 5A；

⇨ 當二次側 2A 時一次有 2 匝之電流必為 $\dfrac{2}{5} \times 1000/2 = 200\,A$

338. 最高效率發生在鐵損與銅損相等時，

⇨ 當 $100KVA \times 0.5 = 50KVA = P_o$ 時，$\eta(max)$ 發生；

$\eta(max) = \dfrac{P_o}{P_o + 2P\,鐵} = 0.9 = \dfrac{50}{50 + 2P\,鐵}$ ，故 $P\,鐵 \cong 2.78\,KW$

339. $P_{oc} = V_{oc} \times I_{oc} \times \cos\theta = 8000 \times 0.214 \times \cos\theta = 400W$

⇨ $\cos\theta \cong 0.234$(電感型)

電感型 ⇨ 電流落後電壓

340.

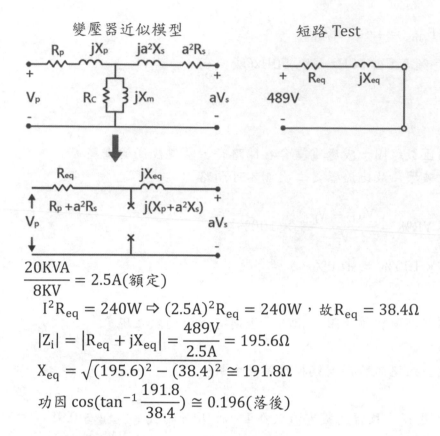

變壓器近似模型　　　　　短路 Test

$$\frac{20KVA}{8KV} = 2.5A(額定)$$

$$I^2 R_{eq} = 240W \Rightarrow (2.5A)^2 R_{eq} = 240W，故 R_{eq} = 38.4\Omega$$

$$|Z_i| = |R_{eq} + jX_{eq}| = \frac{489V}{2.5A} = 195.6\Omega$$

$$X_{eq} = \sqrt{(195.6)^2 - (38.4)^2} \cong 191.8\Omega$$

$$功因 \cos(\tan^{-1}\frac{191.8}{38.4}) \cong 0.196(落後)$$

341.

$$圈比為 \frac{8000}{800} = \frac{10}{1}$$

$$接成 \frac{11}{10} \Rightarrow 功率比 \frac{S_o}{S_w} = \frac{10+1}{1} \Rightarrow S_o = 11 \times 20KVA = 220\ KVA$$

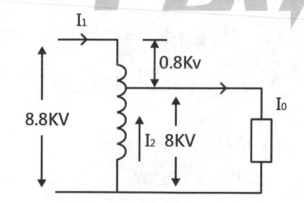

直接解法：

$$I_1 = \frac{20KVA}{0.8KV} = 25A$$

$$I_2 = \frac{20KVA}{8KV} = 2.5A$$

$$I_o = I_1 + I_2 = 25A + 2.5A = 27.5A$$

$$S_o = 27.5A \times 8KV = 220\ KVA\ 或$$

$$S_i = 8.8KV \times 25A = 220\ KVA$$

342.

$$\frac{N_{sw}}{N_c + N_{sw}} = \frac{1}{10+1}\quad (8000/800 = 10/1)$$

容量變為 11 倍後，阻抗亦增為 11 倍 $\Rightarrow (0.02 + j0.06)p.u \times 11 \cong (0.22 + j0.66)\ p.u$

343. 阻抗與圈比之平方成正比，故 $R_1 = R_2 \times (\frac{N_1}{N_2})^2 = 5 \times (\frac{100}{1})^2 = 50 \text{ K}\Omega$

344. 鐵心飽和時，二次測無法感應電壓，故電流沒有輸出，及輸出/輸入間　呈現斷路

349. $e = 4.44Nf\emptyset \Rightarrow 120 = 4.44 \times N \times 60 \times 0.005 \Rightarrow N \cong 90$ 匝

351. $\eta = \dfrac{\frac{1}{2} \times 10 \times 10^3 \times 0.8}{(\frac{1}{2} \times 10 \times 10^3 \times 0.8) + 120 + (\frac{1}{4} \times 180)} \cong 0.96$

353. $0.0121 = \dfrac{110 - V_{FL}}{V_{FL}} \Rightarrow V_{FL} \cong 108.7 \text{ V}$

354.

$48 = G_c \times 200^2 \Rightarrow G_c = 0.0012 \, \Omega^{-1}$

$0.2 = \dfrac{G_c}{\sqrt{G_c^2 + B_m^2}} \Rightarrow B_m \cong 0.00588 \, \Omega^{-1}$

$\Rightarrow I_c = 240 \times G_c = 0.24 \text{ A}$

$\quad I_\emptyset = 240 \times 0.00588 = 1.176 \text{ A}$

355. $200 = \left(\dfrac{50}{N_2}\right)^2 \times 8 \Rightarrow N_2 = 10$ 匝

358. $\eta = \dfrac{10 \times 10^3 \times 12}{(10 \times 10^3 \times 12) + (100 \times 24) + (400 \times 12)} \cong 0.943$

359. $R_{eq} = 0.01 + \left(\dfrac{1}{10}\right)^2 \times 1 = 0.02 \, \Omega$

362. $\dfrac{V'}{300} = \dfrac{60}{400} \Rightarrow V' = 45 \text{ V}$

365. $\overline{Z_1} = \left(\dfrac{10}{100}\right)^2 \times (100 + j100) = (1 + j1) \, \Omega$

367. 蔽極線圈可以使單相電源在電動機中之脈動轉矩轉換為旋轉磁場轉矩，
⇨ 拆除即無法啟動及運轉

368. 相同輸出使用相同啟動儲能之電容　而電容儲能 $W_c = \dfrac{1}{2}CV^2$　與電壓平方成正比

⇨ 當電壓 2 倍時　電容可以減為 $\dfrac{1}{4}$　即為 20μf

369. 電容啟動式電動機為單相交流電供電使用，故啟動電容需使用雙極性電容，
且因運轉中使用效率不佳，故達到一定平均速度後，一般將其切離使用

370. 輸出 $P_o = \dfrac{3}{4}HP \times \dfrac{746\ 瓦}{HP} \cong 560\ 瓦$

$P_i = 110V \times 8A \times 0.8 = 704\ 瓦$

$\eta = \dfrac{P_o}{P_i} = \dfrac{560}{704} \cong 0.8$

371. $P_o = \dfrac{1}{2} \times 746 = 373\ 瓦$；$\omega = 2\pi \times \dfrac{1760}{60} = 184$

⇨ $T = \dfrac{373}{184} \cong 2.0\ 牛頓-米$

372. 相同線電壓供應馬達時，Y 接之每相電壓僅為 Δ 接之 $\dfrac{1}{\sqrt{3}}$，

⇨ 降低啟動電流為使用 Δ 接之 $\dfrac{1}{\sqrt{3}}$

373. 當 Δ 接改為 Y 接時，每相之電壓及電流均變為原有之 $\dfrac{1}{\sqrt{3}}$，
功率為電壓、電流乘積成正比，故最大轉矩變成 1/3 倍

374. 繞線型感應機轉速之滑差 S 與轉子電阻成正比

$N_s = \dfrac{120f}{p} = \dfrac{120 \times 60}{6} = 1200\ rpm$

原負載 $S = \dfrac{1200 - 1152}{1200} = 4\%$；加入電阻 $S^1 = \dfrac{1200 - 960}{1200} = 20\%$

$\dfrac{S^1}{S} = \dfrac{20}{4} = 5\ 倍$

總轉子電阻為 $4\Omega \times 5 = 20\Omega$，故需外加 $20 - 4 = 16\ \Omega$

375.

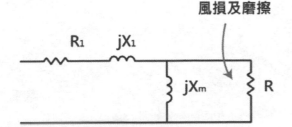

無載感應機模型

摩擦及風損，無載時 $R \gg X_m$

$\Rightarrow$ 無載時 $\cos\theta = \cos[\tan(\dfrac{X_m + X_1}{R_1})] \downarrow$ (數值極低)

376.

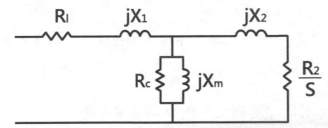

由感應機等效模型可知當堵轉時 $S = 1 \Rightarrow$ 等效電路為 $R + jX = R_1 + R_2 + jX_1 + jX_2$

377.
$$S\% = \frac{N_s - N_r}{N_s} \times 100\%$$

$$N_s = \frac{120f}{p} = \frac{120 \times 60}{4} = 1800 \text{rpm}$$

$$S\% = \frac{1800 + 600}{1800} \cong 1.33 \text{ (反轉為正)}$$

378.
同步速度 $N_s = \dfrac{120f}{p} = \dfrac{120 \times 60}{4} = 1800 \text{rpm}$

反向旋轉 600rpm，故轉之切割速度為 $1800 + 600 = 2400 \text{rpm}$

$\Rightarrow$ 數率為 $f = \dfrac{2400 \times 4}{120} = 80 \text{ Hz}$

379.
$\begin{cases} N_r = \dfrac{120f}{p}(1 - S) \\ f_r = f_s \times S \end{cases}$ 故 $S = \dfrac{f_r}{f_s} = \dfrac{0.95}{60} \cong 0.01583$

$$N_r = \frac{120 \times 60}{6} \times (1 - 0.01583) \cong 1181 \text{ rpm}$$

380.
負載愈大，轉子速度愈慢

$S \uparrow = \dfrac{N_s - N_r}{N_s} \downarrow$

$\Rightarrow$ 轉差率會增加

381. 氣隙功率$P_{AG} = 2000 - 150 - 30 = 1820$ 瓦

$P_o = (1 - S) \times P_{AG} = 0.92 \times 1820 \cong 1674$ 瓦

$\eta = \dfrac{P_o}{P_{in}} = \dfrac{1674}{2000} \cong 0.84\%$

382. $P_o = \sqrt{3} \times V \times I \times \cos\theta \times \eta$

$\quad\ = \sqrt{3} \times 200 \times 50 \times 0.85 \times 0.86 \cong 12.7$ KW

383. 啟動轉矩約與電壓平方成正比，

$\Rightarrow$ 當電壓下降 10%，即啟動轉矩變成$(1 - 0.1)^2 = 0.81$ 倍，故減少 20%

384. $N_r = \dfrac{120f_s}{P} \times (1 - S)$當$f'_s \times \dfrac{60}{50} = 1.2f_s$，故其他條件不變下，轉速亦變為 1.2 倍

385. 感應機線圈應電勢$E_{rms} = 4.44\,f\,N\varnothing_{max}$，

當 f 固定　電壓下降　E_{rms} 亦下降，則$\varnothing_{max}$亦隨之下降 $\Rightarrow$ 磁通密度變小

388. $n_s = \dfrac{120f}{p} = \dfrac{120 \times 60}{6} = 1200$ rpm

$n_r = 1200 - 1150 = 50$ rpm

$50 = \dfrac{120f}{6} \Rightarrow f = 2.5$ Hz

389. $S = \dfrac{1200 - 1100}{1200} = \dfrac{1}{12}$

靜止時之每相阻抗 $= \dfrac{R_r}{S} = \dfrac{0.4}{\frac{1}{12}} = 4.8\ \Omega$

390. $n_s = \dfrac{120f}{P} = \dfrac{120 \times 60}{4} = 1800$

$S = \dfrac{1800 - 1740}{1800} = \dfrac{1}{30}$

二分之一滿載 $\Rightarrow S' = \dfrac{1800 - x}{1800} = \dfrac{1}{2}S = \dfrac{1}{60} \Rightarrow x = 1770$

391. $T = (1 - 10\%)^2 = 0.81 = 81\%$

396. $S_{max} = \dfrac{R_2}{\sqrt{R_{th}^2 + (X_{th} + X_2)^2}} \Rightarrow \dfrac{1}{2} = \dfrac{R_2}{\sqrt{0.075^2 + (0.25 + 0.25)^2}} \Rightarrow R_2 = 0.2582\ \Omega$

轉子繞組上應外加電阻值 $= 0.2582 - 0.075 \cong 0.18\ \Omega$

397.
$$\frac{I'}{120} = (0.8)^2 \Rightarrow I' = 76.8\,\text{A}$$
$$\frac{T'}{150} = (0.8)^2 \Rightarrow T' = 96\,\text{nt-m}$$

398.
$$n_s = \frac{120 \times 60}{6} = 1200\,\text{rpm}$$
$$n_m = (1-S)n_s = (1-0.04) \times 1200 = 1152\,\text{rpm}$$
$$= 1152 \times \frac{2\pi}{60}\,\text{rad/s} \cong 120.58\,\text{rad/s}$$

399.
$$n_s = \frac{120 \times 60}{6} = 1200\,\text{rpm}$$
$$n_m = (1-S)n_s = 1128\,\text{rpm}$$
$$11 \times 10^3 = T \times 1128 \times \frac{2\pi}{60} \Rightarrow T \cong 93.1225\,\text{nt-m}$$
$$\Rightarrow 啟動轉矩 = \frac{1}{3} \times (1.2 \times 93.1225) \cong 37.24\,\text{nt-m}$$
$$啟動電流 = \frac{1}{3} \times (80 \times 5) \cong 133.33\,\text{A}$$

405.
$$n_s 必大於 n_m \Rightarrow n_s = \frac{120 \times 60}{P} > 1710 \Rightarrow P 選 4 極$$
$$n_s = \frac{120 \times 60}{4} = 1800\,\text{rpm} \Rightarrow S = \frac{1800 - 1710}{1800} = 0.05$$

407.
$$每相標稱電壓 \frac{220}{\sqrt{3}} \cong 127\,\text{V}$$
$$每相容量 \frac{6.25\text{KVA}}{3} \cong 2.083\text{KVA}$$
$$標稱阻抗 Z_p = \frac{V_p^2}{\text{KVA 容量}} = \frac{127^2}{2083} \cong 7.743$$
$$\Rightarrow 每相 \text{PU} 阻抗 = \frac{8.4\Omega}{7.743\Omega} \cong 1.085$$

408.
$$原開發電機次暫態電抗 X'' = 0.25 \times \left(\frac{(18\text{K})^2}{500\text{M}}\right) = 0.162\,\Omega$$
$$基值改為 \frac{20\text{KV}}{200\text{MVA}} \quad 即阻抗基值為 \frac{(20\text{K})^2}{200\text{M}} = 2\,\Omega$$
$$\Rightarrow \text{p.u.} X'' 改為 \frac{0.162}{2} = 0.081$$

410. 同步開發電機利用激磁改變虛功分配，實功分配改變需由厚動機之控制器調節之

413. 同步發電機輸出功率 $P = \dfrac{3V_\emptyset E_A \sin\delta}{X_s}$

當轉矩角 $\delta = 90°$ 時，$P = P_{max} = \dfrac{3V_\emptyset E_A}{X_s}$

每相電壓 $V_\emptyset = \dfrac{2300}{1.732} \cong 1327.9$

每相電流 $I_\emptyset = \dfrac{1750K}{1.732 \times 2300 \times 1} \cong 439.3$

每相壓降 $= 439.3 \times 2.8 \cong 1230$

$E_A = \sqrt{(1230)^2 + (1327.9)^2} \cong 1810$

代入 $P_{max} = \dfrac{3V_\emptyset E_A}{X_s} = \dfrac{3 \times 1327.9 \times 1810}{2.8} \cong 2575.177$ KW

414. 同步發電機之線電流為 $7.2MW \times 3(3\,相) = \sqrt{3} \times 24KV \times I \times 0.6(功因)$

$\Rightarrow I = 866A\angle -53°(落後)$

同步電抗 $X_s = 10\,\Omega$

同步電抗壓降 $V_s = I \times jX_s = 866A \times 10\Omega \angle(-53° + 90°) = 8660\,V\angle 37°$

輸出端每相電壓 $V_o = E(每相應電勢) - V_s(同步電抗壓降)$

$\Rightarrow E = V_o + V_s$

利用向量圖 $\Rightarrow E = \sqrt{\left(\dfrac{24000}{\sqrt{3}} + 5196\right)^2 + (6928)^2} = 20273\,V$

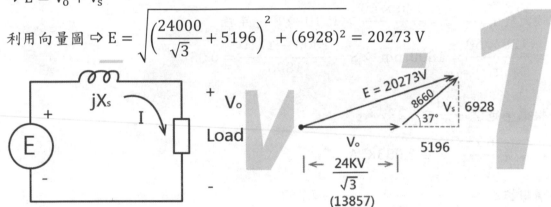

同步發電機每相之等效電路圖

418. 同步機轉速 $f_r = \dfrac{120fs}{P}$ 為一定速度

419. $800KW = S\cos\theta = S \times 0.8$

$S = 1000VA$

$S \times \sin\theta = 1000VA \times \sqrt{1 - \cos^2\theta} = 1000VA \times 0.6 = 600$ KVAR

420. $T \times \omega_s = P$

$f_{sy} = \dfrac{120fs}{P}/60 = 10$

$T \times 2\pi \times 10 = 48KW \times 3$

$T \cong 2292$ nt $-$ m

270

421. 同步速率 $N_s = \dfrac{120fs}{p} = \dfrac{120 \times 60}{6} = 1200 \text{ rpm}$

422. 如 V 型曲線所示

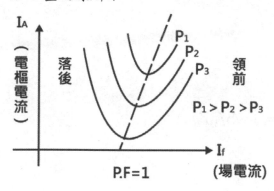

423. 由同步電動機 V 型曲線知　增加激磁電流　可能由落後功因變為領前功因時　電樞電流由大至最小　又再度增加

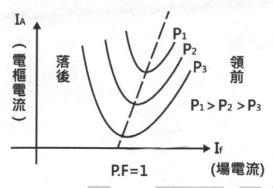

424. 同步電動機需利用感應方式啟動　或其它電動機帶動至同步速度　再以同步速度持續運轉

425. 同步機無論負載大小　均為同步速度運轉 $\Rightarrow$ 不適用變速之垂直型升降機

429. $0.9 = \dfrac{200 \times 746}{P_i} \Rightarrow P_i \cong 165778 \text{ W}$

430. $200 \times 746 = (\sqrt{3} \times 3300 \times I \times 0.8) \times 0.9 \Rightarrow I \cong 36.25 \text{ A}$

431. $V_P = \dfrac{3300}{\sqrt{3}} \cong 1905 \text{ V}$

432. $n_s = \dfrac{120 \times 60}{4} = 1800 \text{ rpm}$

434. $n_s = \dfrac{120f}{P} = \dfrac{120 \times 60}{2} = 3600 \text{ rpm}$

435.

$$200 \times 746 = \sqrt{3} \times 3300 \times I_l \times 0.8 \times 0.9 \Rightarrow I_l \cong 36.25 \text{ A}$$

$$\frac{3300}{\sqrt{3}} \angle 0° = 36.25 \angle -37°(0.5 + j0.5) + \overline{E_A} \Rightarrow \overline{E_A} = 1781 - j133$$

$$\Rightarrow E_A = \sqrt{1781^2 + 133^2} \cong 1787 \text{ V}$$

436.

$$磁通密度：B = \frac{\varnothing}{A} = \frac{10^5}{10} = 10^4 \text{ 高斯}$$

437.

$$磁通密度：B = \frac{\varnothing}{A} = \left(\frac{10^5 \times 10^{-8}}{10 \times 10^{-4}}\right) \text{wb/m}^2 = 1 \text{ wb/m}^2$$

609.

$$V = \frac{10}{2 + 10} \times 6 = 5 \text{ 伏特}$$

$$I = \frac{6}{2 + 10} = 0.5 \text{ 安培}$$

610.

$$I = \frac{20}{\frac{4}{5} + \left(\frac{17}{5} // \frac{22}{5}\right)} = 7.358 \text{ A}$$

611.

$$R_{ab} = (3//6) + (4//12) = 5 \text{ }\Omega$$

612.

$$V_c(t) = V_c(\infty) + [V_c(0^+) - V_c(\infty)]e^{-\frac{t}{RC}}$$

$$= 24 + (4 - 24)e^{-\left(\frac{t}{3.4 \times 10^3 \times 3.3 \times 10^{-6}}\right)}$$

$$= 24 - 20e^{-89.13t}$$

$$\Rightarrow V_c(0.02s) \cong 20.64 \text{ V} ，V_c(0.06s) \cong 24 \text{ V}$$

613. 穩定狀態時，電感兩端可視為短路 $\Rightarrow V_M = 0\,V$

617. $V_{P\text{-}P} = 2V_m = 2 \times \left(110\sqrt{2}\right) \cong 311\,V$

619. $\overline{V}_c = \dfrac{-j\dfrac{1}{2\pi \times 1 \times 10^3 \times 0.01 \times 10^{-6}}}{10 \times 10^3 - j\dfrac{1}{2\pi \times 1 \times 10^3 \times 0.01 \times 10^{-6}}}\overline{V}_s$

$\overline{V}_c$相角較$\overline{V}_s$相角落後 $= 90^\circ - 57.9^\circ = 32.1^\circ$

623. $f_o = \dfrac{1}{2\pi\sqrt{LC}} = \dfrac{1}{2\pi\sqrt{0.1 \times 0.56 \times 10^{-6}}} \cong 672\,Hz$

630. $\dfrac{R_A}{R_B} = \dfrac{\rho\dfrac{2l}{A}}{\rho\dfrac{l}{A}} = 2$

631. $\dfrac{R_A}{R_B} = \dfrac{\rho\dfrac{2l}{2A}}{\rho\dfrac{l}{A}} = 1$

634. $V_{max} = 6 + 2 = 8\,V$

635. $I = 4 + 2 + 1 = 7\,A$

638. $\omega = 3000 \times \dfrac{2\pi}{60} \cong 314\,rad/s$

639. $P = T \times \omega = 60 \times 1800 \times \dfrac{2\pi}{60} \cong 11304\,W = \dfrac{11304}{746}\,hp \cong 15\,hp$

645. $NI = \varnothing R \Rightarrow 100 \times 1 = \varnothing \times \left(\dfrac{60 \times 10^{-2}}{1000 \times 4\pi \times 10^{-7} \times 0.8 \times 10^{-4}}\right)$

$\Rightarrow \varnothing = 1.675 \times 10^{-5}\,wb$

646. $500 \times 1 = \varnothing\left(\dfrac{1 \times 10^{-2}}{\mu_o \times 0.8 \times 10^{-4}} + \dfrac{59 \times 10^{-2}}{1000 \times \mu_o \times 0.8 \times 10^{-4}}\right) \Rightarrow \varnothing = 474.4 \times 10^{-8}\,wb$

$B = \dfrac{\varnothing}{A} = \dfrac{474.4 \times 10^{-8}}{0.8 \times 10^{-4}} = 593 \times 10^{-4}\,wb/m^2 = 593\,高斯$

647. $I = \dfrac{100}{0.25} = 400\,A\,(向下)$

648. $F = I\ell B = 400 \times 1 \times 0.5 = 200 \text{ nt}(\text{向右})$

649. 穩定時，可得感應電動勢 $E = V_B = 100 \text{ V}$
$100 = 0.5 \times 1 \times v \Rightarrow v = 200 \text{ m/s}(\text{向右})$

650. $25 = I \times 1 \times 0.5 \Rightarrow I = 50 \text{ A}$
穩定時，可得感應電動勢 $E = 100 - (50 \times 0.25) = 87.5 \text{ V}$
$\Rightarrow 87.5 = 0.5 \times 1 \times v \Rightarrow v = 175 \text{ m/s}(\text{向右})$

651. $50 = I \times 1 \times 0.5 \Rightarrow I = 100 \text{ A}(\text{向上})$

652. $50 = I \times 1 \times 0.5 \Rightarrow I = 100 \text{ A}$
穩定時，可得感應電動勢 $E = 100 + (100 \times 0.25) = 125\text{V}$
$\Rightarrow 125 = 0.5 \times 1 \times v \Rightarrow v = 250 \text{ m/s}(\text{向左})$

667. 能量 = 功率 × 時間，得時間比 $= \dfrac{8000}{5000} = \dfrac{8}{5}$

670. $\dfrac{1}{4} \times 746 = 1.48 \times \omega \Rightarrow \omega = 126 \text{ rad/s} \Rightarrow n = 126 \times \dfrac{60}{2\pi} = 1203 \text{ rpm}$
輸出轉速 $= \dfrac{1203}{10} \cong 120 \text{ rpm}$

674.

$E_A = 0.314 \times 200 = 62.8 \text{ V}$
$100 = (I_A \times 5) + 62.8 \Rightarrow I_A = 7.44 \text{ A}$
$T = 3 \times 7.44 = 22.32 \text{ nt-m}$

675. $E_A = 0.314 \times 200 = 62.8 \text{ V}$
$100 = (I_A \times 5) + 62.8 \Rightarrow I_A = 7.44 \text{ A}$
$T = 3 \times 7.44 = 22.32 \text{ nt-m}$
$P_o = 62.8 \times 7.44 \cong 467.5 \text{ W}$

676. $E_A = 0.314 \times 200 = 62.8 \text{ V}$
$100 = (I_A \times 5) + 62.8 \Rightarrow I_A = 7.44 \text{ A}$
$I_L = 7.44 + \dfrac{100}{200} = 7.94 \text{ A}$
$P_i = 100 \times 7.94 = 794 \text{ W}$

677. $E = \dfrac{PZ}{60a}\phi n = \dfrac{4 \times 720}{60 \times 2} \times 0.01 \times 600 = 144 \text{ V}$

678. $\dfrac{E'}{220} = \dfrac{1500}{1800} \Rightarrow E' \cong 183.3 \text{ V}$

679. $T = \dfrac{PZ}{2\pi a}\phi i = \dfrac{12 \times 2880}{2\pi \times 12} \times 0.04 \times 10 \cong 183.4 \text{ nt-m}$

680. $\eta = \dfrac{5 \times 746}{(5 \times 746) + 260 + 154} \cong 0.9$

681. $(5 \times 746) + 260 + 154 = 220 \times I \Rightarrow I \cong 20 \text{ A}$

682. $8\% = \dfrac{n_{nl} - 1600}{1600} \Rightarrow n_{nl} = 1728 \text{ rpm}$

683. $V' = 220 - 60 \times 0.1 = 214$

$\dfrac{220}{214} = \dfrac{n_{nl}}{1500} \Rightarrow n_{nl} \cong 1542$

速率調整率 $= \dfrac{1542 - 1500}{1500} = 0.028$

685. $300 \times 50 = V_T \times 5 \Rightarrow V_T = 3000$ 伏

$E_A = 5 \times (1 + 5 + 10) + 3000 = 3080$ 伏

686. $\dfrac{T'}{50} = \dfrac{15^2}{10^2} \Rightarrow T' = 112.5 \text{ nt-m}$

693. $P_i = 100 \times 5 = 500 \text{ W}$

$P_o = 500 - 200 = 300 \text{ W}$

$\eta = \dfrac{300}{500} = 0.6$

710. $e = BlV \Rightarrow 2.5 = 0.5 \times 1 \times v \Rightarrow v = 5 \text{ m/s}$

714. $1500 = 5000 \times I_c = 0.3 \text{ A}$

$0.5 = \sqrt{0.3^2 + I_m{}^2} \Rightarrow I_m = 0.4 \text{ A}$

715. $\dfrac{V_i}{220} = \dfrac{3000}{200} \Rightarrow V_i = 3300 \text{ V}$

721.

$$R_{eq} = \left(\frac{3000}{200}\right)^2 \times 10 = 2250\ \Omega$$

726.

$$電壓調整率 = \frac{20.5 - 20}{20} = 0.025$$

728.

$$半載時之銅損 = (\frac{1}{2})^2 \times 160 = 40\ W$$

729.

$$最大額定值 = 100 \times (\frac{120 + 12}{12}) = 1100\ VA$$

730.

$$最大額定值 = 100 \times (\frac{120 + 12}{120}) = 110\ VA$$

731.

$$二次側相電壓 = \frac{1}{30} \times \left(\frac{11.43 \times 10^3}{\sqrt{3}}\right) \cong 220\ V$$

$$二次側線電壓 = 220 \times \sqrt{3} \cong 381\ V$$

$$一次側線電流 = \frac{341}{30} \cong 11.37\ A$$

732.

$$二次側相電壓 = \frac{1}{30} \times \left(\frac{11430}{\sqrt{3}}\right) \cong 220\ V$$

二次側線電壓 = 220 V

$$二次側相電流 = \frac{590.5}{\sqrt{3}} \cong 340.9\ A$$

$$一次側線電流 = \frac{340.9}{30} \cong 11.36\ A$$

735.

$$因額定電流減少 \frac{1}{\sqrt{3}} A，故額定輸出會減少 \frac{1}{\sqrt{3}} \cong 0.577$$

736.

$$利用率 = \frac{\sqrt{3}}{2} \cong 0.866$$

749.

$$n_m = 1710\ rpm$$
$$n_s = \frac{120 \times 60}{4} = 1800\ rpm$$
$$\frac{n_m}{n_s} = \frac{1710}{1800} = 0.95$$
$$1 - 0.95 = 0.05$$

750. $f_r = Sf_s = 0.05 \times 60 = 3\ Hz$

751. Y 接線電流為Δ接線電流的 $\frac{1}{3}$ 倍，故起動電流 $= \frac{1}{3} \times (6 \times 50) = 100\ A$

752. 起動電流下降 10%，起動轉矩下降 $1 - (1 - 10\%)^2 = 0.19$

758. $\theta_e = \dfrac{P}{2}\theta_m \Rightarrow \theta_e = \dfrac{4}{2} \times 180^\circ = 360^\circ$

763. $n_s = \dfrac{120 \times 60}{6} = 1200\ rpm$
$n_m = (1 - S)n_s = (1 - 6\%) \times 1200 = 1128\ rpm$

772. $n_s = \dfrac{120 \times 60}{6} = 1200 \cdot S = \dfrac{1200 - 1088}{1200} \cong 0.0933$
$n'_s = \dfrac{120 \times 60}{3} = 2400 \cdot n'_m = (1 - S)n'_s = (1 - 0.0933) \times 2400 \cong 2176\ rpm$

773. 啟動轉矩 $= \dfrac{1}{3} \times (93.1 \times 1.2) = 37.24\ nt\text{-}m$

779. $Z_{base} = \dfrac{(3.3 \times 10^3)^2}{2000 \times 10^3} = 5.445\ \Omega$
同步阻抗 $= 0.55 \times 5.445 \cong 2.995\ \Omega$

780. $n_s = \dfrac{120 \times 50}{6} = 1000\mathrm{rpm} = 1000 \times \left(\dfrac{2\pi}{60}\right)\mathrm{rad/s} \cong 104.7\ rad/s$

784. $SCR = \dfrac{\text{開路試驗產生額定電壓之場電流}}{\text{短路試驗產生額定電流之場電流}} = \dfrac{2.84}{2.2} \cong 1.29$

789. $1750 \times 10^3 = \sqrt{3} \times 2300 \times I_l \Rightarrow I_l \cong 439A$
$\overline{E_A} = \dfrac{2300}{\sqrt{3}} + (439 \times j2.65) = 1328 + j1163 \cong 1765\angle 41^\circ$
$P_{max} = \dfrac{3V_\emptyset E_A}{X_S} = \dfrac{3 \times \dfrac{2300}{\sqrt{3}} \times 1765}{2.65} \cong 2655 \times 10^3\ W$

796. $250 = \dfrac{120 \times 25}{P} \Rightarrow P = 12$

1024. $100 \pm 5\% = 100 \pm 5 = (95\text{\textasciitilde}105)$

1025. 　內阻 $= (20K\Omega/V) \times 1000V = 20 \times 10^6\Omega = 20\ M\Omega$

1028. 　$R = \dfrac{10}{0.4} = 25\Omega \Rightarrow V = 1 \times 25 = 25$ 伏特

1043. 　$\overline{V} = 900\angle 0°$，$\overline{I} = 10\angle -90°$

　　　$\Rightarrow \overline{Z} = \dfrac{\overline{V}}{\overline{I}} = \dfrac{900\angle 0°}{10\angle -90°} = 90\angle 90° = j90$ 純電感元件

1049. 　$1 \times 10^{-3} = \dfrac{0.01}{R_m + 0.01} \times 1 \Rightarrow R_m \cong 10\ \Omega$

1054. 　$F = IlB\sin\theta = 40 \times 0.8 \times 0.5 \sin 30° = 8\ nt$

1057. 　棕：1，綠：5，橙：3，金：±5% $\Rightarrow$ 電阻值 $= (15 \times 10^3 \pm 5\%)\ \Omega$

1061. 　$R = \dfrac{V^2}{P} = \dfrac{100^2}{250} = 40\ \Omega$

1063. 　$E = K\emptyset n$，$E' = K \times (0.8\emptyset) \times (1.4n) = 1.12k\emptyset n = 1.12E$

1064. 　1 度 $= 1\ KWH \Rightarrow 1 = \left(\dfrac{40}{1000}\right) \times t \Rightarrow t = 25\ H$

1066. 　2 條電熱線並聯時：$P = \dfrac{V^2}{R//R} = 2\dfrac{V^2}{R} = 500 \Rightarrow \dfrac{V^2}{R} = 250$

　　　1 條電熱線時：$P' = \dfrac{V^2}{R} = 250\ W$

1068. 　$0.9 = \dfrac{P_o}{P_o + 400} \Rightarrow P_o = 3600\ W$

1069. 　$8 = I^2(R//R) = \dfrac{1}{2}I^2R \Rightarrow I^2R = 16\ W$

　　　若串聯時，可得 $P' = I^2(R + R) = 2I^2R = 2 \times 16 = 32\ W$

1072. 　$0.8 = \dfrac{1000}{1000 + 200 + x} \Rightarrow x = 50\ W \Rightarrow$ 滿載可變損失 $= 2^2 \times 50 = 200\ W$

1074. 　$66 \times 10^3 = 110 \times I \Rightarrow I = 600\ A$

1076. $V_\emptyset = 120 - 100 \times (0.1 + 0.01) = 109 \text{ V}$
$\Rightarrow P_o = 109 \times 100 = 10900 \text{ W}$

1079. $P = T \times \omega = 0.6 \times 1710 \times \dfrac{2\pi}{60} \times 9.8 \cong 1050 \text{ W}$

1091. $0.04 = \dfrac{1300 - n_{fl}}{n_{fl}} \Rightarrow n_{fl} = 1250 \text{ rpm}$

1093. 電壓調整率 $= \dfrac{230 - 200}{200} = 0.15$

1096. $E = K\emptyset n \cdot E' = K \times (0.5\emptyset) \times (2n) = k\emptyset n = E$

1125. $\dfrac{10000}{100} = \dfrac{20000}{N_2} \Rightarrow N_2 = 200$

1126. $R_{eq} = R_1 + \left(\dfrac{N_1}{N_2}\right)^2 R_2 = 60 + (30^2 \times 0.06) = 114 \ \Omega$

1127. $R_{eq} = R_1 + \left(\dfrac{N_1}{N_2}\right)^2 R_2 = 60 + (30^2 \times 0.06) = 114 \ \Omega$

$X_{eq} = X_1 + \left(\dfrac{N_1}{N_2}\right)^2 X_2 = 150 + (30^2 \times 0.15) = 285 \ \Omega$

$\Rightarrow \overline{Z_{eq}} = (114 + j285)\Omega \Rightarrow Z_{eq} = \sqrt{114^2 + 285^2} \cong 307 \ \Omega$

1133. $\left(\dfrac{1}{2}\right)^2 = \dfrac{1}{4} = 0.25$ 倍

1136. $0.98 = \dfrac{P_o}{P_o + P_{LOSS}} \Rightarrow P_{LOSS} = \dfrac{1}{49} P_o$

$\Rightarrow \eta = \dfrac{0.8 P_o}{0.8 P_o + \dfrac{1}{49} P_o} \cong 0.975$

1137. $0.975 = \dfrac{5000 \times 1}{(5000 \times 1) + P_i + P_c} \Rightarrow P_i + P_c = 128 \cdots ①$

效率最大時發生在：$P_i = \left(\dfrac{3}{4}\right)^2 P_c \cdots ②$

聯立①②兩式 $\Rightarrow P_i = 46 \text{ W} \cdot P_c = 82 \text{ W}$

1139. 線電流減少為原來的 $\left(\dfrac{1}{\sqrt{3}}\right)$ 倍 $\Rightarrow$ 輸出容量減少 $\left(\dfrac{1}{\sqrt{3}}\right)$ 倍 $\cong 0.577$ 倍

1141. 二次側電壓 $= \dfrac{1}{15} \times \left(\dfrac{3300}{\sqrt{3}}\right) \cong 127$ V

1143. 二次側電壓 $= \dfrac{1}{15} \times \left(\sqrt{3} \times 3300\right) \cong 380$ V

1151. $\dfrac{220}{V_2} = \dfrac{800}{40} \Rightarrow V_2 = 11$V

額定容量 $= 11 \times 4 = 44$ VA

1153. $\dfrac{380}{V_1'} = \dfrac{60}{25} \Rightarrow V_1' \cong 158.3$ V

$\dfrac{220}{V_2'} = \dfrac{60}{25} \Rightarrow V_2' \approx 91.7$ V

1155. 一次側阻抗電壓 $= \sqrt{0.024^2 + 0.016^2} \times 3300 \cong 95$ V

1157. $n_s = \dfrac{120 \times 60}{4} = 1800$rpm

$n_m = (1 - 0.03) \times 1800 = 1746$rpm

$n_m' = (1 - 0.05) \times 1800 = 1710$rpm

$\Delta n_m = 1746 - 1710 = 36$ rpm

1166. $V_{BC} = 220 + \sqrt{3}(30 \times 0.1) \cong 225.2$ V

1168. $n_s = \dfrac{120 \times 60}{4} = 1800$ rpm

$n_m = (1 - 5\%) \times 1800 = 1710$ rpm

1170. $10 \times 10^3 = \sqrt{3} \times \left(\dfrac{200}{\sqrt{3}}\right) \times I_l \Rightarrow I_l = 50$ A

1177. $n_s = \dfrac{120 \times f}{6} = 20f\,(\text{rpm}) = 20f\,(\text{轉}/\text{分}) = \dfrac{20f}{60}\,(\text{轉}/\text{秒}) = \dfrac{f}{3}\,(\text{轉}/\text{秒}) = 0.33f\,(\text{轉}/\text{秒})$

1178. $n_s = \dfrac{120 \times 60}{6} = 1200$ rpm

一般 S 值約 0.05 左右 $\Rightarrow n_m = (1 - S)n_s = 1140$ rpm

1181. $P = 200 \times 10 \times 0.8 = 1600 \text{ W}$
$Q = 200 \times 10 \times 0.6 = 1200 \text{ VAR}$

1184. $n_s = \dfrac{120 \times 50}{10} = 600 \text{ rpm} \Rightarrow S = \dfrac{600 - 450}{600} = 0.25$

$\Rightarrow \dfrac{R_2}{0.25} = \dfrac{R_2 + R}{1} \Rightarrow R = 3R_2$

1185. $\dfrac{\tau_{ind}}{\tau_{max}} = \dfrac{2}{\dfrac{S}{S_{max}} + \dfrac{S_{max}}{S}} \Rightarrow \dfrac{2.4\tau}{\tau_{max}} = \dfrac{2}{\dfrac{1}{(1/3)} + \dfrac{(1/3)}{1}} = \dfrac{3}{5} \Rightarrow \tau_{max} = \left(2.4 \times \dfrac{5}{3}\right)\tau = 4\tau$

1189. $f_r = Sf_s \Rightarrow \Delta f_r = (\Delta S)f_s = (10\% - 5\%) \times 60 = 3 \text{ Hz}$

1192. $n_s = \dfrac{120 \times 50}{12} = 500 \text{ rpm}$

1202. $V_l = \sqrt{2}V_P = \sqrt{2} \times 100 \cong 141.4 \text{ V}$

1206. $SCR = \dfrac{1}{Z_{S(PU)}} = \dfrac{1}{1.25} = 0.8$

1214. $n_s = \dfrac{120 \times 50}{10} = 600 \text{ rpm}$

1216. $n_s = \dfrac{120 \times 50}{10} = 600 \text{ rpm} = 600 \times \dfrac{2\pi}{60} \text{ rad/s} \cong 62.8 \text{ rad/s}$

1218. $n_s = \dfrac{120 \times 25}{8} = 375 \text{ rpm}$

Level 1

Level 1

Level 1